Realitätsbezüge im Mathematikunterricht

Reihe herausgegeben von

Werner Blum, Universität Kassel, Kassel, Deutschland

Rita Borromeo Ferri, Universität Kassel, Kassel, Deutschland

Gilbert Greefrath, Universität Münster, Münster, Deutschland

Gabriele Kaiser, Universität Hamburg, Hamburg, Deutschland

Hans-Stefan Siller, Universität Würzburg, Würzburg, Deutschland

Katrin Vorhölter, Universität Hamburg, Hamburg, Deutschland

Mathematisches Modellieren ist ein zentrales Thema des Mathematikunterrichts und ein Forschungsfeld, das in der nationalen und internationalen mathematikdidaktischen Diskussion besondere Beachtung findet. Anliegen der Reihe ist es, die Möglichkeiten und Besonderheiten, aber auch die Schwierigkeiten eines Mathematikunterrichts, in dem Realitätsbezüge und Modellieren eine wesentliche Rolle spielen, zu beleuchten. Die einzelnen Bände der Reihe behandeln ausgewählte fachdidaktische Aspekte dieses Themas. Dazu zählen theoretische Fragen ebenso wie empirische Ergebnisse und die Praxis des Modellierens in der Schule. Die Reihe bietet Studierenden, Lehrenden an Schulen und Hochschulen wie auch Referendarinnen und Referendaren mit dem Fach Mathematik einen Überblick über wichtige Ergebnisse zu diesem Themenfeld aus der Sicht von Expertinnen und Experten aus Hochschulen und Schulen. Die Reihe enthält somit Sammelbände und Lehrbücher zum Lehren und Lernen von Realitätsbezügen und Modellieren.

Die Schriftenreihe der ISTRON-Gruppe ist nun Teil der Reihe „Realitätsbezüge im Mathematikunterricht". Die Bände der neuen Serie haben den Titel „Neue Materialien für einen realitätsbezogenen Mathematikunterricht".

Weitere Bände in der Reihe http://www.springer.com/series/12659

Martin Bracke · Matthias Ludwig · Katrin Vorhölter
(Hrsg.)

Neue Materialien für einen realitätsbezogenen Mathematikunterricht 8

ISTRON-Schriftenreihe

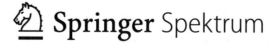

Springer Spektrum

Hrsg.
Martin Bracke
Fachbereich Mathematik
Technische Universität Kaiserslautern
Kaiserslautern, Deutschland

Matthias Ludwig
Institut für Didaktik der Mathematik und
Informatik, Johann Wolfgang Goethe-Universität
Frankfurt am Main, Deutschland

Katrin Vorhölter
Fakultät für Erziehungswissenschaft
Universität Hamburg
Hamburg, Deutschland

ISSN 2625-3550   ISSN 2625-3569   (electronic)
Realitätsbezüge im Mathematikunterricht
ISBN 978-3-658-33011-8   ISBN 978-3-658-33012-5   (eBook)
https://doi.org/10.1007/978-3-658-33012-5

Die Deutsche Nationalbibliothek verzeichnet diese Publikation in der Deutschen Nationalbibliografie; detaillierte
bibliografische Daten sind im Internet über http://dnb.d-nb.de abrufbar.

Planung/Lektorat: Annika Denkert
Springer Spektrum ist ein Imprint der eingetragenen Gesellschaft Springer Fachmedien Wiesbaden GmbH und ist
ein Teil von Springer Nature.
Die Anschrift der Gesellschaft ist: Abraham-Lincoln-Str. 46, 65189 Wiesbaden, Germany

Einführung

Laut den Winter'schen Grunderfahrungen sollte das Ziel des Mathematikunterrichts unter anderem darin liegen, Schülerinnen und Schüler zu befähigen, „Erscheinungen der Welt um uns, die uns alle angehen oder angehen sollten aus Natur, Gesellschaft und Kultur, in einer spezifischen Art wahrzunehmen und zu verstehen." (Winter 1995). Die hierfür notwendigen Modellierungskompetenzen sollen im Mathematikunterricht schrittweise aufgebaut werden. Gleichzeitig sollen Schülerinnen und Schüler auch ein angemessenes Bild von Mathematik vermittelt bekommen, wozu auch gehört zu erkennen, bei welchen Fragestellungen spezifische Bereiche der Mathematik zur Beantwortung von Problemen hinzugezogen werden können. Diese Ziele können auf sehr unterschiedliche Weise erreicht werden. Wir widmen uns in diesem Band solchen Modellierungsprojekten mit Schülerinnen und Schülern, die kennzeichnet, dass über einen längeren Zeitraum hinweg **ein** komplexes Problem bearbeitet wird. Dies bedeutet, dass ein Problem nicht nur den Zeitumfang von ein bis zwei Doppelstunden umfasst, sondern entweder konzentriert über mehrere Tage oder aber in zeitlichen Abständen über Wochen, Monate oder gar Jahre hinweg eine Problemstellung bearbeitet wird. Die Erfahrungen, die Schülerinnen und Schüler hierbei machen, sind durchaus andere, als wenn die Probleme in einer überschaubaren Zeit bearbeitet werden, wobei ausdrücklich darauf hingewiesen sei, dass beide Methoden sich nicht ausschließen und auch nicht ausschließen sollen.

Es gibt inzwischen eine Vielzahl von Ideen für Aufgaben zum mathematischen Modellieren im Schulunterricht (bspw. die weiteren Bände dieser Reihe oder die Aufgabensammlung der MUED (www.mued.de). Diese haben in der Regel das Ziel, bestimmte Teilkompetenzen zu fördern, beispielsweise das Treffen von Annahmen, das Bilden eines Modells oder aber das Validieren. In diesen Fällen steht nicht das vollständige Durchlaufen eines Modellierungsprozesses, sondern die gezielte Förderung von Teilkompetenzen im Vordergrund. Aber auch das Durchlaufen eines gesamten Modellierungsprozesses kann das Ziel solcher Aufgaben sein, um den Zusammenhang der Teilschritte und die Abhängigkeit dieser voneinander zu erfahren. Aufgrund der zeitlichen Restriktionen ist es jedoch in diesen Fällen nicht möglich, sehr komplexe Probleme zu bearbeiten oder aber Modellverbesserungen in Form eines nochmaligen Durchlaufens des Modellierungsprozesses durchzuführen. Dies ist ein gravierender Unterschied zu Modellierungsprojekten.

Projekte zeichnen sich dadurch aus, dass das Thema eine gewisse Abgeschlossenheit und Möglichkeiten zur Differenzierung geben muss, ebenso soll ein Umwelt- bzw. Lebensbezug vorhanden sein. Weiter zeichnen sich Projekte dadurch aus, dass Schülerinnen und Schüler selbstständig arbeiten können und so einen hohen Aktivitätsgrad erreichen, der dafür sorgt, dass sich die Schülerinnen und Schülern intensiv mit dem Thema auseinandersetzen können. Trotz dieser Selbstständigkeit ist die Rückkopplung, bzw. das Feedback durch die Lehrperson weiterhin von entscheidender Bedeutung. Dieses Feedback muss nicht immer konkret inhaltlicher Natur sein, kann es auch gar nicht, sondern es sollen Strategien vermittelt werden, wie man mathematische Probleme angehen kann. (Ludwig 1998, (die Jahreszahl ist sonst im Band einheitlich mit Komma abgetrennt) S. 65)

Die im vorliegenden Band vorgestellten Projekte haben die Gemeinsamkeit, dass Schülerinnen und Schüler über einen längeren Zeitraum ein Problem aus Natur, Gesellschaft oder Kultur bearbeiten. Das mag zunächst nach einer eindeutigen Beschreibung klingen, doch gibt es tatsächlich eine große Vielfalt von Variationsmöglichkeiten, von denen ein Ausschnitt durch die verschiedenen Beiträge in diesem Band abgedeckt wird. Die konkrete Umsetzung eines Projekts ist dabei immer abhängig von verschiedenen Aspekten:

- **Zur Verfügung stehende Zeit:** Auch wenn die in diesem Band dargestellten Projekte alle länger als ein bis zwei Doppelstunden dauern, ist die Aufteilung der zur Verfügung stehenden Zeit sehr unterschiedlich: Während beispielsweise in den Beiträgen von Borromeo Ferri & Meister, Stender, Günster, Pöhner, Siller & Wörler sowie Vorhölter & Alwast, die Schülerinnen und Schüler mehrere Tage am Stück und mit Befreiung vom übrigen Unterricht das Problem bearbeiten, zeigt der Beitrag von Reit auf, wie ein solches Projekt über mehrere Wochen in den Schulmathematikunterricht implementiert werden kann. Wieder andere Beiträge wie die von Bracke & Capraro, Lantau & Bracke und Zander gehen nicht direkt auf die Zeitplanung ein, da diese eben sehr stark von der Projektausgestaltung und der dem Lehrenden zur Verfügung stehenden Zeit abhängt.

- **Vermittlung von Modellierungskompetenzen:** Ist es schwerpunktmäßig das Ziel, die Modellierungskompetenzen von Schülerinnen und Schülern zu fördern, so hat dies Auswirkungen auf die Gestaltung der Projekte: Lehrkräfte und unterstützende Personen sollten helfend zur Seite stehen, aber die Schülerinnen und Schüler in ihrem Arbeitsprozess nicht einschränken. Die Schülerinnen und Schüler sollten frei sein in ihrer Wahl der Werkzeuge und Verfahren. Weiterhin ist eine Reflexion über die Tätigkeiten mit den Schülerinnen und Schülern anzustreben, um den Aufbau von metakognitiven Modellierungskompetenzen zu fördern (vgl. Vorhölter 2019), so dass die Schülerinnen und Schüler ihre Erfahrungen auf die nächste Problembearbeitung transferieren können. Hinweise hierzu finden sich insbesondere in den Beiträgen von Borromeo Ferri & Meister, Stender sowie Vorhölter & Alwast.

- **Inhaltliche mathematische Ziele:** Einige Probleme legen die Bearbeitung mit bestimmten mathematischen Verfahren nahe, während andere auf sehr unterschiedliche Weisen bearbeitet werden können. Ist es das Ziel des Projekts, Schülerinnen und Schülern bestimmte mathematische Gebiete nahe zu bringen, kann und sollte überlegt werden, inwieweit eine mathematische Einführung oder aber das zur Verfügung stellen von Software, teilweise auch schon fertigen Modellen, hilfreich sein kann. Die Arbeit nach dem Black-Box-Prinzip kann sich hier anbieten. Im Beitrag von Reit werden mit einfacher mathematischer Modellierung tolle optische Effekte erzielt, dagegen ist schnell klar, dass die Modellierung einer Spidercam wie im Beitrag von Günster, Pöhner, Wörler & Siller, oder auch die eines Musikbrunnens von Bracke & Capraro mathematische Ziele auf ganz unterschiedlichem Niveau erreichen kann.

Die vorstehende Auflistung ist bei weitem nicht vollständig gibt aber einen guten Überblick darüber, welches Feld durch die in diesem Band vertretenen Beiträge abgedeckt wird. In den meisten Fällen werden die konkreten Anforderungen miteinander in Konkurrenz stehen, so dass bei der Konzeption und Betreuung eines Modellierungsprojekts ein Kompromiss gefunden werden muss. Wenn der Zeitrahmen begrenzt ist durch beispielsweise 10 Unterrichtsstunden (oder alternativ einen Projekttag), so wird die inhaltliche Tiefe bei einer offenen Fragestellung ohne konkrete Vorgaben nicht so groß sein können wie bei der Formulierung von Arbeitsschritten oder -paketen. Dementsprechend werden sich die von den Lernenden im Rahmen des Projekts erworbenen Kompetenzen auch deutlich unterscheiden. Möchte man die behandelte Fragestellung den Lernenden dennoch so offen wie möglich präsentieren, kann es sinnvoll und hilfreich sein, an das Ende des geplanten Zeitrahmen die Vorstellung selbst erarbeiteter konkreter Antworten zur Ausgangsfrage durch die Schülerinnen und Schüler zu stellen. Anschließend ist es hilfreich, wenn in der Betreuung bei der Einhaltung des Zeitrahmens unterstützt und ggf. auch zwischendurch an die Anforderung einer Ergebnispräsentation erinnert wird. So kann auch ohne eine direkte Formulierung konkreter Arbeitsschritte und -pakete von Beginn des Projekts an erreicht werden, dass die Lernenden im Rahmen einer mathematischen Modellierung mit den ihnen zur Verfügung stehenden Kenntnissen und Fertigkeiten innerhalb der vorgegeben Zeit zu einem sinnvollen Lösungsvorschlag kommen (s. dazu auch Bock und Bracke 2015).

Dieser Band soll allen interessierten Leserinnen und Lesern einen Einblick und Anregungen dazu geben, wie Modellierungsprojekte durchgeführt werden können und welche Probleme möglich sind. Während in einigen Beiträgen die Durchführung von Projekten im Mittelpunkt steht, fokussieren andere insbesondere konkrete Modellierungsprobleme und geben Ideen, wie ein Problem in Modellierungsprojekten unterschiedlich genutzt werden kann. Wenn diese Schwerpunktsetzung mit den Zielen der Leserinnen und Leser bei ihrer Suche nach einem für ihre Lerngruppe geeigneten Modellierungsprojekt übereinstimmen, steht einer Umsetzung wie im Beitrag beschrieben nichts im Wege. Hat man selbst andere Ziele, können die Beiträge aber immer noch als Anregung genommen werden, die beschriebene Umsetzung sollte jedoch zielgerecht angepasst werden. Die Beiträge können dann immer noch als Ausgangspunkt für die Konzeption einer eigenen, an die entsprechenden Ziele angepassten Umsetzung dienen. Dazu könnte es beispielsweise erforderlich sein, die Formulierung der Ausgangsfrage entweder zu erweitern oder enger zu fassen, Arbeitsanweisungen zu präzisieren oder überhaupt vorab zu geben bzw. abzuschwächen usw. In einigen Beiträgen sind solche Variationsmöglichkeiten als Ausblick enthalten, andere wiederum überlassen derartige Modifikationen Ihnen, den Leserinnen und Lesern.

- Das Lehren und Lernen von mathematischer Modellierung an der Universität für angehende Mathematiklehrkräfte kann ebenfalls im Team erfolgen, insbesondere wenn die Lehrenden zwei Disziplinen vertreten. Im Beitrag von *Rita Borromeo Ferri und Andreas Meister (Mathematisches Modellieren durch Team Teaching mehrperspektivisch lehren und lernen)*, wird das Lehr-Lernkonzept eines Seminars an der Universität Kassel beschrieben, dessen Basis das Team-Teaching einer Fachdidaktikerin und eines angewandten Mathematikers ist.
- *Katrin Vorhölter und Alina Alwast* zeigen in ihrem Beitrag *Nutzen und Schwierigkeiten von Modellierungstagen aus Sicht von Lehrerinnen und Lehrern* auf, dass mathematische Modellieren sich sowohl im Regelunterricht in regulären Einzel- oder Doppelstunden, als auch in Projektform fördern lässt. Die Autorinnen beschreiben dabei wie in Hamburg Lehrkräfte seit 2001 die Möglichkeit haben, mit ihren Schülerinnen und Schülern an Modellierungstagen oder -wochen teilzunehmen, die von Lehrenden der Universität Hamburg organisiert werden. Es werden beispielhaft Aufgabenstellung, Schülererarbeitungen sowie die Sichtweise der Lehrkräfte auf den Nutzen, aber auch auf die Schwierigkeiten dieser Modellierungstage dargelegt.
- *Peter Stender* stellt in seinem Beitrag das preisgekrönte Bildungsprojekt *Modellierungstage – Oberstufe betreut Mittelstufe* vor. In Ergänzung zum Beitrag von Vorhölter und Alwast beschreibt er wie in einem Hamburger Gymnasium seit 2015 die Betreuung der Schülerinnen und Schüler der Mittelstufe während der Modellierungstage durch eine Schülergruppe der Oberstufe realisiert wird. Diese Oberstufenschüler werden auf ihre Tätigkeit im Rahmen eines Pädagogikkurses vorbereitet und profitieren dabei von der Erfahrung, zwei Jahre vorher selbst an den Modellierungstagen teilgenommen zu haben.
- Eine Möglichkeit wie komplexe Modellierungen an nur einem Tag vermittelt werden können zeigt der Beitrag von *Kirsten Wohak, Maike Sube, Sarah Schönbrodt, Christina Roeckerath und Martin Frank CAMMP day: Computergestützter mathematischer Modellierungstag für Schülerinnen und Schüler*. Im Rahmen eines eintägigen Workshops, welcher von Schülerlabors des Computational and Mathematical Modeling Program (kurz: CAMMP) an verschiedenen Standorten in Deutschland durchgeführt wird, ist es möglich im Rahmen einer Exkursion oder auch eines Projekttags, authentische und relevante Modellierung mit Schülerinnen und Schülern innerhalb eines Tages durchzuführen. Im Beitrag erläutern die Autoren die Organisation eines CAMMP days, die didaktisch-methodische Konzeption und geben einen Überblick über ihre Angebote. Weiter stellen sie exemplarisch einen CAMMP day im Detail vor.
- Wie fächerverbindendes Modellieren gehen kann, zeigen *Stephan M. Günster, Nicolai Pöhner, Jan F. Wörler und Hans-Stefan Siller* in ihrem Beitrag *Mathematisches und informatisches Modellieren verbinden am Beispiel „Seilkamerasystem" – im Rahmen der Würzburger Schülerprojekttage*. Zunächst werden im Beitrag die Interpretationen von

Modellieren aus Sicht der Informatik und der Mathematik gegenübergestellt und verglichen. Daran anschließend wird mit dem Schülerprojekt „Seilkamera" vorgestellt, wie sich die verschiedenen Ansätze bei technologiegestützten Modellierungsprojekten vereinen lassen. Das Projekt wurde im Rahmen der Schülerprojekttage durchgeführt, die seit 2002 jährlich an der Universität Würzburg mit besonders interessierten Schülerinnen und Schülern der späten Sekundarstufe stattfinden.

In den nächsten Beiträgen stehen weniger die organisatorischen Rahmenbedingungen im Vordergrund, sondern es wird an konkreten Modellierungsbeispielen aufgezeigt, wie man diese im Unterricht umsetzen kann.

- *Jean-Marie Lantau und Martin Bracke* zeigen in ihrem Beitrag *Wie funktioniert eigentlich ein Segway?*, wie diese Fragestellung zum Ausgangspunkt von interdisziplinären MINT-Modellierungsprojekten für Schülerinnen und Schüler der gymnasialen Oberstufe dienen kann. Anhand der Beschreibung eines prototypischen Schulprojektes soll dieser Beitrag zeigen, dass sich die Fragestellung des Beitrags hervorragend eignet, um einen fächerverbindenden MINT-Projektunterricht derart zu konzipieren, dass Schülerinnen und Schüler einen vertieften Einblick in die Anwendung von physikalischen, technischen und insbesondere mathematischen Konzepten bekommen können.
- *Martin Bracke und Patrick Capraro* diskutieren in ihrem Beitrag *Choreografien für Musikbrunnen* eine Frage aus der Anwendung, aus der Modellierungsprojekte sehr unterschiedlicher Ausprägung entwickelt werden können. Die mögliche inhaltliche Komplexität deckt dabei ein weites Spektrum ab, welches von der Mittelstufe bis hin zu einem Seminarkurs der Oberstufe reicht. An vielen Stellen können fächerverbindende Elemente integriert werden und optional sind sowohl Programmieranteile als auch technische Umsetzungen möglich, was für berufsbildende Schulen durchaus ein interessanter Aspekt sein kann. Verschiedene Umsetzungen mit Schülerinnen und Schüler, die im Rahmen der seit 1993 an der TU Kaiserslautern angebotenen Modellierungsaktivitäten durchgeführt wurden, werden skizziert.
- Auch *Xenia Reit* zeigt in ihrem Beitrag *CamCarpets als jahrgangs- und fächerübergreifendes Projekt* eine Möglichkeit auf wie fächerübergreifendes Modellieren gut funktionieren kann. Strahlenoptik als auch analytische Geometrie gehen hier eine herrliche Symbiose ein. Im Beitrag werden einerseits das Potential des Projektgegenstands „CamCarpets" aus fach- und jahrgangsübergreifender Sicht als auch projektorganisatorische Umsetzungsaspekte erläutert. Zudem werden Stufungsmöglichkeiten für ein leistungsdifferenziertes Arbeiten aufgezeigt.

Den Abschluss dieses Istron-Bandes bildet ein Beitrag ein wenig außerhalb des mathematischen Modellierungsmainstreams.

- *Sebastian Zander* zeigt in seinem Beitrag *Mit Wirkungsgefüge für einen systemischen Zugang zum mathematischen Modellieren* nutzen, dass Simulationen ein vielseitiges Hilfsmittel im Mathematikunterricht sind. In diesem Beitrag werden die Vorteile im Lernprozess von Schülerinnen und Schüler beleuchtet, die sich speziell beim mathematischen Modellieren durch die Arbeit mit sogenannten Wirkungsgefügen ergeben können. Eine Gegenüberstellung von Vor- und Nachteilen lassen eine Empfehlung für die Nutzung dieses mathematischen Werkzeuges für diverse Fächer plausibel erscheinen.

Unser Ziel ist es mit diesem Band die Vielfältigkeit von Modellierungsprojekten unter Berücksichtigung der zur Verfügung stehenden Zeit, der Organisationsform, der mathematischen Kompetenzen der Schülerinnen und Schüler sowie die daraus resultierende mathematische Tiefe aufzeigen zu können. Wir hoffen, dass wir damit allen Interessierten Anregungen für die eigene Umsetzung bieten können.

Literatur

Bock, W., & Bracke, M. (2015). Angewandte Schulmathematik – Made in Kaiserslautern. In H. Neunzert & D. Prätzel-Wolters (Hrsg.), *Mathematik im Fraunhofer-Institut. Problemgetrieben – Modellbezogen – Lösungsorientiert*. Berlin, Heidelberg: Springer Spektrum.

Ludwig, M. (1998). *Projekte im Mathematikunterricht des Gymnasiums*. Hildesheim: diVerlag franzbecker.

Vorhölter, K. (2019). Förderung metakognitiver Modellierungskompetenzen. In I. Grafenhofer & J. Maaß (Hrsg.), *Neue Materialien für einen realitätsbezogenen Mathematikunterricht 6* (S. 175–184). Wiesbaden: Springer Fachmedien.

Winter, H. (1995). Mathematikunterricht und Allgemeinbildung. *Mitteilungen der Gesellschaft für Didaktik der Mathematik, 21*(61), 37–46.

Inhaltsverzeichnis

Herausgeber- und Autorenverzeichnis

Über die Herausgeber

Martin Bracke Kompetenzzentrum für mathematische Modellierung in MINT-Projekten in der Schule, Technische Universität Kaiserslautern, Kaiserslautern, Deutschland

Matthias Ludwig Institut für Didaktik der Mathematik und Informatik, Johann Wolfgang Goethe-Universität, Frankfurt am Main, Deutschland

Katrin Vorhölter Universität Hamburg, Hamburg, Deutschland

Autorenverzeichnis

Alina Alwast Universität Hamburg, Hamburg, Deutschland

Martin Bracke Kompetenzzentrum für mathematische Modellierung in MINT-Projekten in der Schule, Technische Universität Kaiserslautern, Kaiserslautern, Deutschland

Patrick Capraro Kompetenzzentrum für mathematische Modellierung in MINT-Projekten in der Schule, Technische Universität Kaiserslautern, Kaiserslautern, Deutschland

Rita Borromeo Ferri Fachbereich Mathematik und Naturwissenschaften, Universität Kassel, Kassel, Deutschland

Martin Frank Steinbuch Centre for Computing (SCC), Karlsruher Institut für Technologie, Eggenstein-Leopoldshafen, Deutschland

Stephan Michael Günster Julis-Maximilians-Universität Würzburg, Würzburg, Deutschland

Jean-Marie Lantau Kompetenzzentrum für mathematische Modellierung in MINT-Projekten in der Schule, Technische Universität Kaiserslautern, Kaiserslautern, Deutschland

Andreas Meister Fachbereich Mathematik und Naturwissenschaften, Universität Kassel, Kassel, Deutschland

Nicolai Pöhner Julis-Maximilians-Universität Würzburg, Würzburg, Deutschland

Xenia-Rosemarie Reit Fakultät für Mathematik, Universität Duisburg-Essen, Essen, Deutschland

Christina Roeckerath MathCCES Department of Mathematics, RWTH Aachen, Aachen, Deutschland

Sarah Schönbrodt Steinbuch Centre for Computing (SCC), Karlsruher Institut für Technologie, Eggenstein-Leopoldshafen, Deutschland

Hans-Stefan Siller Julis-Maximilians-Universität Würzburg, Würzburg, Deutschland

Peter Stender Hamburg, Deutschland

Maike Sube Lehrstuhl A für Mathematik, RWTH Aachen, Aachen, Deutschland

Katrin Vorhölter Universität Hamburg, Hamburg, Deutschland

Kirsten Wohak Steinbuch Centre for Computing (SCC), Karlsruher Institut für Technologie, Eggenstein-Leopoldshafen, Deutschland

Jan Franz Wörler Julis-Maximilians-Universität Würzburg, Würzburg, Deutschland

Sebastian Zander Fachbereich Naturwissenschaften, Gymnasium Lerchenfeld, Hamburg, Deutschland

Mathematisches Modellieren durch Team Teaching mehrperspektivisch lehren und lernen

Rita Borromeo Ferri und Andreas Meister

Zusammenfassung

Mathematisches Modellieren ist eine Aktivität, die von Austausch geprägt sein soll, sei es im schulischen Kontext oder in den jeweiligen Berufsfeldern. Das Lehren und Lernen von mathematischer Modellierung an der Universität für angehende Mathematiklehrkräfte kann ebenfalls im Team erfolgen, insbesondere wenn die Lehrenden zwei Disziplinen vertreten. Im Beitrag wird das Lehr-Lernkonzept des Seminars der mathematischen Modellierungstage an der Universität Kassel beschrieben, dessen Basis das Team Teaching einer Fachdidaktikerin und eines angewandten Mathematikers ist. Neben dem Aspekt des Rollenmodells für die angehenden Lehrkräfte, wurde das Seminar wissenschaftlich begleitet und evaluiert. Subjektive Sichtweisen der Studierenden und der Lernenden aus der Schule zeigen interessante Einblicke, welchen Stellenwert etwa die Gruppenarbeit oder die Mathematik im Kontext haben. Ersichtlich wurde, bedingt durch das Team Teaching und den ständigen Wechsel zwischen fachdidaktischen Fragen und der Fachmathematik im Rahmen der Veranstaltung, dass die Studierenden Eingeständnisse von Lücken in der eigenen hochschulmathematischen Ausbildung artikulierten. Die Übertragung dieses Konzepts für die Schule wird schließlich am Ende des Beitrags als Transfer angeregt.

1 Ein interdisziplinäres Team – mehrere Perspektiven auf das mathematische Modellieren!

Das Unterrichten mathematischer Modellierung in allen Schulformen stellt Lehrende immer noch vor eine große Herausforderung. In den letzten Jahren wurden jedoch nicht nur im Bereich der Lehrerprofessionalitätsforschung zum Modellieren neue Erkenntnisse erzielt, sondern damit zusammenhängend wurden neue, vielfältige und konkrete didaktische Konzepte zur unterrichtlichen Umsetzung sowie Modellierungsaufgaben für die Primarstufe bis in die Oberstufe entwickelt und erprobt (Borromeo Ferri und Blum 2018; Schukajlow und Blum 2018; Eilerts und Skutella 2018).

Eine gute Ausgangslage, damit mathematisches Modellieren überhaupt umgesetzt wird, bildet neben Lehrerfortbildungen vor allem die universitäre Lehrerausbildung. Die Einstellung von Studierenden zur Modellierung, die diesen oft als sehr komplexen und schwierigen Inhalt wahrnehmen, ändert sich nach einem Modellierungsseminar deutlich (Borromeo Ferri 2010). Dazu tragen die eigenen im Seminar gemachten Erfahrungen bei, denn die Studierenden haben in der Lehrveranstaltung selber modelliert, hatten die Möglichkeit eigene Modellierungsaufgaben zu entwickeln, diese im Unterricht umzusetzen sowie zu reflektieren und schließlich erfahren, dass sowohl theoretisches und praktisches Wissen für eine erfolgreiche Vermittlung notwendig ist.

Theoretische und inzwischen auch empirisch validierte Modelle zu Lehrerkompetenzen zur mathematischen Modellierung (Borromeo Ferri 2018a; Klock et al. 2018) geben Lehrerausbildern und Lehrkräften einen transparenten Rahmen der aufzeigt, welche Inhalte innerhalb eines Seminars oder einer Fortbildung zentral sind. Resultate aus empirischen Interventionsstudien verdeutlichen, dass der Kompetenzanstieg sowohl in den 4 Dimensionen nach Borromeo Ferri als auch in den Facetten nach Klock et al. durch ein Modellierungsseminar signifikant ist (Borromeo Ferri 2019; Klock et al. 2018).

R. Borromeo Ferri (✉) · A. Meister
Fachbereich Mathematik und Naturwissenschaften, Universität Kassel, Kassel, Deutschland
E-Mail: borromeo@mathematik.uni-kassel.de

A. Meister
E-Mail: meister@mathematik.uni-kassel.de

© Springer Fachmedien Wiesbaden GmbH, ein Teil von Springer Nature 2021
M. Bracke et al. (Hrsg.), *Neue Materialien für einen realitätsbezogenen Mathematikunterricht 8*,
Realitätsbezüge im Mathematikunterricht, https://doi.org/10.1007/978-3-658-33012-5_1

Nun lassen sich, basierend auf dem nationalen und internationalen Forschungsstand (Kaiser et al. 2015), im Wesentlichen zwei Arten von Modellierungsseminaren unterscheiden. Einerseits handelt es sich um Seminare, in denen die Studierende neben theoretischen Hintergründen auch Modellierungsaufgaben entwickeln, diese dann unterrichten und wieder im Seminar reflektieren und andererseits handelt es sich um die sogenannten „Modellierungstage bzw. -wochen". Der „Seminartyp" „Modellierungstage" wird in diesem Beitrag im Vordergrund stehen. Weitere Artikel in diesem Band beziehen sich ebenfalls auf das universitäre Lehrformat „Modellierungstage", weil dieses eine langbewährte und erfolgreiche Lernumgebung für angehende Mathematiklehrkräfte darstellt, die zudem immer den direkten Schulbezug aufweist. Jeder universitäre Standort hat jedoch seine Spezifika in der Umsetzung von „Modellierungstagen".

Im Folgenden wird die Besonderheit der Modellierungstage an der Universität Kassel beschrieben, die sich unter anderem im gelebten Team Teaching des Theorie-Praxis Seminars mit Vertreterinnen und Vertretern der Angewandten Mathematik und der Mathematikdidaktik mit dem Ziel zeigt, dass Studierende und Lernende einen mehrperspektivischen Blick auf das mathematische Modellieren erfahren sollen. Ein angewandter Mathematiker, der jahrelang an Projekten außerhalb der Universität gearbeitet hat, kann den Studierenden und auch Lernenden einen Einblick geben, in welchen Bereichen Mathematik in der konkreten Anwendung von Bedeutung ist und vor allem wie interdisziplinär bei realen Problemstellungen gearbeitet wird. Eine Mathematikdidaktikerin kann den Studierenden didaktische Konzepte zur Umsetzung von Modellierung vermitteln oder die Diagnose- und Interventionskompetenz der Studierenden fördern. Durch die Expertise der Lehrenden und die Verzahnung der Fachgebiete durch das Team Teaching im Seminar kann ein mehrperspektivischer Blick auf das mathematische Modellieren ermöglicht werden – wie im „Kasseler Format der Modellierungstage. Die Umsetzung mathematischer Modellierung in der Schule hängt vor allem von den Erfahrungen ab, die Studierende während ihrer universitären Ausbildung diesbezüglich ermöglicht wurden. Demnach werden die Eindrücke von Studierenden zu den Modellierungstagen geschildert sowie auch das Feedback der Lernenden in Bezug auf die Zusammenarbeit mit den Studierenden einerseits und der inhaltlichen Auseinandersetzung mit den Modellierungsaufgaben andererseits.

Kasseler Format der „Modellierungstage"

Viele Lehramtsstudierende haben den Wunsch die in der Universität vermittelten „Lehr-Lern-Theorien", das Fachwissen und das aktuelle „Seminarthema" sofort mit Schülerinnen und Schülern umzusetzen, weil sie sich oft unsicher sind, ob zwischen Theorie und Praxis nicht eine zu große Lücke klafft. Wie sollten daher Lehrformate an der Universität gestaltet werden, damit die Studierenden unmittelbare praktische Erfahrungen mit den Themen erleben und reflektieren können?

Die Lehrveranstaltung „Mathematische Modellierungstage", die seit 9 Jahren an der Universität Kassel für Lehramtsstudierende der Mathematik für die Haupt- und Realschule, für das Gymnasium und für die Berufsschule im Wahlpflichtbereich angeboten wird, hat den Anspruch diese Forderung umzusetzen. Das Besondere an dieser Veranstaltung ist das Team Teaching der Dozenten. Team Teaching im universitären Kontext wird immer noch selten umgesetzt. Das bedeutet tatsächlich nicht nur eine gemeinsame Planung der Lehre sondern auch dessen gemeinsame Umsetzung im Seminar selber. Durch die beiden Lehrenden bei den „Modellierungstagen", einer Fachdidaktikerin und einem Fachmathematiker, erhalten die Studierenden zwei Perspektiven im Hinblick auf das mathematische Modellieren und erfahren somit die Vernetzung der Fachgebiete in einer Lehrveranstaltung. Neben aktivierend gestalteten und vorbereitenden Seminarsitzungen, haben die Studierenden drei volle Tage in die Schule, um Gruppen von jeweils 5–6 Lernenden beim Lösen komplexer Modellierungsaufgaben im Team zu betreuen und das eigene Verhalten dabei zu reflektieren. Die Anwendbarkeit von Mathematik im Alltag, die Bedeutung von MINT-Bildung und deren interdisziplinäre Umsetzung, erleben die Studierenden praktisch und aktiv. Davon profitieren jedes Mal die Lernenden in der Schule.

Das Konzept der Modellierungstage verdeutlicht zunächst die Übersicht und anschließend wird dies eingehend erläutert (Abb. 1):

Das Seminar ist in einen ersten, eher theoretischen, und einen zweiten, den praktischen Teil gegliedert. Im ersten Teil werden in fünf geblockten Sitzungen die notwendigen didaktischen und fachlichen Hintergründe zum Lehren und Lernen mathematischer Modellierung behandelt. Der Einstieg in die Thematik erfolgt durch das Dozententeam. Aus der Sichtweise der Angewandten Mathematik wird an Beispielen gezeigt, in welchen Bereichen Mathematik für die Lösung von realen Problemen unabdingbar ist. Wie diese oft komplexen Inhalte schließlich mit Lernenden bearbeitet werden können, wird aus didaktischer Perspektive beleuchtet. Zusätzliche Erkenntnisse aus Forschung und Praxis verdeutlichen den Studierenden, dass sich Modellierungsaufgaben sinnstiftend und positiv auf das Bild von Mathematik der Schülerinnen und Schüler auswirken.

Konkret setzen sich die Studierenden mit dem Begriff des Modellierens, verschiedenen Modellierungskreisläufen, Kriterien von Modellierungsaufgaben und mit Konzepten zur Einführung mathematischer Modellierung in der Schule aktiv auseinander. Insbesondere liegt der Fokus auf dem Thema Lehrerinterventionen beim mathematischen

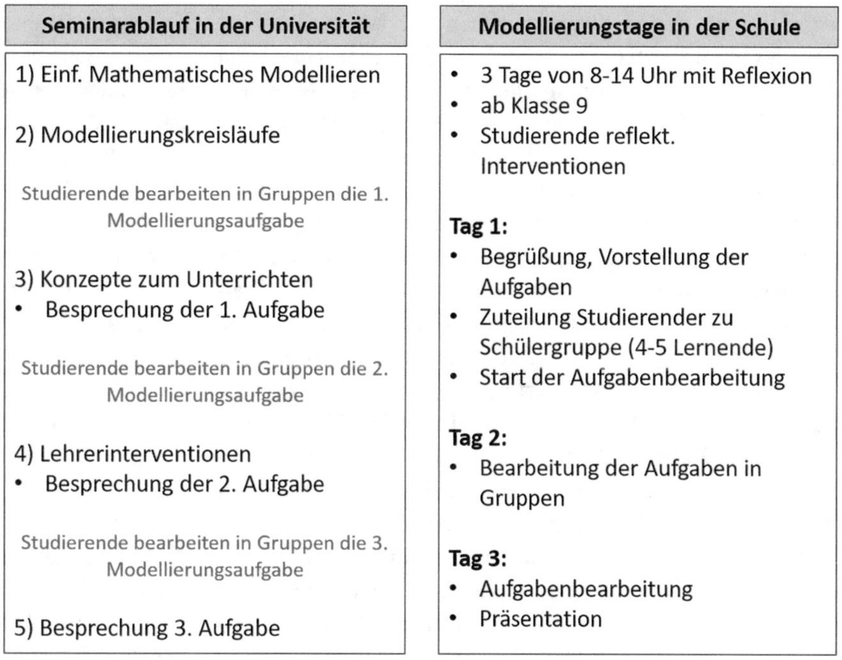

Abb. 1 Konzept der Modellierungstage. (©Rita Borromeo Ferri 2021)

Seminarablauf in der Universität
1) Einf. Mathematisches Modellieren
2) Modellierungskreisläufe
Studierende bearbeiten in Gruppen die 1. Modellierungsaufgabe
3) Konzepte zum Unterrichten • Besprechung der 1. Aufgabe
Studierende bearbeiten in Gruppen die 2. Modellierungsaufgabe
4) Lehrerinterventionen • Besprechung der 2. Aufgabe
Studierende bearbeiten in Gruppen die 3. Modellierungsaufgabe
5) Besprechung 3. Aufgabe

Modellierungstage in der Schule
• 3 Tage von 8-14 Uhr mit Reflexion • ab Klasse 9 • Studierende reflekt. Interventionen
Tag 1: • Begrüßung, Vorstellung der Aufgaben • Zuteilung Studierender zu Schülergruppe (4-5 Lernende) • Start der Aufgabenbearbeitung
Tag 2: • Bearbeitung der Aufgaben in Gruppen
Tag 3: • Aufgabenbearbeitung • Präsentation

Modellieren. Als Lehrerinterventionen werden allgemein alle verbalen und nonverbalen Eingriffe des Lehrers in den Lösungsprozess der Schüler bezeichnet (u. a. Leiß 2007). Wir haben diesen Fokus gewählt, weil die Studierenden auch später im Referendariat oder im Schuldienst kaum Zeit haben werden, so intensiv eigene Interventionen und ihre Effekte zu reflektieren, wie es ihnen während der Modellierungstage ermöglicht wird. Die Studierenden lernen unter anderem somit vorbereitend anhand von Videos aus vorherigen Modellierungstagen die Interventionsformen zu unterscheiden, damit sie dies im praktischen Teil in der Schule umsetzen können. Mathematisches Modellieren lernt man nur durch die Bearbeitung von Modellierungsaufgaben, möglichst im Team. Erst wenn man selber erfahren hat, welches Potenzial realitätsbezogene Aufgaben haben, aber auch wie knifflig und herausfordernd diese sein können, fällt das Hineinversetzen in die Denkweisen der Lernenden leichter. Somit bearbeiten die Studierenden in Kleingruppen zwischen den geblockten Sitzungen die drei für die Modellierungstage in der Schule vorgesehenen komplexen Aufgaben (eine Aufgabe im Jahr 2018: Optimierung in der Fischereiwirtschaft).

Die Lösungen werden im Seminar von Studierenden präsentiert, zusammen mit den Dozenten fachlich vertieft sowie für die didaktische Umsetzung und im Hinblick auf hilfreiche Interventionen besprochen. Die Studierenden müssen alle Modellierungsaufgaben gut beherrschen, denn sie wissen zu Beginn der Modellierungstage in der Schule nicht, für welche Aufgabe sich ihre Gruppe entscheidet.

Mit dem Hintergrundwissen aus Teil I sind die Studierenden für Teil II, den Praxisteil des Seminars, gut

vorbereitet. Für die Modellierungstage, die immer drei Tage, jeweils von 8 bis 13 Uhr, an einer Schule umfassen, nehmen in Kassel zum Teil ganze Jahrgänge, je nach Schulform ab Klasse 9, teil. Durchschnittlich handelt es sich zwischen 60–100 Lernende, die während der Modellierungstage in Gruppen von 5–6 Personen an einer Aufgabe arbeiten. Jede Schülergruppe wird von zwei Studierenden betreut, damit fachliche und didaktische Entscheidungen im Team geklärt werden können. Die Fachlehrenden der Schule besuchen die Gruppen, sind aber nicht in die enge Betreuung der Lernenden eingebunden, sodass die Studierenden für ihre Gruppe alleinig verantwortlich sind. Die Modellierungstage beginnen nach der Begrüßung mit der Vorstellung der drei Aufgaben durch das Dozententeam. Zuvor verdeutlicht jedoch der Angewandte Mathematiker, an welchen Problemen er gearbeitet hat bzw. aktuell beteiligt ist und gibt den Schülerinnen und Schüler damit zugleich einen Einblick, welche Berufsmöglichkeiten ein Mathematikstudium bietet.

Die Lernenden haben dann 15 min Zeit, um sich als Gruppe für eine der drei Fragestellungen zu entscheiden, und die Studierenden werden anschließend per Losverfahren den jeweiligen Gruppen zugeteilt. Am letzten Tag erfolgen Ergebnispräsentationen der Schülerinnen und Schüler mit Kurzvorträgen sowie mit der Methode des „Museumsrundgangs", die es allen Beteiligten ermöglicht die Resultate zu präsentieren. Die Schulleitung, Lernende aus anderen Jahrgängen sowie interessierte Lehrende der Schule nehmen daran teil. Am Ende jeden Modellierungstages treffen sich das Dozententeam, die Studierenden und Lehrende zu einer Reflexion. Die Besonderheit und Auswirkungen des Lehrstils dieses Seminars sehen wir auf vielen Ebenen. So verbindet das Dozententeam die eigene Forschung in symbiotischer Weise mit der universitären Lehre und findet im Hinblick auf eine grundlegende Förderung der MINT-Bildung noch weitreichender den Weg in die Schule. Mehrere Perspektiven, das heißt die Kombination aus Fach und Didaktik, Theorie und Praxis in Bezug auf das Modellieren schafft für die Studierenden ein breites Spektrum, das in sonstigen Veranstaltungen kaum gegeben ist. Des Weiteren sind die Studierenden nicht nur auf einen Lehrenden konzentriert, sondern zwei Lehrende schaffen eine neue Lernatmosphäre und erzeugen Synergieeffekte. Im Bereich Mathematik wird diese Form des Team Teaching an der Universität Kassel bisher nur innerhalb dieser Lehrveranstaltung durchgeführt. Die Erfahrung der Studierenden das Team Teaching direkt zu erleben, dient zudem als Rollenmodell für ein mögliches Team Teaching in der Schule.

Diese Lehrveranstaltung wurde über Jahre unter verschiedenen Perspektiven wissenschaftlich begleitet (Borromeo Ferri 2018b), wobei die Untersuchungen sich sowohl auf die Studierenden als auch auf die Lernenden fokussierten. Dabei belegt eine Studie, dass bereits drei Tage mathematisches Modellieren zu einem signifikanten Anstieg der Modellierungskompetenzen von Schülerinnen und Schülern (Borromeo Ferri et al. 2013) und zu einem veränderten Bild von Mathematik führen. Auch bei den angehenden Lehrkräften kann ein gesteigerter Kompetenzerwerb insbesondere bei den Lehrerinterventionen beim Modellieren festgestellt werden sowie ebenfalls ein tiefergehendes Verständnis dafür, welche interessanten realen Problemstellungen beispielsweise in der Industrie nur durch die Nutzung der Mathematik gelöst werden können.

In diesem Beitrag möchten wir zeigen, dass Modellierung ‚mehrperspektivisch‘, vor allem durch das interdisziplinäre Dozententeam, erfahrbar wird. Die Beschreibung des Seminars hat bereits dahin gehend Einblick gegeben. Im folgenden Abschnitt wird nun näher auf die subjektiven Wahrnehmungen, Reflexionen und das Feedback der Schülerinnen und Schüler und der Studierenden bezüglich der Modellierungstage eingegangen, um diese ‚mehreren Perspektiven‘ bzw. ‚Sichtweisen‘ noch greifbarer zu machen.

2 Mathematisches Modellieren mehrperspektivisch lehren und lernen

Die kontinuierliche Evaluation der Modellierungstage durch Studierende und Lernende sowie die erwähnte wissenschaftliche Begleitung mit diversen Foki, hat mittlerweile eine beträchtliche Datenmenge hervorgebracht, die auf unterschiedlichen Datensorten beruht.

In diesem Artikel sollen die nachstehenden Fragen näher beleuchtet werden, für deren Beantwortung als Datengrundlage einerseits die Lerntagebücher der Studierenden sowie andererseits die schriftlichen Befragungen der Lernenden herangezogen, analysiert und kategorisiert wurden, basierend auf Auswertungsschemata von Borromeo Ferri (2018b):

- Welche zentralen Sichtweisen auf das mathematische Modellieren als Lehr-Lerngegenstand in der universitären Ausbildung und bezüglich des Lehren und Lernens in der Schule können bei Studierenden rekonstruiert werden?
- Welche zentralen Sichtweisen auf mathematische Modellierung und die damit verbundenen Aktivitäten können bei Schülerinnen und Schüler rekonstruiert werden?

Von großem Erkenntnisinteresse sollte die Sichtweise der Studierenden und Lernenden vor und nach den Modellierungstagen sein, die sich jedoch weniger auf die zu erwerbende Modellierungskompetenz bezog, sondern wie die obigen Fragen bereits verdeutlichen, auf Modellierung als Lehr-Lerngegenstand und implizit auf die Multiperspektivheit.

Ohne im Detail diese Entwicklung darzulegen, was hier auch nicht das Ziel sein soll, schärfen sich mehrere Sichtweisen heraus, die aber implizit diesen Vorher-Nachher-Vergleich inhärent haben. Die im Folgenden rekonstruierten zentralen Sichtweisen spiegeln subjektive Wahrnehmungen wider, die sehr häufig benannt wurden und somit zu Kategorien führten. Zunächst gehen wir auf die Studierenden ein.

Hochschulmathematische Lösungen vs. schülernahe Lösungen der Studierenden

Bedingt dadurch, dass die angehenden Lehrkräfte in der universitären Vorbereitung insgesamt drei komplexe Modellierungsaufgaben in der Gruppe bearbeiten und später präsentieren mussten, wurde nicht nur die Modellierungskompetenz sondern auch innermathematische Kompetenz gefordert und gefördert. Die Bearbeitung der Aufgaben und damit zusammenhängend die Diskussion verschiedener Modelle auf der hochschulmathematischer Ebene, fiel vielen Studierenden nicht leicht. Obwohl die Studierenden durch Vorlesungen über die entsprechenden mathematischen Grundlagen verfügen sollten, konnte schwerlich ein Transfer bei den Modellierungsaufgaben stattfinden. Einerseits zeigten die Gruppenlösungen der Studierenden vor allem bei der ersten zu bearbeitenden Aufgabe erhebliche mathematische Schwächen in Bezug auf die korrekte mathematische Notation und andererseits konnten die Studierenden tatsächlich die „Mathematik im Kontext" bzw. die Anwendung von Mathematik noch nicht umsetzen. Das besserte sich bis zur dritten Aufgabe, wobei die genannten Schwierigkeiten nicht bei allen Studierenden gleichermaßen auftauchten. Je mehr Mathematik im Studium gehört wurde, was auch mit der studierten Lehramtsform

Tab. 1 Hochschulmathematische Sichtweise Studierender bei der Bearbeitung von Modellierungsaufgaben

„Modellieren als Prozess ist schon schwer, aber ich hatte auch Probleme mit der Mathematik. Da habe ich einfach viele Sachen falsch gemacht oder nicht gewusst und dann nicht korrekt aufgeschrieben, das weiß ich."	„Die fachliche Besprechung der Aufgaben war sehr interessant, oftmals wurden Lösungswege gezeigt, auf die ich persönlich nicht gekommen wäre. Sie waren anspruchsvoll, aber wurden anschaulich erklärt. Das hat mich in der Mathematik weitergebracht und motiviert!"
„Mit einfachen mathematischen Modellen waren die Aufgaben nicht so schwer und ich habe erst nicht verstanden, warum wir das zunächst auch tiefergehend mathematisch behandelt haben. Es war schon frustrierend, weil ich bei der Bearbeitung der Aufgabe quasi auf meine mathematischen Lücken gestoßen wurde."	„Ich fühlte mich durch die intensive fachliche Betreuung gut vorbereitet, die Lernenden bei den Modellierungstagen zu unterstützen. Endlich konnte ich die Mathematik aus den Vorlesungen konkret anwenden. Die mathematischen Themengebiete waren nicht mehr getrennt, sondern man brauchte alles."

zusammenhängt, umso differenzierter und korrekter fiel die mathematische Darstellung aus. Aus Dozentensicht sollten die Studierenden diese Grenzerfahrung oder Erfolge in Bezug auf das eigene mathematische Wissen erfahren und sich selber reflektieren. Deshalb ist die Perspektive aus der angewandten Mathematik dabei von großer Bedeutung, denn es wurde verdeutlicht, dass die Tiefe der Mathematik bei den Aufgaben durchaus hätte noch weitergeführt werden können. Die jeweiligen Modellierungsaufgaben von den Studierenden direkt „schülernäher", d. h. mit „einfachen" mathematischen Modellen lösen zu lassen, wäre dem universitären Niveau des Seminars nicht gerecht geworden die angewandte-mathematische Perspektive zu betonen. Als die Studierenden schließlich Lösungen von Mittel- und Oberstufenschülern der Modellierungsaufgaben analysierten, wurde ihnen der „Bruch" bezüglich des mathematischen Levels, was sie zuvor leisten sollten und was die Lernenden dargelegt hatten, ersichtlich. Damit kamen direkt im Seminar sowie später in den Reflexionen der Studierenden unterschiedliche Sichtweisen des mathematischen Modellierens für sie zum Tragen. Die folgenden subjektiven Wahrnehmungen, die als prototypische Aussagen dargelegt werden, beziehen sich auf den eigenen Lernprozess der Studierenden in Auseinandersetzung mit der Bearbeitung der Modellierungsaufgabe aus *hochschulmathematischer Sicht* (Tab. 1).

Den eigenen Horizont erweitern – Wissen über die Anwendbarkeit der Mathematik

In der Regel haben Lehramtsstudierende wenig Einblick in reale Anwendungsfelder der Mathematik. Daher wird im Seminar, wie bereits erwähnt, großen Wert darauf gelegt,

dass aus angewandter Perspektive diverse Beispiele aufgezeigt werden. Gleichzeitig erlangt das Berufsfeld des Mathematikers nochmal eine neue Bedeutung für die Studierenden, denn vor allem in der Angewandten Mathematik wird interdisziplinär an Forschungsprojekten gearbeitet. Diese Erkenntnisse haben durchaus Einfluss auf das Verständnis von mathematischer Modellierung bei den Studierenden, auch im Hinblick auf das Unterrichten in der Schule. Demnach verdeutlichen die folgenden subjektiven Wahrnehmungen der Studierenden die Sichtweise auf Modellierung, die aus der *angewandten Mathematik* kommt und reale interdisziplinäre Problemstellung expliziert und somit das Berufsfeld des Mathematikers verdeutlicht (Tab. 2):

Theorie und Praxis Balance – Umsetzbarkeit von Modellierung in der Schule

Das Seminar ist durch seine Struktur auf eine Balance zwischen Theorie und Praxis ausgerichtet. Die Studierenden erhalten durch die drei Tage in der Schule direkt eine Möglichkeit ihr Wissen aus den vorbereitenden Seminarsitzungen anzuwenden, sich selber auszuprobieren und zu reflektieren. Sehr detailliert könnte man nun verschiedene Aspekte darlegen, auf die die Studierenden in ihren Lerntagebüchern diesbezüglich eingegangen sind, was aber zu weit führen würde. Der zentrale Punkt, der hier betont und herausgearbeitet wird, ist die *Sichtweise der Studierenden bezüglich der Umsetzbarkeit von Modellierung in der Schule*. Damit ist nicht nur generell die Erkenntnis im Sinne „Ja, Modellierung in der Schule funktioniert, habe ich gesehen!" gemeint, sondern auch die fachdidaktisch-methodische Hintergründe zum Lehren und Lernen mathematischer

Tab. 2 Angewandte-mathematische Sichtweise der Studierenden auf Modellierung

„Für mich war es total hilfreich, dass wirkliche reale Probleme gezeigt wurden, an denen Mathematiker arbeiten. Das wusste ich vorher nicht, deshalb hat das meinen Horizont erweitert."	„Wenn ich später in der Schule unterrichte, dann kann ich zumindest solche Beispiele zeigen. Dass mit dem Baby in dem Brutkasten war sehr interessant und ich habe vorher nie darüber nachgedacht, dass man Mathematik dazu gebrauchen könnte, um die optimale Wärmeregulierung zu berechnen, wenn man den Brutkasten aufmacht!"
„Modellierungsaufgabe für 90 min braucht man für den alltäglichen Unterricht. Komplexe Probleme, wie sie uns Herr M. im Seminar gezeigt hat sind dann nicht machbar, klar. Ohne die Beispiele hätte ich aber nicht gewusst, was richtige Modellierung im Beruf bedeutet."	„Darüber habe ich vorher nicht nachgedacht. Von Algen bis zum A380, überall braucht man Mathematik, schon klasse!"

Tab. 3 Sichtweise der Studierenden bezüglich der Umsetzbarkeit von Modellierung in der Schule

„Als Übung für mich als angehenden Lehrer gab es nichts Besseres, als diese Möglichkeit mich selbst auszuprobieren. Dieses Seminar war meiner Meinung nach die perfekte Mischung aus Theorie (Uniseminar) und Praxis (Tage an der Schule). So macht der ganze theoretische Hintergrund auch mal einen Sinn. Vieles wird nur gelernt, jedoch ohne zu wissen, was genau dahinter steckt. Das kann ich jedoch von diesem Seminar nicht sagen."	„Die Modellierungstage an der Schule waren eine neue Erfahrung für mich. Modellierungsaufgaben habe ich erst an der Universität Kassel kennengelernt. Folglich habe ich deren Wirkung und die Herangehensweise von Schülerinnen und Schüler zuvor noch nicht erlebt. Die Ausdauer und Motivation meiner Schülerinnengruppe hat mich sehr beeindruckt."
„Nachdem ich die Schüler drei Tage lang dabei beobachten durfte, wie sie sich an den Modellierungsaufgaben versuchen, sie bearbeiten und präsentieren wurde mir klar, wie viele Kompetenzen dabei gefördert werden."	„Das Seminar hat mir einen anderen Blick auf die Modellierungsaufgaben gegeben. Zuerst dachte ich nicht, dass Modellierungsaufgaben einen so vielfältigen Lernzuwachs bei Schülern erzeugen können."

Modellierung, die im Seminar aktiv behandelt wurden. Die folgenden subjektiven Sichtweisen geben dahin gehend einen Einblick (Tab. 3):

Im Folgenden werden die subjektiven Wahrnehmungen der Schülerinnen und Schüler dargelegt.

Viele Lernende hatten durch die Modellierungstage erstmals in ihrer gesamten Schulzeit ein offenes Aufgabenformat kennengelernt. Zudem mussten sie sich mit einem komplexen realen Problem auseinandersetzen, was sie „modellieren" sollten. Der Begriff des „mathematischen Modellierens", die damit verbundenen Aktivitäten und die Bearbeitung von nur *einer* Problemstellung über einen Zeitraum von drei Tagen, waren für die Lernenden neu. Da der Modellierungskreislauf von den Studierenden am ersten oder zweiten Tag eingeführt wurde, erhielten die Schülerinnen und Schüler auch einen theoretischen Hintergrund und nutzten den Kreislauf schließlich als metakognitives Instrument für den weiteren Modellierungsprozess sowie bei der Ergebnispräsentation zur Einordnung ihrer Lösungsschritte.

„Mathematik ist mehr als Rechnen" – Anwendbarkeit von Mathematik erfahren

Ein zentrales Ziel der Modellierungstage und generell die Verwendung von realitätsbezogenen Aufgaben im Unterricht ist es, den Lernenden die Anwendbarkeit von Mathematik direkt erfahrbar zu machen sowie Modellierungskompetenzen zu erlernen und kontinuierlich zu fördern.

Im Folgenden wird die Sichtweise des *Anwendungsbezugs der Mathematik und des Modellierungsprozesses* der

Lernenden verdeutlicht. Dieser Bereich ist vielschichtig, doch sollen prototypische Aussagen der Schülerinnen und Schüler dies repräsentieren (Tab. 4):

Mit Teamwork zum Ziel

Neben der Erkenntnis des Anwendungsbezugs bieten die Modellierungstage insbesondere noch die Möglichkeit, dass die Lernenden, wie im echten Berufsleben, im Team an einer Aufgabenstellung mit dem Ziel arbeiten, am Ende eine Lösungsmöglichkeit zu präsentieren. Die drei Tage der Zusammenarbeit lösen gruppendynamische Prozesse aus, die einerseits von den Studierenden interessant beobachtet werden, doch vor allem für die Lernenden selber eine große Rolle spielen und demnach in den schriftlichen Rückmeldungen aufgegriffen werden. Das weitgehend selbstständige Arbeiten der Schülerinnen und Schüler ist während der Modellierungstage als Lernsetting angelegt, denn die Studierenden agieren nach dem „Prinzip der minimalen Hilfe" (u. a. Zech 2002). Die *Sichtweise der Lernenden auf mathematisches Modellierens als Gruppenarbeitsprozess* wird durch die folgenden subjektiven und prototypischen Äußerungen verdeutlicht (Tab. 5):

Auf einer weiteren Ebene, die von der Sichtweise auf die Gruppenarbeitsprozesse innerhalb der Lernendengruppe unterschieden wird, geht es um die Zusammenarbeit von Schülerinnen und Schülern mit den Studierenden während der Modellierungstage. Selten haben Lernende die Gelegenheit im Rahmen eines solchen Lernsettings mit Studierenden zu arbeiten. *Die Sichtweise der Lernenden auf die Zusammenarbeit mit den Studierenden* bezieht sich damit nur indirekt

Tab. 4 Sichtweise der Lernenden auf den Anwendungsbezug der Mathematik und den Modellierungsprozesses

„Ich habe viel über die Bedeutung der Mathematik gelernt sowie über die Modellierungsaufgaben, das fand ich gut."	„Ich hätte nicht gedacht, dass man Mathe z. B. bei LTE-Sendemasten und Bushaltestellen gebrauchen kann! Es war sehr interessant und was ganz neues und halt nicht Mathe wie im Unterricht."
„Gerade das außermathematische Wissen und der Aspekt des Interpretierens sowie des Validierens gefielen mir."	„Es ist spannend, wenn nicht alles vorgegeben ist, wie bei normalen Matheaufgaben. Man muss sich die Infos besorgen und dann noch die Mathematik. Nicht ganz einfach."
„So langweilig ist Mathe ja gar nicht!"	
„Modellierung hat mir gezeigt, dass man bei realen Problem das rechnerische Ergebnis auch immer an der Realität prüfen muss. Wenn man das nicht macht, kann das schlimme Folgen haben, also eine Brücke kracht zusammen oder das Flugzeug stürzt ab."	„Der Modellierungskreislauf hat mir sehr geholfen, ich konnte mein Vorgehen da einordnen und wusste quasi was ich mache!"

Tab. 5 Sichtweise der Lernenden auf mathematisches Modellierens als Gruppenarbeitsprozess

„Mir hat besonders die eigenständige Arbeit in der Gruppe gefallen und das wir uns als Team besprechen mussten, damit wir weitermachen konnten."	„Unser Team hat super zusammengearbeitet, die Atmosphäre war gut. Sonst machen wir nie so lange Gruppenarbeit im Unterricht. Jeder hatte seine Rolle und wir haben es geschafft."
„Die Arbeitsmotivation von einzelnen aus der Gruppe war schlecht, das fand ich doof. Man kann sich nicht einfach rausziehen. Das geht im Beruf auch nicht!"	„Wir waren trotz gelegentlicher studentischer Hilfe auf uns gestellt, das war eine super Erfahrung. Mehr davon!"

fachlich auf das mathematische Modellieren. Die Schülerinnen und Schüler werden gebeten den Studierenden ein Feedback am Ende der Modellierungstage zu geben, was sehr differenziert sein kann, weil die Studierenden die Form des Feedbacks selber bestimmen dürfen. Insgesamt sind es durchweg positive Äußerungen seitens der Lernenden. Vor allem hatten die Schülerinnen und Schüler neben den Modellierungsaktivitäten auch Zeit für Fragen an die Studierenden zum Studium und zum universitären Leben.

Beim Kennenlernen und Vorstellen am ersten Modellierungstag werden die Grundlagen für eine vertrauensvolle Zusammenarbeit gelegt. Die Lernenden kennen die Studierenden noch nicht, sollen jedoch anstatt des Fachlehrers diese für drei Tage als Lehrperson akzeptieren. Das ist nicht immer einfach und muss sich entwickeln. Nachfolgend werden einige prototypische Aussagen von Lernenden dargelegt, bei denen über die Studierenden geschrieben oder diese direkt angeschrieben werden. Zudem werden Beispiele zu Feedbackmöglichkeiten gezeigt, die Studierende eingesetzt haben (Tab. 6).

Die Studierenden haben sich vielfältige Gedanken darüber gemacht, wie welche Form des Feedbacks sie von den Lernenden erhalten möchten (Abb. 2).

Ein weiteres Feedback-Format ist die Zielscheibe. Das Team von Studierenden hatte sich für zwei dieser Zielscheiben entschieden. Die Lernenden waren aufgefordert Rückmeldung einerseits zu den persönlichen und andererseits zu den fachlichen Eigenschaften zu geben. Hier ist die Zielscheibe für die Einschätzung der fachlichen Kompetenzen aus Schülersicht zu sehen (Abb. 3).

Tab. 6 Sichtweise der Lernenden auf die Zusammenarbeit mit den Studierenden

„Die Studenten waren nett und halfen uns weiter, wenn wir was nicht konnten. Unsere Studentin hatte viel Geduld mit uns und es half mir auch bei der Teamarbeit zu verbessern."	„Die drei Modellierungstage haben mir Spaß gemacht. Ihr seid sehr nett und verständnisvoll mit uns umgegangen. Ihr werdet bestimmt gute Lehrer!"
„Ich fand gut, dass wir auch über das Studentenleben und die Uni gesprochen haben und man konnte euch alles fragen. Mich interessiert Mathe und das möchte ich vielleicht studieren."	„Ihr seid sehr nett und sympathisch. Dass ihr unsere Erklärungen an die Tafel geschrieben habt, fand ich sehr gut und eure Erklärungen waren verständlich."

Abb. 2 Feedback mittels Fragebogen mit einer 4-stufigen Ratingskala. (©Rita Borromeo Ferri 2021)

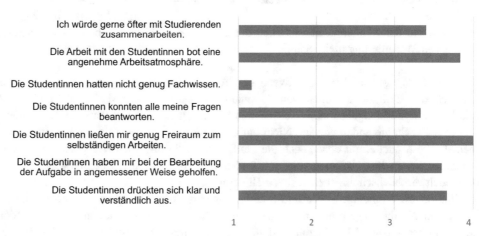

Arbeit mit den Studentinnen

Ich würde gerne öfter mit Studierenden zusammenarbeiten.

Die Arbeit mit den Studentinnen bot eine angenehme Arbeitsatmosphäre.

Die Studentinnen hatten nicht genug Fachwissen.

Die Studentinnen konnten alle meine Fragen beantworten.

Die Studentinnen ließen mir genug Freiraum zum selbständigen Arbeiten.

Die Studentinnen haben mir bei der Bearbeitung der Aufgabe in angemessener Weise geholfen.

Die Studentinnen drückten sich klar und verständlich aus.

1　　2　　3　　4

■ Mittelwert aus den Schülerantworten

Abb. 3 Feedback-Format
Zielscheibe mit Schwerpunkt
auf die fachlichen Kompetenzen
(der Kreis soll die Studentin
und das Kreuz den Student
repräsentieren). (©Rita
Borromeo Ferri 2021)

Fachliche Eigenschaften

Zielscheibe

Innen – Trifft genau zu / sehr gut

Außen – Trifft gar nicht zu / sehr schlecht

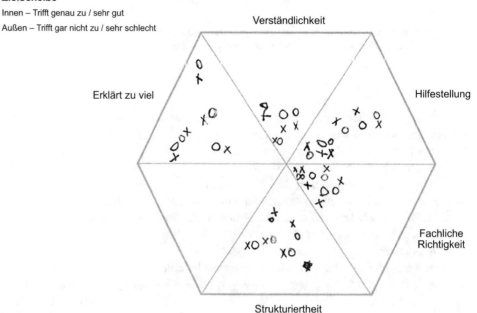

3 Mehrperspektivisches Lehren und Lernen von Modellierung – Zusammenfassung und Transfer

Drei zentrale Sichtweisen der Studierenden
Kommt man auf die zu Beginn des vorherigen Abschnitts formulierten Fragen zurück, kann zusammenfassend festgestellt werden, dass sich bei den Studierenden drei zentrale Sichtweisen auf das mathematische Modellieren durch das Format „Modellierungstage" herauskristallisiert haben.

- Hochschulmathematische Sichtweise Studierender bei Bearbeitung von Modellierungsaufgaben
- Angewandte-mathematische Sichtweise der Studierenden auf Modellierung
- Sichtweise der Studierenden bezüglich der Umsetzbarkeit von Modellierung in der Schule

Als Lehr-Lerngegenstand in der universitären Ausbildung hat sich der Einfluss der intensiven Auseinandersetzung mit Modellierungsaufgaben aus hochschulmathematischer Sicht für die Studierenden gezeigt. Nicht nur einfache mathematische Modelle, mit denen auch die Studierenden die Aufgaben hätten lösen können sind von Bedeutung, sondern auch die hochschulmathematischen Hintergründe, die im Studium die Grundlage bilden sind wichtig. Eng verbunden ist damit die angewandte-mathematische Sichtweise der Studierenden auf Modellierung. Vielfältige im Seminar illustrierte reale Probleme aus der Industrie und Wissenschaft, die mithilfe der Mathematik gelöst werden können,

haben den Horizont der Studierenden u. a. bezüglich des Spektrums des Berufsfeldes des Mathematikers erweitert. Dann fließen die im Seminar erworbenen eigenen Erfahrungen zum Lösen von Modellierungsaufgaben mit theoretischem Hintergrundwissen in die praktische Umsetzung in der Schule mit sämtlichen didaktisch-methodischen Herausforderungen. Deshalb ist die Erkenntnis der Studierenden in Bezug auf die Umsetzbarkeit von Modellierung in der Schule wichtig und sinngebend, was sie entsprechend in vielen Aussagen explizierten.

Drei zentrale Sichtweisen der Lernenden
Im Hinblick auf die Schülerinnen und Schüler war gefragt, welche zentralen Sichtweisen auf mathematische Modellierung und die damit verbundenen Aktivitäten erfasst werden können. Ebenfalls konnten drei zentrale Sichtweisen rekonstruiert werden:

- Sichtweise der Lernenden auf den Anwendungsbezug der Mathematik und den Modellierungsprozess
- Sichtweise der Lernenden auf mathematisches Modellierens als Gruppenarbeitsprozess
- Sichtweise der Lernenden auf die Zusammenarbeit mit den Studierenden

Vor allem die ersten beiden Sichtweisen verdeutlichen, was mathematisches Modellieren für Lernende begrifflich und als Aktivität bedeutet. Die Erweiterung des Bildes von Mathematik durch gezeigte Beispiele und die Bearbeitung eines realen Problems sowie die Nutzung des

Modellierungskreislaufs als metakognitives Instrument lassen Modellierung erfahrbar werden. Dieses Empfinden wird in vielen Aussagen deutlich. Die enge Zusammenarbeit von Lernenden und Studierenden wird sowohl in den Befragungen der Schülerinnen und Schüler als auch in den Lerntagebüchern der angehenden Lehrkräfte immer wieder thematisiert. Dabei geht es weniger um das Modellieren als Aktivität, sondern um den didaktischen Aushandlungsprozess der Beteiligten sowie um überfachliche Aspekte.

Eigene Modellierungstage in der Schule ausrichten – Nutzung des bestehenden Konzepts

Die bisherigen Ausführungen verdeutlichen, dass die „Modellierungstage" eine „Win–Win-Situation" für alle Beteiligten darstellen. In diesem Beitrag ist die Perspektive der Lehrenden an den Schulen innerhalb der Modellierungstage nicht in den Fokus geraten, dennoch wird in den Evaluationen sowie kleineren empirischen Interviewstudien deren Sichtweise ebenfalls deutlich. Kurz zusammenfassend berichten uns die Lehrerinnen und Lehrer noch Monate nach den Modellierungstagen den Einfluss des Anwendungsbezugs auf die Schülerinnen und Schüler, denn die Lernenden haben beispielsweise ihre Sichtweise auf die Mathematik geändert, zeigen mehr Motivation im Unterricht und die „Sinnfrage", wofür einzelne mathematische Themengebiete in der realen Welt nützlich sind, wird weniger gestellt. Ohne engagierte Kolleginnen und Kollegen an den Schulen sind Modellierungstage jedoch organisatorisch schwer umsetzbar. Da wir mit den Modellierungstagen jedes Jahr nur eine Schule, manchmal auch zwei besuchen können, der Bedarf aber groß ist, stellen wir weiteren interessierten Schulen Modellierungsaufgaben mit didaktischen Hintergründen zur Verfügung. Der Ablauf, die Einteilung in Gruppen, generell das ganze Konzept, wie es zuvor beschrieben wurde, ist den Kolleginnen und Kollegen umso mehr vertraut, wenn wir bereits an den Schulen gewesen sind. So kann dieses an die zeitlichen Möglichkeiten des Schulablaufs angepasst werden. In Kassel haben bisher einige Schulen, basierend auf dem Konzept der Autoren, die Modellierungstage eigenständig durchgeführt. Darunter befinden sich auch ehemalige Studierende, die im Studium an den Modellierungstagen teilgenommen haben und diese positive Erfahrung nun selber an ihren Schulen als Verantwortliche umsetzen. Die sehr engmaschige Betreuung von kleineren Gruppen, wie es sonst durch die Studierenden geleistet wird, ist zwar nicht möglich, doch die Lehrenden kennen ihre Schülerinnen und Schüler bereits gut und wissen, welche Interventionsformen angemessen sind und wie schließlich mit den unterschiedlichen Modellierungsprozessen umzugehen ist. Der Großteil der Lehrenden hat bereits eine Fortbildung zum mathematischen Modellieren besucht, sodass die didaktische Umsetzung der Modellierungstage den notwendigen und wichtigen Lehrerkompetenzen zum Unterrichten

von Modellierung beruht. Zudem bieten wir den Lehrenden, die noch wenige Erfahrungen mit Modellierung haben, eine Schulung an und erläutern das Konzept der Modellierungstage insbesondere dann, wenn wir zuvor noch nicht an der Schule waren. Dabei geht es auch darum das Team Teaching zu betonen, vor allem wenn Aufgabenstellungen einen Bezug zu anderen Disziplinen, was bei Modellierungsaufgaben eigentlich immer der Fall ist, aufweisen, etwa zur Biologie oder Physik. Somit sollen nicht nur die Mathematiklehrkräfte einbezogen werden, sondern auch weitere Fachlehrende. Die Modellierungstage bieten somit tatsächlich Raum für gelebtes interdisziplinäres Lernen und Lehren, was für die Lehrenden und Lernenden eine oft neue Erfahrung bietet.

Die Möglichkeit, die Modellierungstage auch selber an der Schule durchzuführen stellt sicher eine Herausforderung dar, ist aber, wie es einige Schulen bereits zeigen, umsetzbar und erfolgreich. Insbesondere bieten die IST-RON-Bände zudem viele Anregungen für vielfältige Modellierungsaufgaben für jedes Alter und jeden Komplexitätsgrad.

Schlussbetrachtung

Um Mathematisches Modellieren mehrperspektivisch erfahrbar werden zu lassen, verfolgen wir den Ansatz des Team Teaching. Die Balance zwischen der Angewandten Mathematik und der Fachdidaktik Mathematik bzw. einer Didaktik des Modellierens, bietet aus unserer Sicht eine Möglichkeit für eine qualitätsvolle Lehrerausbildung in diesem Bereich, sodass diese Erfahrung kontinuierlich weiter den Weg in den Mathematikunterricht findet.

Das Kasseler Format der „Modellierungstage" wurde 2018 mit dem hessischen Landeslehrpreis für Exzellenz in der Hochschullehre ausgezeichnet.

Literatur

Borromeo Ferri, R. (2010). Zur Entwicklung des Verständnisses von Modellierung bei Studierenden. In M. Neubrand (Hrsg.), *Beiträge zum Mathematikunterricht* (S. 141–144). Hildesheim: Franzbecker.

Borromeo Ferri, R. (2018a). *Learning how to teach mathematical modeling – In school and teacher education.* New York: Springer.

Borromeo Ferri, R. (2018b). Reflexionskompetenzen von Studierenden beim Lehren und Lernen mathematischer Modellierung. In: R. Borromeo Ferri, & W. Blum (Hrsg.), *Lehrerkompetenzen zum Unterrichten mathematischer Modellierung – Konzepte und Transfer* (S. 3–20). Cham: Springer.

Borromeo Ferri, R. (2019). *Assessing teacher competencies in mathematical modelling.* In Procedings of CERME 11 in Utrecht, Niederlande 2019.

Borromeo Ferri, R., Grünewald, S., & Kaiser, G. (2013). Effekte kurzzeitiger Interventionen auf Modellierungsprozesse. In R. Borromeo Ferri, G. Greefrath, G. Kaiser (Hrsg.), *Mathematisches Modellieren für Schule und Hochschule* (S. 41–56). Wiesbaden: Springer Spektrum.

Borromeo Ferri, R., & Blum, W. (Hrsg.). (2018). *Lehrerkompetenzen zum Unterrichten mathematischer Modellierung – Konzepte und Transfer*. Wiesbaden: Springer Spektrum.

Eilerts. K., & Skutella, K. (Hrsg.). (2018). *Neue Materialien für einen realitätsbezogenen Mathematikunterricht 5, Ein ISTRON-Band für die Grundschule*. Wiesbaden: Springer Spektrum.

Kaiser, G., Blum, W., Borromeo Ferri, R., & Greefrath, G. (2015). Anwendungen und Modellieren. In R. Bruder, L. Hefendehl-Hebeker, B. Schmidt-Thieme, & H.-G. Weigand (Hrsg.), *Handbuch der Mathematikdidaktik* (S. 357–383), Heidelberg: Springer.

Klock, H., Siller, H.-S., & Wess, R. (2018). Adaptive Interventionskompetenz in mathematischen Modellierungsprozessen – Erste Ergebnisse einer Interventionsstudie. In *Beiträge zum Mathematikunterricht 2018* (S. 991–994). Münster: WTM-Verlag.

Leiß, D. (2007). „*Hilf mir es selbst zu tun*". *Lehrerinterventionen beim mathematischen Modellieren*. Hildesheim: Franzbecker.

Schukajlow, S., & Blum, W. (Hrsg.). (2018). *Evaluierte Lernumgebungen zum Modellieren*. Wiesbaden: Springer Spektrum.

Zech, F. (2002). *Grundkurs Mathematikdidaktik* (10. Aufl.). Weinheim: Beltz.

Chancen und Schwierigkeiten von Modellierungstagen aus Sicht von Lehrerinnen und Lehrern

Katrin Vorhölter und Alina Alwast

Zusammenfassung

Das mathematische Modellieren lässt sich sowohl im Regelunterricht in regulären Einzel- oder Doppelstunden, als auch in Projektform fördern. In Hamburg haben Lehrkräfte seit 2001 die Möglichkeit, mit ihren Schülerinnen und Schülern an Modellierungstagen oder -wochen teilzunehmen, die von Lehrenden der Universität Hamburg organisiert werden. In diesem Beitrag wird der Ablauf der Hamburger Modellierungstage vorgestellt sowie beispielhaft eine Aufgabenstellung und die entsprechenden Schülererarbeitungen dargestellt. Im Anschluss wird die Sichtweise der Lehrkräfte, die teilweise seit mehr als fünf Jahren an Modellierungsaktivitäten teilnehmen, auf die Chancen, aber auch auf die Schwierigkeiten der Teilnahme dargelegt. Abschließend erfolgen – zusammenfassend aus den Erfahrungen der letzten Jahre sowie den zuvor dargelegten Sichtweisen der Lehrkräfte – Empfehlungen für eine eigene Umsetzung von Modellierungsprojekten.

1 Einleitung

Das Bearbeiten mathematischer Modellierungsprobleme bildet eine Herausforderung für Schülerinnen und Schüler, aber auch für Lehrkräfte. Letztere stehen beispielsweise nicht nur vor der Anforderung, geeignete Problemstellungen zu finden, sondern auch, ihre Schülerinnen und Schüler während der Bearbeitung so zu betreuen, dass diese nicht nur das Problem lösen, sondern gleichzeitig ihre Modellierungskompetenzen ausbauen können. Bezüglich des Regelunterrichts wurden Beweggründe und Hindernisse aus

Lehrersicht bereits von Schmidt (2010) zusammenfassend dargestellt. Komplexere Problemstellungen, deren Bearbeitung über die Dauer einer oder weniger Doppelstunden hinausgeht und die daher in Projektform bearbeitet werden, bergen nochmals andere Schwierigkeiten, können aber auch andere Auswirkungen auf den Lernprozess von Schülerinnen und Schüler haben. Denn diese haben so die Möglichkeit, sich kontinuierlich und ohne Störung mit einem mathematischen Problem zu beschäftigen.

In Hamburg haben Lehrkräfte seit 2001 die Möglichkeit, mit ihren Schülerinnen und Schülern an Modellierungstagen oder -wochen teilzunehmen, die von Lehrenden der Universität Hamburg organisiert werden. Die verantwortlichen Personen sowie das konkrete Format haben sich dabei in den letzten Jahren gewandelt, nicht zuletzt auch wegen der regelmäßigen Rückmeldungen beteiligter Lehrkräfte sowie sich verändernder schulischer Rahmenbedingungen. Das in diesem Beitrag dargestellte Format findet in seinen Grundzügen seit 2015 statt.

In diesem Beitrag wird der Ablauf der Modellierungstage vorgestellt sowie beispielhaft eine Aufgabenstellung und die entsprechenden Schülererarbeitungen dargestellt. Im Anschluss wird die Sichtweise der Lehrkräfte, die teilweise seit mehr als fünf Jahren an Modellierungsaktivitäten teilnehmen, auf Chancen, aber auch Schwierigkeiten der Teilnahme dargelegt. Abschließend erfolgen – zusammenfassend aus den Erfahrungen der letzten Jahre sowie den zuvor dargelegten Sichtweisen der Lehrkräfte – Empfehlungen für eine eigene Umsetzung von Modellierungsprojekten.

2 Die Hamburger Modellierungstage

Bereits seit fast 20 Jahren werden durch die Universität Hamburg Modellierungsprojekte für Schülerinnen und Schüler in Hamburg angeboten, wobei die Zuständigkeit für die Durchführung sich im Laufe der Zeit änderte. Von Beginn an war die Durchführung mit der Ausbildung zukünftiger Lehrerinnen und Lehrer verknüpft; die Betreuung von

K. Vorhölter (✉) · A. Alwast
Universität Hamburg, Hamburg, Deutschland
E-Mail: katrin.vorhoelter@uni-hamburg.de

A. Alwast
E-Mail: alina.alwast@uni-hamburg.de

M. Bracke et al. (Hrsg.), *Neue Materialien für einen realitätsbezogenen Mathematikunterricht 8*,
Realitätsbezüge im Mathematikunterricht, https://doi.org/10.1007/978-3-658-33012-5_2

Schülerinnen und Schüler erfolgte durch die Lehrkräfte der Schülerinnen und Schüler gemeinsam mit Studierenden des Lehramts Mathematik, die ihr im Rahmen von fachwissenschaftlichen und fachdidaktischen Seminaren erworbenes Wissen während der Betreuung der Schülerinnen und Schüler anwenden und anschließend reflektieren konnten.[1]

Als Vorbereitung auf die Betreuungstätigkeit[1] werden die Studierenden, aber auch die beteiligten Lehrkräfte im Rahmen einer Fortbildung aufgefordert, das Modellierungsproblem, das sie betreuen werden, zunächst selbst zu durchdenken und zu bearbeiten. Hierdurch können zentrale Problemstellen bei der Bearbeitung antizipiert und Unterstützungsmaßnahmen vorbereitet werden, die dem Prinzip der minimalen Hilfe (Aebli 1997) entsprechen, sodass die Schülerinnen und Schüler unterstützt werden, ohne sie zu sehr in eine gewisse Richtung zu drängen oder ihnen zu viel vorzugeben.

Die Schülerinnen und Schüler sollen bei der Bearbeitung einer Modellierungsaufgabe erfahren können, dass sie selbstständig in der Lage sind, Antworten auf komplexe Fragestellungen zu finden, wobei darauf geachtet wird, dass die Schülerinnen und Schüler die gestellte Fragestellung als für sich persönlich oder für die Gesellschaft relevant empfinden können. Das Ziel ist die Förderung von Modellierungskompetenzen der teilnehmenden Schülerinnen und Schülern, was Auswirkungen auf die Vorbereitung der betreuenden Personen und die Art der Betreuung hat.

Das derzeitige Format existiert seit 2015 und richtet sich an Schülerinnen und Schüler der Jahrgangsstufe 9, die während einer zweitägigen Arbeitsphase, die in der Regel von 8 Uhr bis 15 Uhr dauert, in Kleingruppen an einem komplexen Modellierungsproblem arbeiten. Während dieser Zeit arbeiten sie möglichst selbstständig. Hierzu gehört in Abhängigkeit der Aufgabe auch, dass sie Informationen oder Daten selbst auf unterschiedliche Arten recherchieren und Daten visualisieren oder Modelle simulieren. Daher ist eine gewisse Ausstattung mit Computern bzw. Laptops sowie Druckmöglichkeiten und ein Internetzugang in der Regel unumgänglich; ferner sollte es den Schülerinnen und Schülern für einige Aufgaben erlaubt sein, das Schulgelände für bestimmte Zeiträume zu verlassen (s. Aufgabenbeispiel).

Da, wie angesprochen, Studierende in die Betreuung der Schülerinnen und Schüler eingebunden sind, finden die Modellierungstage in den Semesterferien im Februar statt, wobei die Schulen sich in Rücksprache mit den Organisatoren die konkreten Tage aussuchen können. Die Modellierungstage werden in Absprache mit den Schulen entweder in den Räumlichkeiten der Schulen oder denen der Universität durchgeführt.

Der Anspruch des Projekts ist es, dass die gesamte Jahrgangsstufe 9 an den Modellierungstagen teilnimmt, wobei es aus schulinternen Gründen zu Abweichungen kommen kann. Jedes Jahr werden den Schülerinnen und Schülern drei Modellierungsprobleme vorgestellt, von denen sie sich eine Aufgabe aussuchen können, die sie während der gesamten zwei Tage bearbeiten möchten. Im Anschluss an die Wahl werden die Schülerinnen und Schüler durch die Lehrkräfte in Gruppen eingeteilt. Die konkrete Aufteilung erfolgt im Ermessen der Lehrkräfte, jedoch wird vorgegeben, dass letztendlich zwischen 12 und 15 Schülerinnen und Schüler in einem Raum dasselbe Modellierungsproblem bearbeiten sollen, wobei sich diese Gruppe noch einmal in Kleingruppen unterteilen sollte.

Im Anschluss an die Erarbeitung durch die Schülerinnen und Schüler präsentieren diese ihre Ergebnisse auf Postern in Form eines Museumsrundgangs, wozu – auch in Abhängigkeit der konkreten Gegebenheiten in den Schulen – das weitere Kollegium, die Eltern oder Mitschülerinnen und Mitschüler anderer Jahrgangsstufen eingeladen werden können.

3   „StadtRad Hamburg" – ein Aufgabenbeispiel

Wie bereits erwähnt, werden den Schülerinnen und Schülern jährlich drei verschiedene Modellierungsprobleme vorgestellt, zwischen denen sie wählen dürfen. Diese werden jedoch nicht in jedem Jahr neu entwickelt, sondern werden – je nach Erfahrung mit dem Problem und auch unter Einbezug der Interessen der Schülerinnen und Schüler – ggf. nach einer Überarbeitung mehrfach eingesetzt. Dabei wird jedoch darauf geachtet, dass die gleichen Probleme nicht in zwei hintereinander folgenden Jahren verwendet werden.

Die Hamburger Modellierungstage richten sich an die gesamte Jahrgangsstufen 9, weshalb die teilnehmende Schülerschaft nicht nur in ihrer Leistungsstärke, als auch in ihren Interessen und ihrer Motivation extrem heterogen ist. Wichtig bei der Auswahl und der Neukonstruktion von Modellierungsproblemen ist uns daher, dass die Aufgaben mit dem bisherigen mathematischen Wissen der Schülerinnen und Schüler gut lösbar sind, aber auch für leistungsstarke Schülerinnen und Schüler einen mathematischen Anreiz bilden. Ferner beachten wir, dass die Schülerinnen und Schüler bei der Bearbeitung ihr eigenes außermathematisches Wissen und ihre eigene Sichtweise auf das Problem einbringen können. Daher haben viele der Aufgaben einen regionalen Bezug oder aber thematisieren relevante politische Themen oder interessante Aspekte aus der Freizeit der

---

[1] Zur Betreuung von Schülerinnen und Schülern während Modellierungstagen s. Stender in diesem Band.

Schülerinnen und Schüler[2]. Die folgende Beispielaufgabe ist in ihren Formulierungen zwar auf die Stadt Hamburg bezogen, kann aber leicht abgewandelt werden, sodass sie auch in anderen Orten einsetzbar ist.

3.1 Darstellung des Modellierungsproblems „StadtRad"

Das Modellierungsproblem StadtRad (Abb. 1) wurde bereits mehrfach eingesetzt. Da das StadtRad-System in ganz Hamburg verbreitet ist, die „roten Fahrräder" daher überall im Stadtbild präsent sind, und da das derzeitige Tarifsystem, das eine kostenlose Nutzung eines jeden Rades für 30 min ermöglicht, dazu führt, dass es von vielen Menschen benutzt wird, ist auch den Schülerinnen und Schülern das StadtRad bekannt. Ihr besonderes Potenzial entfaltet diese Aufgabe zum einen durch die Aufforderung, ein „gerechtes" neues Tarifsystem zu entwickeln, was dazu führt, dass die Schülerinnen und Schüler darüber diskutieren müssen, wie sie diesen Begriff interpretieren. Daraus ergeben sich automatisch unterschiedliche Ansichten, wie ein bestehendes Tarifsystem zu verändern ist.

Um das System zu verändern ist es sinnvoll, zunächst das bestehende Tarifsystem sowie die Nutzungsstatistiken der letzten Jahre zu analysieren. Hierzu sind unterschiedliche Tabellen und Diagramme miteinander zu kombinieren.

Als Quelle dienen hauptsächlich die Statistiken, die Stadt-Rad selbst veröffentlicht (https://stadtrad.hamburg.de) und andererseits Informationen aus der Parlamentsdatenbank der Hamburger Bürgerschaft (https://www.buergerschaft-hh.de/parldok/). So ist zum einen das nicht ganz einfache Tarifsystem zu verstehen, in dem der Leihpreis aus einem Anmeldepreis und einem Minutenpreis besteht, der abhängig ist von der Nutzungsdauer. Weiterhin gibt es Vergünstigungen für besondere Personengruppen wie Inhaber eines Abonnements des öffentlichen Nahverkehrs. Zusätzlich können die Statistiken zu StadtRadnutzern analysiert werden, die sowohl nach Anzahl der Leihdauer, nach Wochentagen und Tagesabschnitten differenziert werden. Das Lesen dieser Diagramme und Statistiken fördert nicht nur die prozessbezogene Kompetenz des mathematischen Kommunizierens, sondern gibt den Schülerinnen und Schülern auch Einblick in das politische Tagesgeschäft bzw. gibt ihnen Hinweise, wie man sich als mündiger Bürger dieser Stadt über politische Entscheidungen informieren kann.

Nachdem die Schülerinnen und Schüler die Ausgangslage verstanden haben (wobei es durchaus vorkommt, dass das Verständnis sich im Laufe der Aufgabenbearbeitung erweitert), müssen sie überlegen, was für sie eine gerechte Änderung darstellt, immer mit dem Bezug darauf, dass das Ziel ist, möglichst viele Menschen dazu zu bewegen, ein anderes Verkehrsmittel als das eigene Auto zu verwenden. Da es hier eine Vielzahl an Veränderungsmöglichkeiten

Abb. 1 Modellierungsproblem „StadtRad Hamburg". (©MissyWegner, public domain)

StadtRAD Hamburg

StadtRAD Hamburg ist ein Fahrradleihsystem in der Freien und Hansestadt Hamburg. Es wird von der Tochtergesellschaft DB Rent der Deutschen Bahn im Auftrag der Stadt betrieben. Nach einer einmaligen Registrierung ist an momentan 131 Stationen das Entleihen und die Rückgabe der Fahrräder möglich. Die Höhe der Leihgebühren richtet sich nach der Dauer der Fahrt.

Die Freie und Hansestadt Hamburg unterstützt das System zusätzlich jährlich mit Subventionen in Höhe von 2 Mio €. Hintergrund ist, dass mehr Menschen alternative Verkehrsmittel zum eigenen Auto nutzen sollen.

Stell dir vor, die Freie und Hansestadt Hamburg streicht die Subventionen.

Wie könnte ein für alle Beteiligten möglichst gerechtes Tarifsystem aussehen, das die 2 Mio € an Subventionen ausgleicht?

---

[2]Weitere Beispiele sind in dem Beitrag von Stender (in diesem Band) oder auch in Bracke und Vorhölter (2018) dargestellt.

gibt, sind automatisch unterschiedliche Vorgehensweisen möglich. Die gewählte Veränderung ist dabei in der Regel abhängig von den Annahmen der Schülerinnen und Schüler bezüglich der Erwartungshaltungen der Nutzer.

3.2 Exemplarische Vorgehensweisen von Schülerinnen und Schülern

Viele Schülergruppen versuchen zunächst, eine Anhebung der Anmeldegebühr oder gar eine jährliche Grundgebühr einzuführen. Diese fällt jedoch in der Regel so hoch aus, dass kritisiert werden kann, dass dadurch weniger Personen das StadtRad nutzen würden. Dies führt in den meisten Fällen dazu, dass die Schülerinnen und Schüler – in Kombination mit der vorherigen Maßnahme oder als alternative Einzelmaßnahme – die Minutenpreise erhöhen. Dies geschieht mathematisch gesehen auf sehr unterschiedliche Arten: Einige setzen eine konstante Erhöhung in allen Minutentarifen fest (mit Ausnahme der Freifahrten, die teilweise jedoch verkürzt werden) und berechnen den Gewinn; andere überlegen – oft mithilfe von Schiebereglern in Geogebra oder Excel – wie sie einzelne Minutentarife verändern müssen, sodass der erwünschte Gewinn erzielt wird (s. Abb. 2, links). Eine dritte Möglichkeit, die oft in Betracht gezogen wird, ist der Ausgleich der Subventionierung durch Werbung, die für eine bestimmte Zeit auf den Gepäckträgern der Fahrräder angebracht werden kann (s. Abb. 2, rechts). Schließlich ist eine Kombination dieser und weiterer Maßnahmen möglich. Die Schülerinnen und Schüler bedienten

sich bislang in der Regel grundlegender funktionaler Verfahren.

Bislang unberücksichtigt, aber durchaus denkbar, ist die Abhängigkeit des Leihpreises von dem Wochentag und der Tageszeit bzw. von dem Ort, an dem entliehen bzw. zurückgegeben wird. Hintergrund einer solchen Überlegung wäre die Tatsache, dass an einigen Stationen zu bestimmten Tageszeiten oder Wochentagen zwar viele Räder ausgeliehen, aber wenige zurückgebracht werden oder andersherum, was dazu führt, dass Mitarbeiterinnen und Mitarbeiter des Verleihsystems ggf. Fahrräder zu anderen Stationen bringen müssen.

Da den Schülerinnen und Schülern in der Regel viele Möglichkeiten einfallen, deren Vor- und Nachteile sie gegeneinander abwägen müssen, wird der Modellierungskreislauf mehr als einmal durchlaufen, ohne dass man sie hierzu überreden muss. Der Vergleich der verschiedenen entwickelten Tarifsysteme führt immer auch zu einer Diskussion über die Veränderung der Nutzungszahlen durch das veränderte Tarifsystem.

Wie dargestellt, handelt es sich bei der von den Schülerinnen und Schülern verwendeten mathematischen Verfahren in der Regel um grundlegende Verfahren. Dies steht jedoch dem intendierten Ziel, dem Erwerb von Kompetenzen, die benötigt werden, um komplexe mathematische Probleme selbstständig in einer Kleingruppe lösen zu können, nicht entgegen. Vielmehr zeigt dieser Umstand, dass die Schülerinnen und Schüler durch die Komplexität der Problemstellung und der von ihnen erwarteten Tätigkeiten außerhalb des mathematischen Arbeitens gefordert sind.

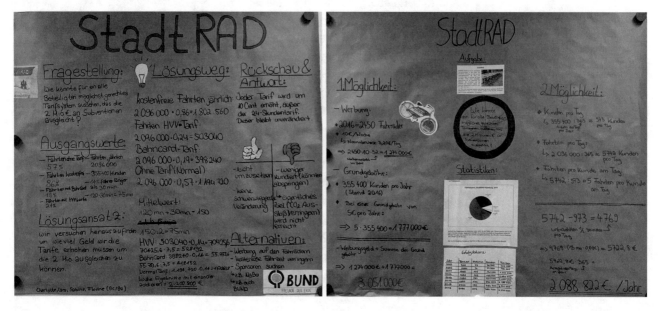

Abb. 2 Schülerplakate zum Modellierungsproblem „StadtRad". (©Katrin Vorhölter 2021)

4   Chancen und Schwierigkeiten von Modellierungstagen

Die Durchführung der Modellierungstage wird regelmäßig formell und informell mit den beteiligten Studierenden, Schülerinnen und Schülern sowie Lehrkräften evaluiert. Im Folgenden werden die Sichtweisen von Lehrkräften, die in den vergangenen Jahren teilgenommen haben, auf die Chancen von Modellierungstagen sowie auch auf damit verbundene Schwierigkeiten dargestellt. Bei den Lehrkräften, die hier zu Wort kommen, handelt es sich sowohl um welche, die bereits seit mehr als vier Jahren regelmäßig an den Modellierungstagen teilgenommen haben, als auch um solche, die zum ersten Mal an den Modellierungstagen teilgenommen haben und auch im Vorfeld mit der mathematischen Modellierung noch nicht sehr vertraut waren. Die Lehrkräfte kommen in der folgenden Darstellung selbst zu Wort, ganz gemäß der Aussage einer Lehrkraft, die äußerte, sie lasse sich am ehesten von neuen Konzepten überzeugen, wenn Kolleginnen und Kollegen direkte Erfahrungen weitergäben. Alle Zitate entstammen Gesprächen mit den beteiligten Lehrkräften. Zur besseren Lesbarkeit sind sie sprachlich geglättet worden. Die Punkte, die im Folgenden dargestellt werden, beziehen sich zum einen auf organisatorische Aspekte, aber auch auf inhaltliche, die Kompetenzentwicklung und Motivation der Schülerinnen und Schüler betreffende Aspekte.

Der Aspekt der **Organisation** stellt einen wesentlichen Aspekt dar, der insbesondere Herausforderungen bei der Vorbereitung und Durchführung der Modellierungstage beinhaltet. Hierunter fällt zum einen die **Bereitschaft im Kollegium,** an zwei Schultagen den Unterricht in allen anderen Fächern zugunsten des Fachs Mathematik ausfallen zu lassen. Die Lehrkräfte nennen jedoch auch zahlreiche Argumente, die dazu beitragen, das Kollegium zu überzeugen, wie weiter unten deutlich wird. Ein weiterer schwieriger Punkt in der Vorbereitung sei es, die benötigte **Technik** zu organisieren, wobei von den Lehrkräften die Ausstattung mit ausreichend Computern bzw. Laptops und Druckern gemeint ist. Denn „Technik kann ausbremsen":

> „Wenn du nicht genug Technik zur Verfügung hast, wenn die denn was recherchieren wollen oder sollen. Und am Ende ist es nur: Ich hab dir da mal was vorbereitet. So 'nen Zettel hinlegen. Das bremst die Kiddies aus. In der Kreativität, die sie vielleicht sonst beim Recherchieren gehabt hätten."

Auch die **Bereitstellung von Räumen** könne – wenn sie nicht früh genug geplant und der bzw. die Verantwortliche für die Rauplanung mit involviert ist, zu einem Problem werden. Grund ist, dass die Schülerinnen und Schüler nach Möglichkeit innerhalb der zwei Tage in einem festen Raum arbeiten sollen, und wegen der Arbeitsform nach Möglichkeit pro Klasse zwei Räume zur Verfügung stehen sollen.

Die Organisation, die im Vorfeld zu leisten ist, empfinden die Lehrkräfte übereinstimmend als Herausforderung. Denn in der Regel werden ihnen hierfür keine Zeiten beispielsweise in Form von Entlastungsstunden zugesprochen, sondern diese Arbeiten sind von ihnen zusätzlich zu ihrer regulären Arbeitszeit auszuführen.

> „Und für den oder die Kollegen ist es dann einfach immens viel. Und das dann in Zeiten von Zeugnissen, Konferenzen, Sonderwünschen, 10er Prüfung, das ganze Zeugs, was wir da Ende Februar - oder Anfang Februar bewältigen müssen, das ist einfach fürchterlich viel."

Neben dem organisatorischen Aufwand, der im Vorfeld zu leisten ist, kommt zusätzlich die **inhaltliche Vorbereitung der Modellierungstage** dazu: Die Lehrkräfte erklären übereinstimmend die Bedeutung der eigenen Auseinandersetzung mit der Aufgabenstellung, um auf Probleme der Schülerinnen und Schüler adäquat eingehen zu können. Jedoch erwähnen sie auch, dass durch die mehrmalige Verwendung der Modellierungsprobleme die Einarbeitung in das konkrete Problem bei dem wiederholten Betreuen der Aufgabe nicht mehr so aufwendig ist und insgesamt das Einarbeiten und die Auseinandersetzung mit den Aufgaben kürzer ausfällt, um das Wesentliche der Aufgabe zu erfassen.

Einen weiteren organisatorischen Aspekt, der im Vorfeld bedacht werden muss, bilden die Kriterien, nach denen die Schülerinnen und Schüler in Gruppen eingeteilt werden. Denn die **Gruppeneinteilung** hat nach Erfahrung der Lehrkräfte einen großen Einfluss darauf, „ob Inhalt oder Nebengespräche" stattfinden, sprich auf die Arbeitsfähigkeit der Gruppe. Oft kommt zum Ausdruck, dass die Lehrkräfte hier gezielt unterschiedliche Strategien verfolgt haben. Beispielsweise haben einige gezielt klassenhomogene Gruppen gebildet, andere haben gezielt klassenübergreifende Gruppen zusammengestellt.

Als letzten Punkt auf der organisatorischen Ebene nennen die Lehrkräfte den **Zeitpunkt** und die **Zeitdauer** der Modellierungstage. Bezüglich des Zeitpunktes weisen sie darauf hin, dass dieser so gewählt werden sollte, dass er Lern- und Arbeitsprozesse des Mathematik- wie auch des weiteren Fachunterrichts nicht unnötig unterbricht, weswegen sich der Zeitraum „um die Halbjahrespause" anböte. Bezüglich der Zeitdauer herrschte an manchen Schulen vorher die Befürchtung vor, diese würde nicht sinnvoll genutzt:

> „Ich hatte das Feedback von meinen Kollegen aus den Jahren davor erhalten, dass es viel Leerlauf gegeben habe. Das wollte ich natürlich nicht, dass es jetzt plötzlich zwei Mal sechs Unterrichtsstunden vergeudete Zeit ist."

Ferner unterstreichen die Lehrkräfte, die bereits längere Zeit Erfahrungen mit Modellierungstagen gesammelt haben, dass die 2-tägige Dauer aus ihrer Sicht einen optimaler Kompromiss darstellt: Einerseits sei so genügend Zeit zur vertieften Auseinandersetzung mit einem (mathematischen) Problem und andererseits würde der reguläre Unterrichtsalltag nicht zu sehr beeinträchtigt und selbst Schülerinnen und Schüler, deren Einstellung zum Mathematikunterricht eher negativ sei, seien bereit teilzunehmen.

> „Wobei ich dazu sagen muss, dass am Anfang- die drei Tage waren zu viel. Also da war auch viel Leerlauf dabei. Jetzt, durch die Verkürzung auf die zwei Tage und die Vorstellung mit der Auswahl an dem Wochenende vorher, ist das aus meiner Sicht ‚ne ganz optimale Form geworden, die auch für die Schüler gut zu bewältigen ist. In den ersten beiden Jahren hatten wir ja dreitägige Veranstaltungen und da hab ich oft auch Leerlauf beobachtet und auch so ein bisschen Missmut bei den Schülern, weil die gesagt haben: ‚drei Tage Mathematik? Wie sollen wir das denn überleben?' Und die zwei Tage führen bei einigen auch dazu, dass sie sagen: ‚Joa keine Lust.' Aber das gibt sich viel schneller, als wenn sie drei Tage da sind. Und wir hatten auch bei der dreitägigen Veranstaltung mehr Schüler, die gefehlt haben. Also das heißt dann - ja, die sind einfach nicht gekommen. Die waren dann aus irgendwelchen Gründen krank und das hat sich bei der zweitägigen Veranstaltung auch deutlich reduziert, würd' ich mal sagen."

Neben organisatorischen Hindernissen, die durch den Einsatz engagierter Lehrkräfte meist im Vorfeld bewältigt werden können, gibt es einige **inhaltliche Aspekte,** die während der Modellierungstage beachtet werden sollten. Wie bereits dargestellt ist das intendierte Ziel der Durchführung von Modellierungstagen mit Schülerinnen und Schülern primär die Förderung der prozessbezogenen mathematischen Kompetenz des mathematischen Modellierens. Schülerinnen und Schüler sollen lernen, reale und authentische Probleme mithilfe der von ihnen beherrschten mathematischen Verfahren zu lösen. Hierbei sollen sie auch erkennen, welche Rolle Mathematik in unserer heutigen Welt spielt und dass sie durchaus in der Lage sind, komplexe Probleme selbstständig zu verstehen und zu lösen. Die von uns eingesetzten Modellierungsprobleme ermöglichen dabei eine Auseinandersetzung auf unterschiedlichem Niveau und mit unterschiedlicher Schwerpunktsetzung, was dazu führt, dass die von den Schülerinnen und Schülern erarbeiteten Ergebnisse auf sehr **unterschiedlichem Niveau** sein können, was von einigen Lehrkräften zunächst mit Sorge betrachtet wurde:

> „Das ist auch die größte Sorge, die ich zumindest am Anfang hatte. Also das heißt, […] man kann eigentlich nicht durch die Organisation ein einheitliches Niveau herstellen. Man muss also die Bereitschaft haben, zu akzeptieren, dass das eintritt, was Frau Meyer grade schildert, also dass da welche auf einfachem Niveau arbeiten und andere eine sehr komplexe Lösung präsentieren."

Die Gefahr, dass nicht nur das Niveau unterschiedlich ist, sondern einige Schülerinnen und Schüler das Problem lediglich oberflächlich bearbeiten, ist nicht von der Hand zu weisen. Die Oberflächlichkeit der Lösungen beziehen die Lehrkräfte dabei auf den Unwillen der Schülerinnen und Schüler, ihre eigenen Lösungen zu reflektieren und ggf. zu verbessern:

> „An manchen Stellen hätten die Schüler vielleicht doch nochmal diesen Kreislauf durchlaufen sollen. Ich denke, dass das gut gewesen wäre, einfach um nochmal Ideen, die man hat, weiter zu verfeinern. Also teilweise waren manche Plakate dann relativ einfach gestaltet. Das hätte schon noch 'n bisschen tiefer gehen können."

Jedoch konstatiert eine Lehrkraft: „ich glaub, das ist irgendwie normal, das ist ja das Erwartbare, glaube ich." und ein anderer stellt fest, „die Ergebnisse, muss man sagen, erweisen sich doch als äh sehr solide."

Eine andere Lehrkraft, die bereits mehrere Jahre Erfahrungen mit Modellierungstagen an ihrer Schule sammeln konnte, bemerkt, dass dieses Verhalten im Laufe der Jahre, in denen die Schülerinnen und Schüler das Konzept der Modellierungstage von den Mitschülerinnen und -schülern kennen gelernt hätten, deutlich verändert habe:

> „In vielen früheren Jahrgängen, auch in Gruppen, wo starke Schüler dabei waren, waren sie relativ schnell mit dem ersten Ergebnis zufrieden und fragten uns: ‚Ja und was sollen wir denn jetzt noch machen? Wir haben noch anderthalb Tage Zeit. Eineinhalb Tage zum Gestalten des Plakats'. Gut, also die musste man mehr dazu zwingen, sich da irgendwie drauf einzulassen, auch nochmal das eigene Ergebnis zu reflektieren und zu gucken, was man verbessern kann."

Eine Lehrkraft sieht hier eindeutig auch die **Verantwortung der betreuenden Personen** und deren Verständnis und Überzeugung als eine Bedingung für hochwertige Ergebnisse:

> „Eigentlich ist das die Schülerhaltung: ‚Ich hab' doch schon eine Lösung.' Und dann muss der Betreuer kommen und sagen: ‚Was können wir mit der Idee jetzt noch machen? Oder gibt es eine andere, eine ganz anders geartete Idee?' Dieser Blick, oder diese Notwendigkeit, da noch einmal nachzuhaken und dann vielleicht noch was Tolleres rauszukriegen."

Mit diesem Zitat wird die von Stender (in diesem Band) angesprochene Bedeutung von hochwertigen Interventionen und Unterstützungsmaßnahmen angesprochen.

Ebenso wie die Erfahrung gemacht wurde, dass Schülerinnen und Schüler animiert werden mussten, um zu akzeptablen Ergebnissen zu kommen, berichten die Lehrkräfte aber auch von Fällen, in denen „die Kiddies deutlich über den Standard hinaus gegangen sind und wo die Kinder mit Begeisterung dabei waren" und dass es „auf der anderen [Seite] natürlich auch sehr leistungsstarke Gruppen [gab], die dann immer wieder immer wieder immer wieder versucht haben, das noch genauer hinzukriegen." Explizit erzählt eine Lehrkraft von einem Schüler, bei dem sie merkte, „der hat Ideen, und das ist großartig." Weiter formuliert sie:

> „Durch solche Aufgaben, Stichwort ‚Fordern', jemanden soweit kriegen, dass er sich mit ganz anderen Ideen beschäftigt und sagt: ‚Lieber Lehrer, ich hab 'ne Idee. Kannst du mir mal

zeigen, wie ich das machen kann?' Und dem gibst du dann nur so 'nen Hauch Futter, und der nimmt dann aber die drei anderen aus seiner Gruppe mit. Und wenn die nur ein Viertel von dem verstanden haben, was der Schüler verstanden hat, dann können wir zufrieden sein."

Auch andere Lehrkräfte berichten davon, dass einzelne Schülerinnen und Schüler weit über das hinausgehen, was von ihnen aufgrund der Klassenstufe erwartet werden kann, und die dann die weiteren Gruppenmitglieder mitziehen.

Die Lehrkräfte schildern nicht nur die Chancen und Schwierigkeiten bezogen auf die individuellen Lernprozesse der Schülerinnen und Schüler, sondern ordnen den Kompetenzerwerb in dieser Zeit auch in die Auswirkungen ein, die die Modellierungstage **auf den Mathematikunterricht nach dieser Zeit** haben. Insbesondere wurde in den Gesprächen deutlich, dass die Lehrkräfte die Modellierungstage als Ausgangspunkt nutzen, um die Schülerinnen und Schüler auf die in Hamburg obligatorischen mündlichen Prüfungen am Ende von Klasse 10 und auch auf den Mathematikunterricht in der Oberstufe vorzubereiten. Der Vorteil der Modellierungstage liege darin, dass Schülerinnen und Schülern Zeit gegeben werde, sich in Ruhe mit Sachsituationen auseinanderzusetzen und Übersetzungsprozesse zwischen Mathematik und Sachzusammenhang mehrfach zu üben:

> „Ich finde, bei den Aufgaben in den Modellierungstagen ist der Sprung zwischen Realität und Mathematik sehr groß, weil ja wirklich sehr wenig vorgegeben ist. In den Arbeiten oder Prüfungen sind die Vorgabe schon sehr viel enger. Also der Abstand von der einen Ebene zur anderen Ebene wird kleiner gemacht durch die Aufgabenstellung.
> Ich finde aber, mit so einem großen Abstand muss man den Schülern erstmal dafür Zeit lassen zu überlegen: ‚Mit welcher Mathematik kann ich eigentlich diesem Sachzusammenhang näher kommen?' Das finde ich wichtig. Von daher ist das erstmal die große Hürde und wir machen die Hürde dann, in dem, was wir mit ihnen trainieren müssen, kleiner."

Jedoch müsste immer wieder auf die Erfahrungen während der Modellierungstage hingewiesen und die dort erarbeiteten Strategien und Sichtweise wachgehalten werden, um weiterhin nutzbar zu sein. Die Modellierungstage böten also einen guten Einstieg in die Bearbeitung realitätsbezogener, komplexer Aufgaben, wobei die während dieser Bearbeitung angewendeten Strategien und Lösungsansätze durch weitere, weniger komplexe Aufgaben vertieft werden müssten, um in den folgenden Leistungsüberprüfungen wirksam zu werden.

5   Tipps und Hinweise

Die Gespräche mit den Lehrkräften enthalten zahlreiche Tipps und Hinweise, die an dieser Stelle weitergegeben werden sollen. Sie richten sich an Dozierende oder

Checkliste für die Modellierungstage	
■ Zeitraum und teilnehmende Klassen festlegen	Zu Schuljahresbeginn
■ Koordinatorin bzw. Koordinator bestimmen	Zu Schuljahresbeginn
■ Termin für Aufgabenpräsentation festlegen	Zu Schuljahresbeginn
■ Modellierungsprobleme auswählen	Zu Schuljahresbeginn
■ Bearbeitung mindestens einer kürzeren Modellierungsaufgabe im Unterricht (Umfang eine Doppelstunde)	Bis zu den Modellierungstagen
■ Vorbereitung der Modellierungstage – Räume buchen (ggf. auf Internetzugang achten) – Druck-Möglichkeit organisieren – Laptops und Computerräume buchen – Betreuung der SuS während der Tage klären (Lehrkräfte freistellen lassen)	2 Monate vor den Modellierungstagen
■ Zeitablauf der Modellierungstage – Beginn und Endzeiten – Pausenzeiten – Mittagszeit	4 Wochen vor den Modellierungstagen, damit die SuS entsprechend informiert werden können
■ Aufgabenpräsentation – Technik – Wahlzettel für SuS – Ggf. Klassenlisten	2–5 Tage vor den Modellierungstagen
■ Einteilen der Gruppen und Räume	Im Anschluss an die Aufgabenpräsentation
■ Material für die Modellierungstage – Stellwände – Material zu den Aufgaben – Material für die Plakate	

Lehrkräfte, die eigenständig Modellierungstage an Schulen koordinieren und langfristig implementieren möchten. Begonnen wird mit organisatorischen Hinweisen, woran sich inhaltliche Hinweise anschließen.

Der erste Hinweis bezieht sich auf die **verantwortlichen Koordinatorinnen und Koordinatoren** an den Schulen. Diese sollten nach Möglichkeit die Arbeitszeit in irgendeiner Weise vergütet bzw. angerechnet bekommen und es sollten nach Möglichkeit zwei Personen mit der Koordination betraut sein, einerseits, damit sich beide die Arbeit teilen können, andererseits, weil die teilnehmenden Lehrkräfte zu oft erlebt haben, dass die koordinierende Person plötzlich kurz vor oder zu Beginn der zwei Tage erkrankte und der Aufwand vor Ort für die Kolleginnen und Kollegen umso größer war. Die Lehrkräfte machen aber auch darauf aufmerksam, dass die Arbeitsbelastung für die Koordination zwar auch nach mehrmaliger Durchführung hoch bleibt, jedoch abnimmt, etwa wenn jede Schule die im Kasten abgedruckte Checkliste an ihre spezifischen Gegebenheiten angepasst hat.

Weiterhin ist der **Zeitumfang der Modellierungstage** zu bedenken. Die Lehrkräfte stimmen alle darin überein, dass zwei Schultage ideal sind, um die Schülerinnen und Schüler zu einer intensiven Auseinandersetzung mit einem Problem anzuregen und erste Erfahrungen mit komplexen authentischen Aufgaben zu sammeln. Wenn die Schülerinnen und Schüler die Möglichkeit haben sollen, sich zwischen Aufgaben zu entscheiden, so wird empfohlen, maximal eine Woche, minimal ein Tag vor den Modellierungstagen die Aufgaben den Schülerinnen und Schülern vorzustellen und diese wählen zu lassen. Außerdem haben die Lehrkräfte die Erfahrung gemacht, dass das Kollegium eher bereit ist, ihre eigenen Stunden zugunsten der Modellierungstage aufzugeben, wenn nur an zwei Tagen der Unterricht in anderen Fächern ausfällt.

Anzumerken ist an dieser Stelle, dass die Erfahrungen der Lehrkräfte sich auf Modellierungstage mit Schülerinnen und Schülern der Jahrgangsstufe 9 beziehen und jeweils der gesamte bzw. ein Großteil des Jahrgangs teilgenommen hat. Unter anderen Umständen, etwa wenn nur interessierte Schülerinnen und Schüler teilnehmen oder aber die Modellierungstage in eine schulinterne Projektwoche integriert werden, kann eine längere Dauer durchaus auch zu einer noch intensiveren Auseinandersetzung und zu einem größeren Lernerfolg führen.

Einfluss auf den Lernerfolg hat zudem aus Sicht der Lehrkräfte, dass genügend **Platz zum Arbeiten** besteht und die Schülerinnen und Schüler **Zugang zu Computern, zum Internet und zu Druckern** haben. Diese müssen nicht immer frei verfügbar sein, aber bei Bedarf zur Verfügung gestellt werden können. Es hat sich bewährt, pro Klasse ungefähr zwei Arbeitsräume zur Verfügung zu stellen, damit eine produktive Arbeitsatmosphäre entsteht, wobei in jedem Raum dieselbe Aufgabe bearbeitet werden sollte, da so ein Austausch provoziert wird. Um diese Anzahl an Räumen sicher zur Verfügung zu haben, wird dazu geraten, möglichst früh mit dem Raumkoordinator in Kontakt zu treten sowie – wenn die Modellierungstage regelmäßig stattfinden sollen – diese immer zum selben Zeitpunkt stattfinden zu lassen, sodass diese in den jährlichen Terminplan der Schule mit aufgenommen und mit anderen, ggf. auch platzintensiven Projekten koordiniert werden können.

Ebenso hat die **Zusammenstellung der Schülergruppen** Einfluss auf die Arbeitsatmosphäre und -ergebnisse. Hier können die Lehrkräfte keine generellen Hinweise geben, sondern sowohl die Organisation an den Schulen als auch die konkreten Schülerinnen und Schüler in den Jahrgangsstufen haben Einfluss darauf, was sich empfiehlt. Ziel sollte es sein, arbeitsfähige Gruppen zu bilden. Ob dies eine

Einteilung nach Wunsch der Schülerinnen und Schüler (unter Berücksichtigung der Aufgabenwahl), das Bilden möglichst leistungsheterogener oder – homogener oder das Differenzieren nach Geschlecht bedeutet, muss von den Umständen abhängig gemacht werden. Generell sollte jedoch beachtet werden, dass der Gruppenfindungsprozess, der bei Gruppen, die sich bislang nicht kennen, immer einsetzt, nicht zu sehr die Modellierungstage dominieren oder aber dieser im Vorfeld in der Zeitplanung mit einkalkuliert werden sollte.

Insgesamt haben die Lehrkräfte gute Erfahrungen damit gemacht, dass die Schülerinnen und Schüler ihr **Modellierungsproblem wählen** dürfen. Andersherum hat sich gezeigt, dass Schülerinnen und Schüler, denen Modellierungsprobleme zugewiesen wurden, deutlich weniger motiviert waren, sich mit dem Inhalt auseinanderzusetzen. Daher sollte, wenn eine Wahl gegeben wird, deutlich darauf hingewiesen werden, dass das eigene Interesse bei der Wahl ausschlaggebend sein sollte, nicht die Interessen anderer. Bei der Auswahl der zur Wahl gestellten Modellierungsprobleme sollte darauf geachtet werden, dass sowohl hinsichtlich des Sachkontexts der Aufgaben als auch den auszuführenden mathematischen Tätigkeiten eine gewisse Vielfalt vorliegt. Es hat sich beispielsweise bewährt, sowohl eine Problemstellung anzubieten, in der der Umgang mit großen Datenmengen gefordert wird, als auch eine Problemstellung, die direkt mit geometrischen oder funktionalen Überlegungen bearbeitbar ist. Je nach Organisation der Modellierungstage ist es nicht notwendig, dass sich die Schülerinnen und Schüler gleichmäßig auf die zu bearbeitenden Aufgaben verteilen. Die Entwicklung eines Modellierungsproblems ist in der Regel aufwendig, vor allem, wenn man eine ganz neue Aufgabe entwickeln und nicht auf bereits vorhandene Ideen aufbauen möchte. Die entwickelten Modellierungsprobleme lassen sich jedoch in der Regel, teilweise optimiert, mehrfach einsetzen. Eine Kooperation mit anderen Schulen zum Austausch von Modellierungsproblemen ist aber auf jeden Fall ratsam.

Als den Aspekt, der inhaltlich über die Qualität der Auseinandersetzung der Schülerinnen und Schüler mit dem Modellierungsproblem entscheidet, nehmen die Lehrkräfte die **Hilfestellungen** wahr, die die Schülerinnen und Schüler erhalten. Diese zielen in der Erfahrung der Lehrkräfte vor allem auf zwei Aspekte ab: Zum einen ist es hilfreich, die bereits erarbeiteten Schritte und Gedanken der Schülerinnen und Schüler regelmäßig zu strukturieren, da diese durch die Komplexität der Problemstellung häufig überfordert sind. Hier hilft in der Erfahrung der Lehrkräfte häufig das Hinzuziehen eines Modellierungskreislaufs. Darüber hinaus sind die Betreuenden immer dann gefordert, wenn die Schülerinnen und Schüler eine erste Lösung entwickelt haben. Sich nicht mit dieser ersten Lösung zufrieden zu geben, sondern diese kritisch zu hinterfragen und zu überlegen, wie diese noch optimiert werden kann, ist Inhalt solcher Interventionen.

Für die Betreuung der Schülerinnen und Schüler, insbesondere um adäquat auf Schülerfragen antworten und in Problemfällen ihre Lösungsansätze schnell auf Sinnhaftigkeit beurteilen zu können, ist es für Lehrkräfte, die nicht viel Erfahrung mit der Betreuung von Schülerinnen und Schülern beim Lösen komplexer Aufgaben haben, sinnvoll, **sich im Vorfeld intensiv mit den Aufgaben auseinanderzusetzen.** Dies darf natürlich nicht dazu führen, dass die gegebenen Hilfestellungen nicht mehr adaptiv bezüglich der Schülerprobleme sind, sondern sich nur auf die eigene Lösungsidee beziehen. Sind die Problemstellungen bekannt, reicht in der Regel eine kurze Auffrischung der wahrscheinlichen Problemstellen. Die betreuenden Personen müssen sich aber auch darüber bewusst sein, dass trotz intensiver Vorbereitung und Kenntnis von Lösungswegen durchaus Situationen entstehen, für die nicht direkt eine adäquate und adaptive Antwort gegeben werden kann. Doch stellt die eigene Bearbeitung eine notwendige Voraussetzung für eine möglichst adaptive Betreuungstätigkeit dar.

Wie oben bereits angesprochen, sind viele Schülerinnen und Schüler von der Komplexität eines Modellierungsproblems und den Anforderungen, die ein solches Problem an sie stellt, zunächst überfordert. Vielen hilft es, so zeigt die Erfahrung, **im Vorfeld mindestens ein kleineres Modellierungsproblem** bearbeitet zu haben. Hierdurch ist den Schülerinnen und Schülern bewusst, worin die Anforderung liegt und welche Schritte oder Aspekte sie beachten können oder sollten. Auch ist ihnen dann schon bekannt, dass es in der Regel nicht die eine richtige Lösung gibt, sondern sie ihre Lösung vor dem Hintergrund der von ihnen getroffenen Annahmen reflektieren und verändern oder optimieren müssen.

Für die **Präsentation der Ergebnisse** der Schülerinnen und Schüler gibt es unterschiedliche Möglichkeiten. In Hamburg haben sich Museumsrundgänge durchgesetzt, bei denen die Schülerinnen und Schüler im Wechsel ihr Plakat vorstellen und die übrigen Schülerinnen und Schüler sich die Ergebniserarbeitungen auf den anderen Plakaten ansehen. Dies schult nicht nur die Kompetenz des mathematischen Kommunizierens bei den Schülerinnen und Schüler, sondern die Diskussion über die unterschiedlichen Lösungswege erhöht noch einmal die Auseinandersetzung mit dem eigenen Lösungsweg. In einigen Schulen sind zu dieser Ergebnispräsentation auch die Eltern, in anderen das Kollegium oder eine andere Jahrgangsstufe eingeladen. Eine weitere Möglichkeit, die erarbeiteten Ergebnisse einem breiteren Publikum zugänglich zu machen, besteht darin, die Plakate in der Schule auszustellen. Gleichzeitig haben einige Schulen den Schülerinnen und Schüler gezielte Beobachtungs- bzw. Erkundungsaufträge für die Nachbesprechung der Ergebnisse im Mathematikunterricht gestellt, die auf die unterschiedlichen Modelle desselben

Ausgangsproblems oder aber bewusst auf Lösungsskizzen zu den Problemen zielen, die die Schülerinnen und Schüler nicht selbst bearbeitet haben.

Um zu einem späteren Zeitpunkt auf die Erfahrungen und Kompetenzen der Schülerinnen und Schüler zurückgreifen zu können, empfiehlt es sich, in einer folgenden Mathematikstunde nicht nur die Ergebnisse, sondern auch das Vorgehen der Schülerinnen und Schüler zu thematisieren, sodass die entwickelten und teilweise unbewusst angewendeten Strategien der Schülerinnen und Schüler diesen bewusst werden und bei folgenden Problemstellungen erneut angewendet werden können. Weiterhin sollten die Modellierungstage **für eine gesamte Jahrgangsstufe** angeboten werden. Denn die Erfahrungen, die die Schülerinnen und Schüler während dieser intensiven Auseinandersetzung mit einem mathematischen Modellierungsproblem machen, können, wie oben bereits dargestellt, auf andere Bereiche des Mathematikunterrichts übertragen werden. Dies ist natürlich nur dann sinnvoll möglich, wenn ein Großteil der Schülerinnen und Schüler über diese Erfahrungen verfügt.

6   Zusammenfassung

Die Durchführung von Modellierungstagen erfordert viel Engagement und Zeit aufseiten der beteiligten Lehrkräfte. Nicht nur organisatorische Fragen wie die nach einer ausreichenden Anzahl an Räumen und auch Betreuerinnen und Betreuern sowie das Bereitstellen von Technik müssen geklärt werden, sondern insbesondere auch die Entwicklung von neuen Modellierungsproblemen kostet Zeit[3]. Teilweise stoßen Lehrkräfte auch auf Widerstände bei den Schülerinnen und Schülern sowie im Kollegium, wenn bekannt wird, dass zwei ganze Schultage für die Bearbeitung von Modellierungsproblemen geblockt werden sollen. Die Erfahrung zeigt jedoch, dass der Unmut der meisten Schülerinnen und Schüler in der Regel recht schnellt verfliegt, wenn sie das Problem bearbeiten können, was sie gewählt haben, weil es sie interessiert, wenn sie wirklich selbstständig nachdenken können und im Endeffekt stolz sind, ein komplexes, relevantes Problem eigenständig bearbeitet zu haben.

Das Ziel der Modellierungstage ist neben der Ausbildung der zukünftigen und Fortbildung der praktizierenden Lehrerinnen und Lehrer auch die Förderung der Modellierungskompetenz der Schülerinnen und Schüler. Diese kann (und muss) natürlich auch im alltäglichen Mathematikunterricht gefördert werden (zu Konzepten für die Förderung

---

[3]Selbstverständlich muss nicht jedes Modellierungsproblem selbst neu entwickelt werden, sondern es kann auch auf bereits existierende Problemstellungen, wie etwa die in diesem und weiteren Bänden dieser Reihe vorgestellten, zurückgegriffen werden.

von Modellierungskompetenzen s. bspw. Schukajlow und Blum (2018) oder Vorhölter (2019)). Doch ist aufgrund der zeitlichen Beschränkung in diesen Stunden oft keine intensive Auseinandersetzung mit einem komplexen Sachkontext und daraus resultierend das Bilden unterschiedlicher Modelle oder sogar mehrerer, komplexer werdender Modelle möglich. Modellierungstage als mehrtätige Projekte bilden somit eine sinnvolle Ergänzung zu der Kompetenzförderung im Mathematikunterricht. Dass während dieser Zeit nicht nur die Kompetenz des mathematischen Modellierens gefördert wird, haben die befragten Lehrkräfte darstellen können. Auffällig ist dabei, dass die Lehrkräfte einen Zuwachs an ganz unterschiedlichen Fähigkeiten ihrer Schülerinnen und Schüler wahrnahmen, der nicht nur für den Mathematikunterricht relevant ist: Das Herangehen an komplexe Problemstellungen oder das Zusammenarbeiten in der Gruppe. Nicht nur dies ist der Grund dafür, dass die Schulen, die einmal an den Hamburger Modellierungstagen mitgemacht haben, in der Regel diese in den folgenden Jahren auch durchführen und jedes Jahr wieder Anfragen von weiteren Schulen kommen. Gleichzeitig zeigen unsere Erfahrungen, dass die Schülerinnen und Schüler besonders dann von den Modellierungstagen profitieren, wenn sie bereits mit dem Aufgabenformat vertraut sind und daher wissen, welche Tätigkeiten von ihnen verlangt werden, zum Beispiel welche Möglichkeiten sie etwa für eine Recherche haben.

Insgesamt ziehen die Lehrkräfte positive Erfahrungen aus den Modellierungstagen:

„Den Modellierungskreislauf thematisieren wir eigentlich eher vorher. Immer so ein, zwei Stunden, also in so 'ner Doppelstunde. Mit so ganz kleinen Aufgaben. Und was für die Schüler ganz angenehm ist, dass sie dann die Gelegenheit haben, ihn dann in 'ner komplexeren Aufgabe nochmal anzuwenden. Also einer Aufgabe, die mehr Aufwand bedeutet und die sie auch tatsächlich stärker motiviert. Und das beobachte ich in den letzten Jahren auch häufiger, also nicht bei allen Gruppen, aber es gibt mehr Schüler, die sagen: Mensch, das war ja toll!"

„Ich hab' 10 Sekunden lang einen Schüler beobachtet und habe gesehen, er hat da grad was gemacht. Und das hat mich bei diesem speziellen Schüler zum Beispiel gefreut, weil ich weiß, der musste zurückgestuft werden oder aus der Klasse versetzt werden. Deswegen hat er immer noch massive Probleme, also in Mathe steht er fast auf 6, macht gar nichts eigentlich. Und der war zumindest dann in dem Moment, als ich da reinkam, ein inhaltliches Gespräch mit einem anderen Schüler vertieft. Und das hat mich zum Beispiel echt gefreut."

„Einfach so dieses Konzept, dass man wirklich 'ne sehr offene Frage hat und sehr offen da herangehen kann, das hat den Schülern auch super Spaß gemacht. Das geht ja eben von diesem normalen Rechnen im Matheunterricht weg. Es geht ja wirklich darum Ideen zu finden und so, was ich ja total toll finde, weil das ja auch mehr mit der eigentlichen Mathematik zu tun hat. Mathematik an der Uni funktioniert ja auch so, dass du 'nen Beweis für irgendwas suchst. Und dafür musst du ja auch herumtüfteln, gucken und neue Ideen entwickeln. Und dann guckst du dir das immer wieder und immer wieder an, eben in so 'nem Kreislauf, um das wieder weiter zu verfeinern. Also ich finde, das ist wirklich wichtig ist für die Schüler".

Literatur

Aebli, H. (1997). *Zwölf Grundformen des Lehrens. Eine allgemeine Didaktik auf psychologischer Grundlage*. Stuttgart: Klett-Cotta.

Bracke, M., & Vorhölter, K. (2018). Die Flüchtlingsdebatte und der Königsteiner Schlüssel. Erfahrungen aus Modellierungsprojekten. *Mathematik lehren, 207*, 38–42.

Schukajlow, S., & Blum, W. (Hrsg.). (2018). *Evaluierte Lernumgebungen zum Modellieren*. Wiesbaden: Springer.

Schmidt, B. (2010). *Modellieren in der Schulpraxis: Beweggründe und Hindernisse aus Lehrersicht*. Hildesheim: Franzbecker.

Vorhölter, K. (2019). Förderung metakognitiver Modellierungskompetenzen. In I. Grafenhofer & J. Maaß (Hrsg.), *Neue Materialien für einen realitätsbezogenen Mathematikunterricht 6* (S. 175–184). Wiesbaden: Springer.

Modellierungstage – Oberstufe betreut Mittelstufe

Peter Stender

Zusammenfassung

Seit 2010 werden in Hamburg an Schulen Modellierungstage in Kooperation mit der Universität Hamburg realisiert, in denen Schülerinnen und Schüler in Jahrgang 9 drei Tage lang an einer einzelnen komplexen Modellierungsfragestellung arbeiten. Im Gymnasium Süderelbe wird seit 2015 die Betreuung der Schülerinnen und Schüler der Mittelstufe durch eine Schülergruppe der Oberstufe realisiert. Diese Oberstufenschüler werden auf diese Tätigkeit im Rahmen eines Pädagogikkurses vorbereitet und profitieren dabei von der Erfahrung, zwei Jahre vorher selbst an den Modellierungstagen teilgenommen zu haben. Dieses Projekt erhielt 2017 den Hamburger Bildungspreis. Im Beitrag wird dieses besondere Konzept für die Unterstützung von Schülerinnen und Schülern während der Bearbeitung von Modellierungsaufgaben dargestellt.

1 Einleitung

Modellierung im Mathematikunterricht ist über die Kompetenz *Modellieren* fester Bestandteil der Bildungsstandards im Fach Mathematik für alle Schulstufen. Modellierungsfragestellungen in den Unterricht zu integrieren stellt aber immer noch eine große Herausforderung dar: sinnvolle Fragestellungen sind häufig so komplex, dass für die Behandlung im traditionellen Schulalltag nicht genug Raum ist. Aus diesem Grunde wurden an der Universität Hamburg in Kooperation der Fachbereiche Mathematik und Fachdidaktik seit 2009 Modellierungswochen durchgeführt (Kaiser et al. 2013). In diesen Projekten konnten Schülerinnen und Schüler der Oberstufe (vornehmlich aus Leistungskursen)

eine Woche lang komplexe Modellierungsfragestellungen unter Betreuung von Studierenden bearbeiten. Diese Projekte wurden von den Teilnehmerinnen und Teilnehmern als ausgesprochen sinnstiftend für den Umgang mit Mathematik wahrgenommen und daher entstand der Wunsch, dass sich Schülerinnen und Schüler bereits in der Mittelstufe mit solchen Modellierungsfragestellungen zu befassen, damit diese Form der Sinnstiftung sich innerhalb der Schule über einen längeren Zeitraum hinweg positiv auf den mathematischen Lernprozess auswirkt. Aus diesem Grunde wurden im Frühjahr 2010 erstmalig Modellierungstage Mathematik im Jahrgang 9 eines Hamburger Gymnasiums realisiert. Die Betreuung der Schülerinnen und Schüler erfolgt dabei sowohl durch Studierende des Lehramtes Mathematik der Universität Hamburg als auch durch Lehrerinnen und Lehrer der jeweiligen Schule. Seit 2015 werden diese Modellierungstage am Gymnasium Süderelbe in modifizierter Form realisiert: Schülerinnen und Schüler der Oberstufe, die zwei Jahre zuvor selbst in der Mittelstufe an Modellierungstagen teilgenommen haben, betreuen die Mittelstufenschüler. Die Oberstufenschüler nehmen dafür an einem Pädagogikkurs im Rahmen des Oberstufenunterrichts teil, in dem sie auf diese Betreuungstätigkeit sowohl pädagogisch als auch fachlich in Hinblick auf die Modellierungsfragestellungen vorbereitet werden. Neben dieser Entwicklung wurde das bisherige Format parallel weiter entwickelt (siehe Vorhölter und Alwast 2021).

Im Folgenden werden die Modellierungstage beschrieben, der Pädagogikkurs für die Oberstufe sowie die Besonderheiten, die sich aus dieser speziellen Betreuungssituation ergeben. Hierbei werden alle Informationsfacetten mit dargestellt, die für die Realisierung der Modellierungstage erforderlich sind: organisatorische Voraussetzungen, einige fachdidaktische Aspekte zum Modellieren, Beispiele für geeignete Modellierungsprobleme sowie Konzepte für die Betreuung der Schülerinnen und Schüler während der Modellierungstage. Daneben wird dargestellt, wie in dem Pädagogikkurs die für die Betreuungsarbeit notwendigen Anteile befasst werden.

P. Stender (✉)
Hamburg, Deutschland
E-Mail: peter.stender@hamburg.de

© Springer Fachmedien Wiesbaden GmbH, ein Teil von Springer Nature 2021
M. Bracke et al. (Hrsg.), *Neue Materialien für einen realitätsbezogenen Mathematikunterricht 8,*
Realitätsbezüge im Mathematikunterricht, https://doi.org/10.1007/978-3-658-33012-5_3

2 Modellierungstage

Die Durchführung von Modellierungstage als Projekt in der Schule stellt einige Anforderungen an die Beteiligten, die im regulären Unterricht nicht auftreten. Zunächst treten natürlich die mit jedem Projekt verbundenen organisatorischen Anforderungen auf. Spezifisch für die Modellierungstage benötigt man darüber hinaus geeignete Fragestellungen, die sich deutlich von traditionellen Fragestellungen aus Schulbüchern unterscheiden. Die Betreuung der Schülerinnen und Schüler während der Modellierungstage folgt Grundsätzen, die im Schulalltag selten realisierbar sind: die Schülerinnen und Schüler sollen komplexe Fragestellungen, deren Lösungsweg viele Schritte umfassen, so selbständig wie möglich arbeiten und können dabei nicht auf Rezepte des unmittelbar vorausgegangen Mathematikunterrichts zurückgreifen, sondern müssen Wissen aus unterschiedlichen Domänen der Mathematik aktivieren. Auch wenn eine hohe Selbständigkeit angestrebt wird, benötigen die Schülerinnen und Schüler immer wieder Unterstützung, diese sollte jedoch die Selbständigkeit soweit möglich erhalten und fördern. Diese Betreuungsarbeit muss (in der Regel auch für erfahrene Lehrkräfte) besonders vorbereitet werden. Hierzu liegen Konzepte vor (Stender 2016, 2017), die bei der Vorbereitung sehr hilfreich sein können. Daneben ist eine profunde Kenntnis der einzelnen Fragestellungen und Lösungsansätze unabdingbar, die nur erreicht werden kann, wenn die Betreuungspersonen die Modellierungsfragestellungen selbst intensiv bearbeitet haben.

2.1 Rahmenbedingungen und Organisatorische Voraussetzungen

Die hier beschriebenen Modellierungstage haben in der Regel einen Umfang von drei Tagen. Ein Ziel der Modellierungstage ist es, Schülerinnen und Schüler die Erfahrung zu vermitteln, wie Mathematik dazu verwendet werden kann, realitätsnahe Fragestellungen zu beantworten. Damit später in Mathematikunterricht verlässlich auf diese Erfahrung zurückgegriffen werden kann, nehmen alle Schülerinnen und Schüler des Jahrgangs 9 an den Modellierungstagen teil.

Die Schülerinnen und Schüler bearbeiten über die drei Tage jeweils eine einzige Aufgabe. Dies erfordert ein hohes Durchhaltevermögen und damit ein Mindestmaß an intrinsischer Motivation, sich mit der Fragestellung zu befassen. Daher werden den Schülerinnen und Schüler drei Fragestellungen präsentiert, von denen jeder/jede eine für die Modellierungstage auswählt. Die bedeutet natürlich nicht, dass sich jeder/jede Einzelne wirklich für die Frage begeistert, erhöht jedoch die Wahrscheinlichkeit dafür, dass die Fragestellung als interessant wahrgenommen wird. Dieser Auswahlprozess wird einige Tage vor den eigentlichen Modellierungstagen durchgeführt: die Fragestellungen werden den Schülerinnen und Schülern des Jahrganges in einer Plenumsveranstaltung kurz erläutert und dann wählt jeder/jede für sich ein Thema. Danach werden Gruppen so gebildet, dass später in einem Unterrichtsraum alle Schülerinnen und Schüler dieselbe Fragestellung bearbeiten. In jedem vtunt Schülerinnen und Schüler, die gemeinsam an dem Problem arbeiten. Aufgrund der Komplexität der Fragestellung ist Gruppenarbeit in diesem Projekt unumgänglich, selbst von sehr guten Schülerinnen und Schülern ist eine sinnvolle Bearbeitung in Einzelarbeit nicht zu erwarten (mehr dazu in Abschn. 2.3). Die Zusammenführung themengleicher Gruppen in einem Raum hat mehrere Vorteile: die Kleingruppen entwickeln zunächst eigene Ansätze, die sie aber dann miteinander vergleichen und argumentativ vertreten. Dies fördert den Modellierungsprozess insgesamt und führt dazu, dass bereits frühzeitig die eigenen Ideen gut vertreten werden müssen. Daneben entlastet die Themenhomogenität die Betreuungsperson, da diese sich während der Modellierungstage nur mit einer einzelnen Fragestellung befassen muss, was gerade in Anbetracht der Komplexität der Fragestellung sehr hilfreich ist.

Für die Arbeit im Projekt ist es günstig, wenn die Anzahl der Schülerinnen und Schüler in einem Raum die Größenordnung 20 nicht zu sehr überschreitet. Dies ist nicht immer realisierbar, da sowohl genügend Räume, als auch hinreichend viele Betreuungspersonen zur Verfügung stehen müssen, aber es sollte angestrebt werden. Diese Gruppengröße erlaubt eine hinreichend intensive Betreuung der einzelnen Kleingruppen (vier bis sechs Schülerinnen oder Schüler) und bietet auch räumlich den Platz, um beispielsweise größere Plakate zu erstellen. Auch die gegenseitigen potenziellen Störungen im Arbeitsprozess werden reduziert. Kann diese Gruppengröße realisiert werden, werden die Schülerinnen und Schüler auf entsprechend mehr Gruppenräume verteilt als bei größeren Gruppen. Bei der Zuordnung zu den Gruppenräumen wurden in der Vergangenheit unterschiedliche pädagogische Grundsätze verfolgt. Ein Ansatz war, Schülerinnen und Schüler die Gruppenbildung stark beeinflussen zu lassen, um bestehende Arbeits- und Sozialbeziehungen zu erhalten. In einem anderen Ansatz wurde detailliert darauf geachtet, bekannte Problemkonstellation aus den Klassen nicht zu reproduzieren und damit letztlich deutlich schulklassenheterogene Arbeitsgruppen zu bilden. Daneben wurden zufallsgestützte Gruppeneinteilungen realisiert, wobei durch geeignete Vorgruppierung auf eine ausgewogene Geschlechterverteilung in den Räumen geachtet wurde. Welcher Ansatz gewählt wurde, hing immer von den Spezifika der jeweiligen Schule ab, z. B. wieviel Erfahrung in selbständiger Gruppenarbeit die Schülerinnen und Schüler bereits hatten und wie die Beziehungen zwischen den Klassen des Jahrgangs waren. Der jeweilige Organisationsaufwand muss bei Realisierung von Modellierungstagen jedoch immer berücksichtig und die Gruppeneinteilung gut vorbereitet werden. Zu Beginn der Modellierungstage werden dann unterschiedliche Listen benötig: Teilnehmerlisten für jeden Raum (u. a. Anwesenheitskontrolle), Klassenlisten, aus denen die Schülerinnen und Schüler die Raumzuordnung entnehmen können, eine Liste mit der Zuordnung der Betreuungspersonen.

Ein großer Teil der bisher eingesetzten Modellierungsfragestellungen beinhalten während der Bearbeitung Recherchephasen. Dies kann teilweise in Form von kurzen Exkursionen erfolgen, bedeutet aber überwiegend Internetrecherche. Dafür müssen geeignete Computerzugänge zur Verfügung stehen. Werden hierfür Computerpools genutzt, muss dort die Aufsicht sichergestellt werden, für die Arbeit günstiger sind mobile Rechner in den einzelnen Arbeitsräumen. Einzelne Modellierungsfragestellungen beinhalten die Bearbeitung größerer Datenmengen. Bei diesen Fragestellungen ist immer pro Kleingruppe ein permanent verfügbarer Computer erforderlich. Für alle Recherchen außerhalb des eigentlichen Arbeitsraumes müssen mit den Betreuungspersonen genaue Rechercheziele und -zeiten vereinbart werden, da sonst erfahrungsgemäß einzelne Schülerinnen und Schüler leider Freiräume in nicht angemessener Weise nutzen.

Die Präsentation der Ergebnisse wurde in Form einer Marktplatzpräsentation realisiert. Dazu erstellt jede Kleingruppe ein Plakat mit ihren Ergebnissen. Alle diese Plakate wurden in einem Raum an Stellwänden aufgehängt. Bei jedem Plakat musste eine Person aus der jeweiligen Kleingruppe die Ergebnisse erläutern, während alle Projektbeteiligen herumgingen und sich die Plakate aller Gruppen erklären ließen. Zur Aufwertung des Projekts trug es bei, wenn neben den Betreuungspersonen und Schülerinnen und Schülern weitere Interessierte sich die Ergebnisse erläutern ließen. Je nach Schultradition nahmen Schulleitungen oder auch Eltern an der Ausstellung teil. Der Marktplatz wurde meist im direkten Anschluss an die inhaltliche Arbeit realisiert, es gab aber z. T. auch Abendtermine am letzten Tag der Modellierungstage, um den Eltern die Teilnahme zu ermöglichen. Kurze Ansprachen zur Eröffnung des Marktplatzrundganges und ein formelles Ende haben sich bewährt, um einen würdigen Rahmen zu schaffen. Bei der Organisation der Modellierungstage musste für den Marktplatz im Vorwege die Raumfrage geklärt werden, sowie die Stellwände, Plakatmaterial und Auf- und Abbau. Dazu gegebenenfalls Tontechnik und Redeliste.

Im Gymnasium Süderelbe wurden die Modellierungstage zuletzt in Fachprojekttage eingebettet, was die Organisation deutlich vereinfacht hat. *Fachprojekttage* bedeutet, dass gleichzeitig mit den Modellierungstagen in allen Jahrgängen der Schule Projekttage stattfinden, wobei jedem Jahrgang ein Fach zugeordnet wird. Die jeweiligen Fachschaften entwickelten dafür jeweils ein festes Curriculum für die Fachtage, wie es die Modellierungstage für das Fach Mathematik darstellen. Das gleichzeitige Durchführen von Fachtagen in allen Jahrgängen der Schule führt dazu, dass nicht parallel stundenplangebundener Unterricht und Projektunterricht in den Modellierungstagen realisiert wird, sodass die damit verbundenen räumlichen und personellen Friktionen vermieden werden. Da sich dann alle Lehrerinnen und Lehrer der Schule an den Projekten beteiligen und neben den Klassenräumen auch alle Fachräume genutzt werden können, sind die oben dargestellten erwünschten räumlichen und personellen Rahmenbedingungen leichter zu realisieren. Gemeinsame Ergebnispräsentationen aller Jahrgänge könnten als eine inhaltlich gefüllte Form eines Schulfestes realisiert werden.

Zum Zeitumfang der Modellierungstage: die Modellierungstage wurden zunächst generell über drei Tage realisiert, wobei teilweise der Markplatz noch außerhalb dieser Zeit stattfand. Dies ist für alle Beteiligten ein langer Zeitraum, für Schülerinnen und Schüler ist es zunächst schier unvorstellbar, sich drei Tage lang mit derselben Fragestellung zu befassen, die noch dazu mit Mathematik bearbeitet werden soll. Naturgemäß gibt es in solchen Projekten Phasen der Untätigkeit. Dies führte zuweilen dazu, dass in Schulen die Modellierungstage auf einen Zeitraum von zwei Tage begrenzt wurden, wobei diese Maßnahme berechtigt erscheint, da die auf den Schülerplakaten sichtbaren Endresultate oft das Niveau erreichten, wie nach drei Tagen Bearbeitungszeit. Der kontinuierliche Blick auf die Arbeitsprozesse der Schülerinnen und Schüler und die Interventionen seitens der Betreuungspersonen zeigt aber deutliche Defizite der zweitägigen Modellierungstage gegenüber der dreitägigen Durchführung. In dem Wissen, dass in der Markplatzpräsentation ein präsentables Ergebnis vorliegen soll, werden durch Interventionen Phasen des sinnvollen Ausprobierens abgekürzt, Lösungsansätze, die selbst gefunden werden könnten, nahegelegt und produktive Irrwege vorzeitig beendet. Daneben kam es immer wieder vor, dass Schülergruppen an einem Punkt waren, an dem ein weiterer Arbeitszyklus im Modellierungskreislauf (Abb. 1) zu deutlich verbesserten Ergebnissen geführt hätten, dieser angesichts der verbleibenden Zeit jedoch nicht mehr realisiert wurde. Eine Kerntugend der Mathematik ist es gerade, mit langem Atem dicke Bretter zu bohren. Die Modellierungstage bieten für diese Erfahrung einen guten Rahmen, wofür jedoch auf Basis der vorliegenden Erfahrung drei Tage erforderlich sind. Dabei ist es darüber hinaus sinnvoll, wenn potenziell stattfindender Unterricht nach der Mittagspause am letzten Tag genutzt wird, um die Plakatgestaltung zu realisieren. Beginnen die Schülerinnen und Schüler den letzten Tag der Modellierungstage mit der Perspektive, dass im Laufe des Vormittags die inhaltliche Arbeit endet, ist die Motivation, sich noch mit neuen Ansätzen zu befassen, zu gering für elanvolles Arbeiten an neuen Ansätzen.

2.2 Modellierungsfragestellungen

Modellierung in der Mathematik bedeutet im Wesentlichen[1], Fragestellungen aus der Realität mit Mitteln der Mathematik zu beantworten (siehe z. B. Pollak 1979). Wenn die Fragestellung eine gewisse Komplexität aufweist, die über die von einfachen Textaufgaben deutlich hinausgeht, muss zunächst die reale Situation vereinfacht werden, da in der Regel nicht alle in Betracht kommenden Aspekte der Realität mathematisch gefasst werden können (z. B. Blum 1985; Kaiser-Messmer 1986). Diese vereinfachte Version der Realität wird dann in eine mathematische Formulierung übersetzt, sodass ein mathematisches Problem entsteht. Nun muss dieses Problem gelöst werden. Dies kann die Lösung einer Gleichung oder eines Gleichungssystems sein, das Finden eines Optimums einer Funktion oder ein (kleiner) mathematischer Algorithmus, der es erlaubt, die ganze Problemklasse, die sich aus der Modellierungsfrage ergibt, zu lösen (weitere Möglichkeiten sind denkbar). Das Ergebnis ist dann z. B. eine oder mehrere Zahlen, eine Funktion oder ein Verfahren. Dieses Ergebnis muss nun in Hinblick auf die Fragestellung interpretiert werden. Eine Reihe von Zahlen ist ja noch meist keine Antwort auf eine reale Fragestellung (selbst wenn eine Einheit dabeisteht). Ist die Situation komplex, hat man in der Regel mit dem ersten Ansatz nicht das Glück, die reale Situation hinreichend gut erfasst zu haben und bemerkt dies spätestens nach der Interpretation des mathematischen Resultats im Kontext der Realität. Man muss also erneut beginnen, wobei man die bereits erzielten Ergebnisse und gemachten Erfahrungen gewinnbringend nutzt. Diese Überlegungen zum Modellierungsprozess führen dazu, diesen Prozess als Kreislauf darzustellen. Es gibt viele unterschiedliche Modellierungskreisläufe (vgl. Stender 2016), in den hier beschriebenen Modellierungstagen wird ein fünfschrittiger Kreislauf verwendet. Dieser Kreislauf enthält die oben erläuterten Schritte, ist also komplex genug, um den Modellierungsprozess der während der Modellierungstage auftritt, zu beschreiben. Gleichzeitig ist er so übersichtlich, dass Schülerinnen und Schüler ihn innerhalb der Modellierungstage verstehen und verwenden können.

Im Vergleich dazu machen die weit verbreiteten Modellierungskreisläufe mit nur vier Stationen die Unterscheidung zwischen realer Situation und realem Model nicht. Dies kann aus zwei verschiedenen Gründen sinnvoll sein: in der Schule werden Textaufgaben mit Realitätsbezug oft didaktisch aufbereitet präsentiert, die wesentlichen Vereinfachung sind bereits im Aufgabentext enthalten. Dann entfällt die Stufe der realen Situation. Menschen mit sehr viel

Modellierungskreislauf

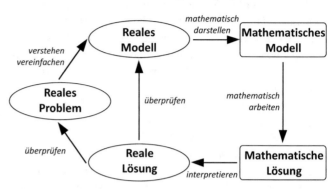

©Arbeitsgruppe Mathematikdidaktik, Universität Hamburg

Abb. 1 Modellierungskreislauf (Kaiser, Stender 2015)

Erfahrung im mathematischen Modellieren springen häufig direkt von der realen Situation in die Mathematik, sodass hier das reale Modell nicht explizit sichtbar wird, dies wird in den Darstellungen von Ortlieb (2009) deutlich.

Modellierungsfragestellungen können nach diversen Gesichtspunkten kategorisiert werden (vgl. Maaß 2010), z. B. hinsichtlich der Fragestellung selbst, hinsichtlich den mit der Modellierungsaktivität verbundenen Ziele oder auch hinsichtlich der Zielgruppe der Fragestellung. Zu den hier relevanten Gesichtspunkten gehören die Art des Realitätsbezuges, ihre Komplexität und Authentizität, die Offenheit der Fragestellung und die Art der vorgegebenen Daten.

Hier soll unter einer authentischen (im Wortsinne „echten") Fragestellung eine solche verstanden werden, für die gut einsichtig ist, dass es Menschen in der Welt gibt, die diese Fragestellung aus ernsthaften Gründen bearbeiten müssen (in Anlehnung an Vos 2013). Als Beispiel soll die unten genauer beschriebene Fragestellung nach dem optimalen Abstand zwischen zwei Bushaltestellen dienen: offensichtlich müssen Planer von Buslinien wissen, wie weit sie sinnvollerweise Bushaltestellen voneinander entfernt platzieren sollten und wie sich in dieser Hinsicht ein optimaler Abstand darstellt. Dies ist natürlich keine Fragestellung, die Schülerinnen und Schüler in ihrem aktuellen Leben beantworten müssen aber es ist eine „echte" also authentische Fragestellung in einem realen Berufsfeld. In den Modellierungstagen wird angestrebt, authentische Fragestellungen in diesem Sinne zu stellen.

Realitätsbezüge können in Mathematikaufgaben in ganz unterschiedlicher Weise auftreten. So können in eingekleideten Aufgaben Bezüge zur Realität auftreten, die aber offensichtlich nur dazu gedacht sind, möglichst schnell entfernt zu werden. Klassiker sind hier die Rätselaufgaben mit Tieren und den Anzahlen von Beinen und Köpfen, die möglichst schnell auf lineare Gleichungssysteme führen sollen.

Daran ist zu sehen, dass Realitätsbezüge nicht notwendig authentisch sind. Dies gilt beispielsweise auch oft für die sogenannten Fermi-Aufgaben, die aber gut geeignet sind, um bei Aufgaben mit Realitätsbezügen das Treffen von Annahmen zu üben, da sie sehr offen gestellt sind: „Wie viele Blätter sind an einem Baum?" Niemand ist ernsthaft an der Antwort interessiert, trotzdem kann die Befassung solcher Fragen lehrreich sein. Für die Modellierungstage werden sehr offene Fragestellungen verwendet, deren Realitätsbezug deutlich und authentisch ist.

Modellierungsaufgaben können aus unterschiedlichen Aspekten komplex sein: zum einen kann die reale Situation so komplex sein, dass in einem realen Modell mehrere Sachverhalte berücksichtigt und mathematisiert werden müssen, um der Situation gerecht zu werden. Dies heißt nicht, dass alle diese Sachverhalte bereits im ersten Modellierungsanlauf in das reale Modell eingehen müssen, sinnvollerweise werden zunächst nur einzelne Aspekte berücksichtigt und dann bei weiteren Durchläufen durch den Modellierungskreislauf weitere Aspekte der Realität hinzugefügt. Bei komplexen Situationen sind also in der Regel mehrere Durchläufe durch den Modellierungskreislauf erforderlich und zu Beginn kann nicht der ganze Modellierungsprozess antizipiert werden: man beginnt zu arbeiten unter der Unsicherheit, dass man nicht den ganzen Lösungsweg überblicken kann. Gerade diese Komplexität ist es, die das Bearbeiten solcher Modellierungsprobleme im Standardunterricht schwierig macht und daher die Modellierungstage als geeignete Lernumgebung nahelegt. Die Vielfalt der zu berücksichtigen Aspekte macht es im Modellierungsprozess unerlässlich, zunächst einzelne Aspekte auszuwählen und zu untersuchen. Dies macht die Fragestellungen offen, da bei dieser Auswahl die Schülerinnen und Schüler unterschiedliche Entscheidungen treffen können. Daneben müssen oft Annahmen getroffen werden, wie z. B. über einzelne Parameter wie die Dauer für das Ein- und Aussteigen an einer Bushaltestelle.

Ein zweiter Aspekt der Komplexität bei Modellierungsfragestellungen ist die Komplexität der bei der Modellierung auftretenden Mathematik. Da in den Modellierungstagen sichergestellt werden muss, dass die Schülerinnen und Schüler über die für die Bearbeitung der Fragestellung benötigten mathematischen Kenntnisse verfügen, muss diese Komplexität entsprechend beschränkt sein. Dies stellt Anforderungen an die Aufgabenentwicklung, da viele interessante Fragestellungen schnell zu mathematischen Modellen führen, die die Möglichkeiten der Schulmathematik übersteigen.

Im Rahmen der Modellierungstage stellt die eigene Datenrecherche einen wesentlichen Teil der Modellierungsaktivität dar. Daher werden den Schülerinnen und Schülern zunächst keine Daten zur Verfügung gestellt, auch weil vorgegebene Daten das Treffen von Annahmen und Vereinfachungen häufig stark beeinflussen. Wenn wichtige Daten durch Recherche nicht gefunden werden können, so müssen diese vorhanden sein und auf Nachfrage zur Verfügung gestellt werden.

2.2.1 Bushaltestellen

„Wie weit sollten Bushaltestellen voneinander entfernt liegen?" (Kaiser und Stender 2013). Wenn man zu Fuß auf dem Weg zu einer Bushaltestelle befindet, möchte man die nächste Bushaltestelle möglichst nahe an der eigenen Haustür haben. Wenn man für jeden Nutzer der Buslinie diesen Anspruch erfüllen will, liegen die Bushaltestellen sehr nahe beieinander. Sitzt man jedoch im Bus, möchte man möglichst schnell ans Ziel kommen, der Bus sollte also möglichst selten halten, die Bushaltestellen also einen möglichst großen Abstand voneinander haben. Die Planer des öffentlichen Nahverkehrs müssen diese beiden Aspekte berücksichtigen und ein irgendwie geartetes Optimum für den Abstand zischen Bushaltestellen finden.

Für dieses Problem kann man zunächst eine lange Liste von Einflussfaktoren finden. Schülerinnen und Schüler orientieren sich dabei häufig an konkreten Routenplänen und den notwendigen Haltestellen an Schulen, Krankenhäusern und Einkaufszentren. Diese erlaubt jedoch keinen Optimierungsprozess, der über intuitive Einschätzungen hinausgeht. Für eine quantitative Optimierung unter Verwendung mathematischer Hilfsmittel ist die Abstraktion zu einer geraden Buslinie mit äquidistanten Bushaltestellen hilfreich. Dann werden durchschnittliche Fahrzeit und Gehwegzeit unter der Verwendung sinnvoller Annahmen (Gesamtfahrtstrecke, Geschwindigkeit des Busses, etc.) berechnet und für verschiedene Abstände zwischen den Bushaltestellen tabelliert. Aus solchen Tabellen können dann Aussagen über sinnvolle Abstände entnommen werden. Dann können weitere Einflussfaktoren berücksichtigt werden um konkretere Situationen zu beschreiben.

Für Schülerinnen und Schüler ergeben sich bei dieser Fragestellung zwei Kernprobleme: zum einen der Hang zu konkreten und damit zu komplexen Situationen. Abstrahieren führt hier zu einer Vereinfachung, die die Situation überhaupt fassbar macht. Die zweite Schwierigkeit ist das Konzept des Optimierens: diese für mathematisch Gebildete klare Konzept benötigt ein sicheres Umgehen mit funktionalem Denken, das in Jahrgang 9 meist nicht ausgebildet ist. Schülerinnen und Schüler verwenden das Wort „optimal" im Alltag eher wie „intuitiv ganz gut". Dies führt im Modellierungsprozess oft dazu, dass Annahmen getroffen werden, die eigentlich Ergebnis der Modellierung sein sollten, wie z. B. „500 m Abstand zwischen den Bushaltestellen ist gut." Auf diese beiden Kernprobleme müssen die Betreuungspersonen während der Modellierungstage sinnvoll reagieren (Abb. 2 und 3).

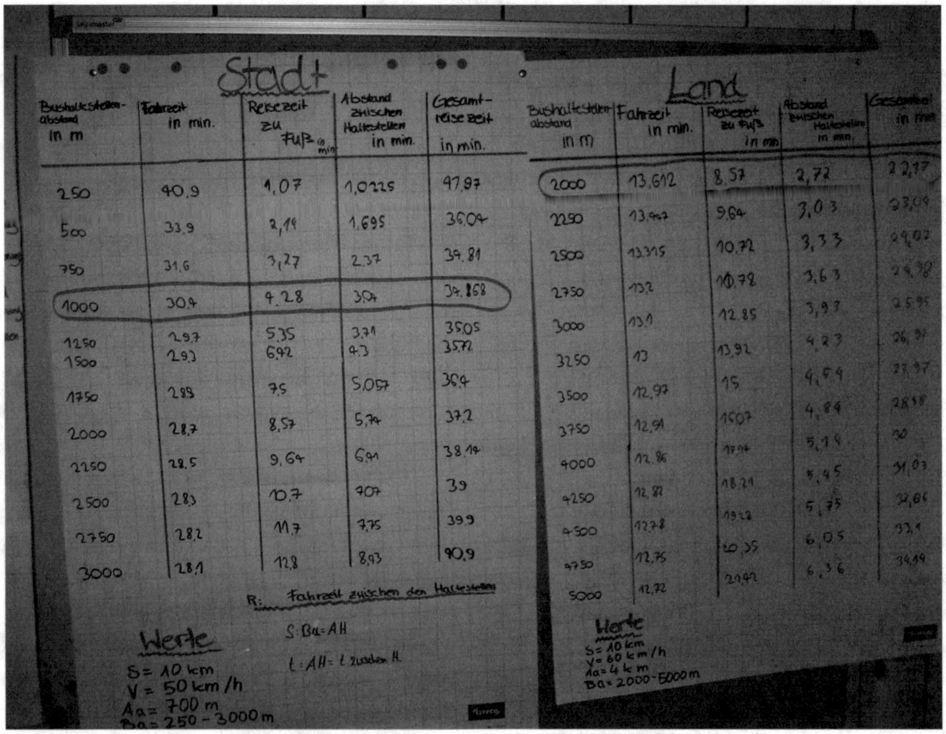

Abb. 2 Lösungsbeispiel Bushaltestellen. (© Peter Stender 2021)

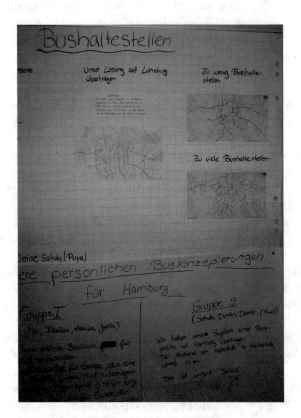

Abb. 3 Lösungsbeispiel Bushaltestellen. (© Peter Stender 2021)

2.2.2 Bundesjugendspiele

„Ist das Punktesystem bei den Bundesjugendspielen gerecht?" Für die Urkunden- und Punktevergabe bei den Bundesjugendspielen in der Leichtathletik liegen für die einzelnen Disziplinen in Abhängigkeit von Geschlecht und Alter Tabellen vor, diese Tabellen beruhen jedoch auf ebenfalls öffentlich zugänglichen Funktionen[2], in denen die genannten Abhängigkeiten durch unterschiedlich gewählte Parameter realisiert werden. Ebenfalls geschlechtsspezifisch und gestuft nach Alter werden die Grenzen für das Erreichen von Siegerurkunde und Ehrenurkunde tabelliert.

In der Bearbeitung der Fragestellung muss der Ausdruck „gerecht" geklärt werden. Für Schülerinnen und Schüler ist ein in der Regel nahezu umgehend wichtiger Aspekt, dass Jungen und Mädchen die gleichen Chancen auf eine Urkunde haben sollten. Nach intensiverer Arbeit wird teilweise auch noch die Gleichbehandlung der unterschiedlichen Disziplinen betrachtet: hat jemand, der besonders gut im Kugelstoßen ist, die gleichen Chancen auf eine Urkunde, wie jemand, der besonders gut im Sprint ist?

Ähnlich wie bei dem Problem „Bushaltestellen" versuchen die Schülerinnen oft zunächst intuitive Lösungen zu

---

[2]https://www.bundesjugendspiele.de/wai1/showcontent.asp?ThemaID=4538

kreieren. Sehr beliebt dabei ist die Einführung von Ausgleichsnachteilen für kleinere oder schwerer Menschen, die dann ohne genaue inhaltliche Begründung festgelegt werden. Die Tatsache, dass es bei Sportwettkämpfen, in denen jede körperliche Disposition zu Malus- oder Bonuspunkte kompensiert würde, dazu führen würde, dass letztlich jeder / jede die gleiche Punktzahl erhält, ist oft nur schwer vermittelbar und stellt eine wichtige Hürde in diesem Modellierungsprozess dar.

Die zentrale Voraussetzung für die Bearbeitung der Fragestellung ist das Verständnis der Funktionen, die der Punktevergabe zugrunde liegen, sowie der verwendeten Parameter. Der Vergleich dieser Funktionen führt dann zu teilweise erstaunlichen Ergebnissen. Ein Vergleich mit vorhandenen Ergebnissen aus der eigenen Schule oder mit Bestleistungen von Jahrgangsmeistern in einzelnen Disziplinen kann weitere Aspekte zutage bringen, die Kritik an dem aktuellen Punkteschema begründen können.

2.2.3 Turbinenversenkregner

Die Firma Gardena vertreibt sogenannte Turbinenversenkregner, also Geräte zur Gartenbewässerung, die im Garten fest verbaut werden und bei Nichtverwendung automatisch im Boden versenkt werden. Diese Turbinenversenkregner können Kreissegmente mit gewissen Radien und Segmentwinkeln bewässern. Da diese Regner (zusammen mit den Zuleitungen für das Wasser) fest verbaut werden, muss man sich vor dem Einbau genau über die Position der Turbinenversenkregner Klarheit verschaffen. „Wie sollen Turbinenversenkregner optimal platziert werden?" ist daher die Frage dieser Modellierungssituation (Bracke 2004). Da man mit Kreisen eine Fläche nicht lückenlos und überdeckungsfrei parkettieren kann, müssen entweder Flächen mit Mehrfachbewässerung akzeptiert werden oder Flächen, die nicht beregnet werden. Beide Probleme sollten möglichst klein gehalten werden.

Zunächst werden Schülerinnen und Schüler versuchen, mit zeichnerischen Lösungen für einen bestimmten Garten eine Bewässerungsplanung zu realisieren. Konzeptionell ist jedoch eher die Situation eines Verkäufers in einem Baumarkt in den Blick zu nehmen, der mit den Gartensituationen unterschiedlicher Kunden konfrontiert ist und sinnvoll beraten muss, wie die Turbinenversenkregner platziert werden sollten. Ein gutes Ergebnis dieser Modellierungsfragestellung beschreibt also ein Verfahren, mit dem für einen beliebigen Garten ein Bewässerungsplan erstellt wird, gegebenenfalls in Abhängigkeit von Kundenprioritäten hinsichtlich der Frage der Mehrfachbewässerung/Trockenflächen.

Der zentrale Zugang für dieses Problem ist die Zurückführung des allgemeinen Problems auf geometrische Grundformen (Dreiecke, Sechsecke, Quadrate und Rechtecke), mit denen Flächen parkettiert werden können. Für diese Grundformen können Regeln aufgestellt werden und

beispielsweise prozentuale Trockenflächen oder Mehrfachbewässerungen berechnet werden. Daraus kann ein Plan für die Erstellung eines Bewässerungskonzeptes mit Turbinenversenkregnern entwickelt werden.

Mittlerweise werden Konturenregner angeboten, die das Problem technisch lösen, aber deutlich teurer sind, als die Kreissegmentregler, womit ein guter Grund dafür vorliegt, diese Regner bei der Planung nicht zu berücksichtigen.

2.2.4 Ampel versus Kreisverkehr

In vielen Regionen Europas werden Straßenkreuzungen oft in Form von Kreisverkehren umgebaut. Für die Straßenplaner stellen sich dabei unterschiedliche Fragen in Bezug auf die Auswirkungen auf den Verkehr. Ein Aspekt dabei ist die Frage: „In welcher Form der Straßenkreuzung kann mehr Verkehr abgewickelt werden: Kreisverkehr oder Ampelschaltung?" (Stender 2016).

Man kann diese Frage für spezielle Kreuzungen stellen und mithilfe statistischer Verfahren die Leistungsfähigkeit der Verkehrsknoten ermitteln, dies beantwortet jedoch nicht die generelle Frage, insbesondere nicht für den Stadtplaner, der die Frage ja beantworten muss, bevor die Kreuzung entsprechend gebaut wird. Hierfür gilt es durch Berechnungen über mögliche Verkehrsbewegungen einen maximalen Verkehrsdurchsatz für die beiden Kreuzungsmodelle zu finden. Grundlegend hierfür sind die Bewegungsformeln für gleichmäßige und gleichmäßig beschleunigte Bewegungen aus der Physik sowie stochastische Simulationen für den Kreisverkehr, die nicht notwendig Computergestützt realisiert werden müssen. Beide Prozesse sind so komplex, dass es meistens sinnvoll ist, die beiden Kreuzungstypen in unterschiedlichen Kleingruppen zu bearbeiten, wobei Abstimmungen über die verwendeten Parameter notwendig sind.

2.2.5 Bekleidungsgrößen

Unter dem Label „SizeGERMANY" wurden 2007 13.362 Männern, Frauen und Kindern, zwischen 6 und 87 Jahren hinsichtlich ihrer Körpermaße erfasst. Diese Daten werden unter anderem verwendet, um in Bekleidungsindustrie die Schnitte für die unterschiedlichen Größen eines Kleidungsstücks so zu realisieren, dass die Größenkollektion letztendlich möglichst vielen Kunden passt.

„Wie sollten die Bekleidungsgrößen optimal festgelegt werden?" Diese Frage wird entsprechend dem Projekt SizeGERMANY den Schülerinnen und Schülern gestellt. Dazu stehen selbst erhobene Daten von 200 Personen zur Verfügung. Diese Daten geeignet zu ordnen, zu segmentieren und dann mit sinnvollen Kenngrößen zu sinnvollen Bekleidungsgrößen zu kommen ist Aufgabe der Schülerinnen und Schüler. Interessant ist, dass in einigen Gruppen nach „Körpertypen" unterschieden wurde (lang-schlank, beleibt, mittel) wie es für Anzuggrößen üblich ist, die jedoch in der Regel nicht zu den für die Schülerinnen und Schülern üblichen

Bekleidung gehören. Dann wurden die Daten nach Körpergröße sortiert und in fünf Gruppen eingeteilt. Für jede Gruppe wurden denn für die weiteren Körpermaße Mittelwerte berechnet, aus denen die Konfektionsgrößen bestimmt wurden.

2.2.6 Positionierung von Rettungshubschraubern

In einem großen Skigebiet sind für 109 Standorte die Anzahlen der Unfälle der letzten Saison bekannt. In diesem Skigebiet soll jetzt entschieden werden, wie drei Rettungshubschrauben positioniert werden, um das Gebiet optimal zu versorgen (Ortlieb 2009).

Hier müssen zwei Ansätze verfolgt werden, die miteinander in Wechselwirkung stehen. Einerseits die sinnvolle Segmentierung des gesamten Gebiets in drei (nicht notwendig disjunkte) Teile, andererseits die optimale Positionierung eines Hubschraubers innerhalb eines dieser Teile.

Auch hier ist eine große Hürde, dass die Optimierung durch Variation des Standortes realisiert werden muss, wobei eine davon abhängige Kenngröße (beispielsweise die Gesamtflugdauer vom Standort zu allen möglichen Einsatzorten) minimiert wird. Dies beinhaltet (wie bereits bei der Fragestellung Bushaltestelle), dass die Schülerinnen und Schüler die Grundlagen funktionalen Denkens erfasst haben, was meist nicht der Fall ist. Die zentrale Hürde in dieser Aufgabe ist der Übergang von einer intuitiven zeichnerischen Lösung, bei der drei Kreise über dem Skigebiet positioniert werden, zu einer quantitativ fundierten Lösung auf Basis einer Kenngröße. Da der Datenumfang sehr groß ist, kann dies letztlich nur unter Verwendung eines Computers und beispielsweise einer Tabellenkalkulation geschehen. Jedoch können bereits systematische Rechenansätze mit wenigen (zwei, drei, vier) Standorten dazu führen, dass ein Lösungsschema gefunden wird, sodass offensichtlich eine sinnvolle Lösung durch Anwendung dieses Lösungsschemas auf den gesamten Datensatz erreicht werden könnte, auch wenn diese nicht immer realisiert wird (Abb. 4).

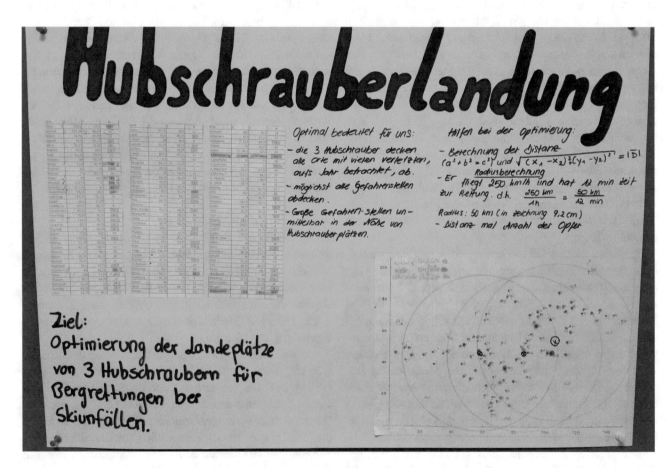

Abb. 4 Lösungsbeispiel Hubschrauberlandeplätze. (© Peter Stender 2021)

2.3 Unterstützungsansätze

Während der Modellierungstage sollen die Schülerinnen und Schüler zwar so selbständig wie möglich arbeiten, eine Betreuung dieser Arbeit durch eine Lehrperson ist jedoch unerlässlich. Dabei treten zwei Aspekte für die Betreuung auf: einerseits die allgemeinen didaktischen Grundsätze, die bei jeder Form der Anleitung zur Gruppenarbeit wirksam sind (z. B. Tschekan 2011), andererseits Grundsätze, die spezifisch für mathematisches Arbeiten bzw. Modellieren sind. Beide Aspekte werden hier kurz dargestellt, da sie zentral für die Vorbereitung der Oberstufenschülerinnen und -schüler auf die Betreuungstätigkeit während der Modellierungstage sind.

2.3.1 Gruppenarbeit betreuen

Die Bearbeitung von komplexen realitätsnahen authentischen Modellierungsproblemen in der Schule muss in Form von Gruppenarbeit geschehen. Die im Modellierungsprozess auftretenden Schwierigkeiten sind so vielfältig, dass einzelne Schülerinnen und Schüler damit überfordert wären. Kommen innerhalb einer Lerngruppe jedoch die Kompetenzen mehrerer Schülerinnen und Schüler zusammen, kann die Gruppe zu Ergebnisse kommen, die weit über das hinausgehen, was einzelnen möglich ist.

Dieser Sachverhalt wird beispielsweise durch die von Maaß (2004) auf empirischer Grundlage gebildeten Idealtypen von Schülerinnen und Schülern beim Modellieren begründet. Basierend auf der Haltung zur Mathematik und der Haltung gegenüber Anwendungsbezügen konnte Maaß vier Idealtypen identifizieren:

	Positive Haltung zur Mathematik	Negative Haltung zur Mathematik
Positive Haltung zu Modellierungsproblemen	Reflektierend	Mathematikfern
Negative Haltung zu Modellierungsproblemen	Realitätsfern	Desinteressiert

Diesen vier Idealtypen kommen in der Gruppenarbeit im Modellierungsprozess unterschiedliche Rollen zu: während der mathematikferne Typ Stärken bei der Bildung des realen Modells sowie der Validierung der Ergebnisse einsetzt, kommt der realitätsferne Typ beim innermathematischen Arbeiten zum Zuge. Der reflektierende Typ ist besonders gefragt an der Schnittstelle zwischen Realität und Mathematik. Der Typ „desinteressiert" weist darauf hin, dass auch mit Modellierungsaktivitäten keine Wunder zu erwarten sind: es gibt immer Schülerinnen und Schüler mit geringer Motivation, die den Arbeitsprozess kaum voranbringen. Manchmal wird dieser Typ während der Vorbereitung der Präsentation bei der Erstellung des Plakates aktiv.

Gewisse Grundvoraussetzungen müssen für die erfolgreiche Realisierung jeder Gruppenarbeit sichergestellt werden (Tschekan 2011). Dazu gehört eine Sitzordnung, in der die Gruppenmitglieder sich gegenseitig ansehen können und produktiv kommunizieren können, ohne dass äußere Störungen (z. B. Geräuschpegel im Raum) auftreten. Wird mit Material gearbeitet (Computer, Simulationsmaterial, gemeinsame Zeichnungen) ist es wichtig, dass alle Gruppenmitglieder an der Nutzung des Materials partizipieren können, sodass nicht einzelne von Mitarbeit abgeschnitten werden. Betreuungspersonen müssen darüber hinaus die Qualität der Kommunikation innerhalb der Gruppen mit im Blick haben: wird sachbezogen argumentiert, wird fair miteinander umgegangen, kann jeder/jede die etwas beitrage? Zeigen sich hier Probleme, die den Gruppenarbeitsprozess belasten, müssen die Betreuungspersonen intervenieren.

Zech (1996) hat für das Bearbeiten von Problem ein fünfstufiges Interventionsschema dargestellt, das dort für die Mathematik entwickelt wurde, jedoch auch unmittelbar auf anderen Fächer übertragen werden kann. Zunächst schlägt Zech zwei Stufen der Motivation vor, wenn die Arbeit an dem Problem stockt: als erstes reine Motivationshilfen (Ihr werdet das schon schaffen!) und dann positive Rückmeldungen (Ihr seid auf dem richtigen Weg!). Mit diesen Motivationshilfen können naturgemäß auch nur bei Motivationsproblemen erfolgreich interveniert werden. Treten fachliche Probleme auf soll nach Zech zunächst strategisch, dann inhaltlich-strategisch interveniert werden und nur wenn dies nicht zum Erfolg führt sollen inhaltliche Hilfen gegeben werden. Im nächsten Abschnitt werden spezifische Beispiele für strategische Hilfen beim Modellieren gegeben.

Eine strategische Intervention, die sich als sehr wirkmächtig erwiesen hat ist die Aufforderung an die Lerngruppe, den aktuellen Arbeitsstand zu beschreiben: „Wo seid ihr gerade?". Hierfür wurden von Stender (2016) deutliche empirische Befunde vorgestellt. Diese Intervention führt dazu, dass die vorhandenen Ergebnisse erläutert werden zusammen mit den Überlegungen, die zu diesen Ergebnissen führten. Die Darstellung der Ergebnisse zwingt dabei die Schülerinnen und Schüler dazu, die eigenen Gedankengänge zu strukturieren, die wichtigen Annahmen und Überlegungen herauszustellen und die eigenen Argumente klar zu benennen. Diese Strukturierung der eigenen Arbeit führt zum einen dazu, dass die eigenen Überlegungen reflektiert werden und gegebenenfalls vorhandene Unstimmigkeiten identifiziert werden. Dann kann die Gruppe ohne weitere Intervention der Betreuungsperson daran arbeiten, diese Unstimmigkeiten zu klären. War die Gruppe gerade an einem Punkt angekommen, an dem sie nicht weiterarbeiten konnte, führt diese strukturierte Reflektion zuweilen dazu, dass die Gruppe die weiteren sinnvollen Arbeitsschritte selbständig erkannte und ohne weiteres Eingreifen weiterarbeitete. Neben der reflektierenden und strukturierenden

Wirkung der Darstellung der eigenen Ergebnisse ermöglicht diese Intervention der Betreuungsperson auch eine gute Diagnostik der Arbeit der Schülerinnen und Schüler. Genaues Zuhören und gegebenenfalls Nachfragen führt zu einem umfassenden Bild der Arbeit und ermöglicht es bei Problemen, eine fundierte Hilfe zur Überwindung des Problems zu gehen. Die strategische Intervention „Wo seid ihr gerade?" kann also sowohl zum Überwinden von Situationen eingesetzt werden, in denen die Schülerinnen und Schüler nicht wissen, wie sie weiterarbeiten sollen, als auch als sporadisch eingesetztes Steuerungsinstrument für die Gruppenarbeit. Eine detailliertere Darstellung der Interventionsmöglichkeiten findet sich in Stender (2018, 2019).

2.3.2 Modellierungstätigkeit betreuen

Bei der Realisierung von Modellierungstätigkeiten ist ein Modellierungskreislauf das zentrale Strukturierungselement für die Arbeit. Ist der Modellierungskreislauf den Schülerinnen und Schülern nicht bekannt, ist es sinnvoll, diesen nach einiger Zeit selbständigen Arbeitens vorzustellen. Meist beginnen Schülerinnen und Schüler bei den hier dargestellten Fragestellungen zunächst selbständig damit, die reale Situation zu klären und zuweilen auch erste Ideen zu realisieren. Nach dieser Phase ist es sinnvoll, die bisherige Arbeit zu reflektieren und mithilfe des Modellierungskreislaufes zu strukturieren. Dies verdeutlicht den Schülerinnen und Schülern die nächsten wichtigen Schritte:

- Starkes Vereinfachen der realen Situation.
- Treffen von geeigneten Annahmen.
- Mathematisieren des so entstandenen realen Modells und dann rechnen im mathemaischen Modell.
- Rückübersetzen der Ergebnisse in die Realität und überprüfen, inwieweit die Ergebnisse die Fragestellung sinnvoll beantworten.
- Von vorne beginnen.

Diese Arbeitsschritte stellen die Schülerinnen und Schüler vor große Hürden.

- Die Vereinfachung der Situation wird häufig aus zwei Gründen als nicht sinnvoll angesehen: zum einen soll doch gerade die Realität in den Modellierungstagen betrachtet werden. Wenn man jetzt so stark vereinfacht, sei die Situation nicht mehr real, das Ansinnen der Modellierungstage würde also nicht erfüllt. Der zweite Einwand ist, dass es doch viel besser sei, gleich die ganze Situation zu bearbeiten, dann erspare man es sich, von vorn anzufangen. Hier muss eingehend erläutert werden, dass die Situationen viel zu komplex sind, um sie in einem Anlauf zu bewältigen – auch für Menschen die schon viel modelliert haben. Daher ist es unvermeidbar, *zunächst* ganz einfache Situationen zu untersuchen und

diese dann nach und nach immer komplexer zu gestalten. Ziel bleibe es dabei, letztendlich die komplexe Situation zu behandeln, aber eben nicht im ersten Anlauf.

- Welche Annahmen sind *geeignet* und welche machen im Rahmen der Modellierung keinen Sinn? Diese Frage ist zunächst schwer zu beantworten. Schülerinnen und Schüler treffen beispielsweise bei der Bushaltestellenaufgabe häufig am Anfang eine Annahme der Art, 500 m Abstand zwischen zwei Bushaltestellen sei gut. Als Einstieg in die Bearbeitung der Fragestellung ist so eine Annahme sinnvoll im Rahmen von systematischem Probieren und Erkunden der Situation. Aber letztlich soll eine Information dieser Art als Ergebnis des Modellierungsprozesses entstehen, kann also nicht als Annahme in die Überlegungen eingehen. Menschen mit mehr mathematischer Erfahrung wissen, dass die Annahmen im Modellierungsprozess im Wesentlichen Werte für die Parameter betreffen, jedoch beim Probieren *vorübergehend* weitere Annahmen getroffen werden können. Dies muss mit den Schülerinnen und Schülern jeweils abhängig von dem spezifischen Vorgehen diskutiert werden.

- Wenn Schülerinnen und Schüler einen ersten Durchgang durch den Modellierungskreislauf absolviert haben, entsteht bei ihnen häufig der Eindruck, ganz fertig zu sein. Es stellt eine große Herausforderung an die Betreuungspersonen dar, hier einerseits die Beschränktheit der bisher erreichten Lösung deutlich zu machen, andererseits dazu zu motivieren, diese Beschränktheit in einem weiteren Anlauf zu reduzieren. Dabei muss der Nutzen des bereits Erreichten deutlich gemacht werden.

Die Interpretation der mathematischen Ergebnisse in Hinblick auf die Realität stellt generell kein Problem in den Modellierungstagen dar. Der reale Kontext der Fragestellung ist in der Arbeit immer präsent, eine bedeutungslose Zahl als Resultat wurde in den Untersuchungen zu den Modellierungstagen nie beobachtet. Im Gegensatz zu Textaufgaben, wo absurde Ergebnisse häufig von Schülerinnen und Schülern kommentarlos akzeptiert werden, wurden bisher immer die Resultate der Rechnung sinnvoll im Kontext der realen Situation gedeutet. Die Probleme beim Arbeiten im mathematischen Modell entsprechen denen im üblichen Mathematikunterricht.

Heuristische Strategien wie sei z. B. von Pólya (2010) beschrieben wurden, können sehr hilfreich sein, um strategische Interventionen zu formulieren (Stender 2017, 2018). Hier nur einige Beispiele: Pólya (2010) formulierte: „Versuche symmetrisch zu behandeln, was symmetrisch ist, und zerstöre nicht mutwillig natürliche Symmetrie." Im Modellierungsprozess kann (und sollte) beim Vereinfachen Symmetrie sogar *erzeugt* werden. So ist bei der Fragestellung „Ampel versus Kreisverkehr" (zunächst) die Annahme sinnvoll, dass aus allen Straßen gleich viele Autos kommen (Rotationssymmetrie). Bei der Busaufgabe sollen alle Haltestellen gleich weit voneinander entfernt sein (Translationssymmetrie) und bei der Gartenbewässerung werden symmetrische Grundformen verwendet. Die Anregung, beim Vereinfachen der Situationen Annahmen zu treffen, die sie so symmetrisch wie möglich machen, ist also eine sinnvolle strategische Intervention.

„Unterteile dein Problem in Teilprobleme" ist eine heuristische Strategie, die schon im Konzept des mehrfachen Durchlaufens des Modellierungskreislaufes wirksam wird, die aber auch bei vielen Einzelschritten sinnvoll ist. Ein einfaches Beispiel ist die Umrechnung von Geschwindigkeitseinheiten, die von Schülerinnen und Schülern häufig (erfolglos) in einem Schritt versucht wird, obwohl es sinnvoll ist, erst die Zeiteinheit und dann die Längeneinheit umzurechnen.

„Wähle eine günstige Repräsentation für deine Situation!" Die Wahl einer guten Darstellung der Situation bzw. der Wechsel von einer vorhandenen Darstellung zu einer anderen ist oft der Schlüssel zum Lösen des Problems (Schnotz 2014). Bei der Untersuchung der Bundesjugendspiele kann ein Verständnis der Bepunktung nur erreicht werde, wenn die Formeln in Funktionsgraphen umgesetzt werden (basierend auf den Tabellen oder den Formeln). Zeichnet man dann mehrere dieser Graphen, erschließen sich einerseits die Parameter, andererseits treten Anomalien deutlich zutage.

Die Verwendung von heuristischen Strategien als strategische Interventionen muss durch die betreuende Lehrkraft gut vorbereitet werden. Zum einen muss eine intensive Beschäftigung mit den heuristischen Strategien selbst realisiert werden, zum anderen muss man üben, im eigenen Lösungsverhalten der Lehrkraft diese Strategien zu entdecken. Selbst dann benötigt man während der Betreuung der Modellierungstage Zeit, um bei einem vorliegenden Schülerproblem das adäquate eigene Vorgehen zu realisieren, die heuristischen Strategien zu analysieren und dann die Intervention zu formulieren. Spezielle vorbereitete Interventionen zu erwarteten Problemen bei den Schülerinnen und Schüler sind daher sehr entlastend (vgl. Stender 2018, 2019).

In Abschn. 2.2 wurden zu den einzelnen Modellierungsfragestellungen kritische Punkte angegeben, bei denen Schülerinnen und Schüler erwartungsgemäß Probleme während der Modellierungstage haben. In der Vorbereitung der Betreuung können für diese Punkte gute strategische Interventionen vorformuliert werden. Werden eigene Fragestellungen verwendet, so ist es hilfreich, die entsprechenden kritischen Punkte in der Vorbereitung zu antizipieren um Interventionen vorbereiten zu können. Dies geschieht am sinnvollsten durch Reflexion des eigenen Lösungsprozesses.

3 Der Pädagogikkurs

Der Pädagogikkurs findet als zweistündiger Kurs jahrgangsübergreifend für die Jahrgänge 11 und 12 im Wahlbereich statt und wurde im Jahr 2014 von dem Kollegen Helmut Springstein erstmals durchgeführt und danach ständig weiter entwickelt. Der Kurs erstreckt sich jeweils über ein Semester im 1. Halbjahr und wird benotet. Als Klausurersatzleistung wird die Betreuung der Schülerinnen und Schüler während der Modellierungstage gewertet. Die Kursgröße beträgt zwischen 15 und 20 Schülerinnen und Schüler.

Die Inhalte des Kurses können in drei Kategorien strukturiert werden:

- Allgemeine Vorgehensweisen beim Betreuen von Gruppenarbeit.
- Durchdringen der in den Modellierungstagen anstehenden Modellierungsfragestellungen.
- Spezifisches Wissen für die Betreuung von mathematischen Modellierungsprozessen.

Damit entsprechen die Inhalte dem in Abschn. 2.3.1, 2.2 und 2.3.2 Dargestelltem. Die Inhalte sind für den Kurs sehr umfangreich und komplex und können nur dadurch im Rahmen der zur Verfügung stehenden Zeit sinnvoll vermittelt werden, dass alle Beteiligten die Modellierungstage selbst als Teilnehmerinnen oder Teilnehmer erlebt haben. Dadurch kennen sie zumindest einen Teil der Modellierungsaufgaben und der organisatorische Ablauf und die Arbeitsatmosphäre während der Modellierungstage ist ihnen vertraut. Insbesondere haben sie persönlich erlebt, welche Art von Hilfen sie selbst benötigt haben und welche sie erhalten habe. Auch das Aushalten von Phasen der Unsicherheit, in denen man bei der Bearbeitung der Modellierungsprobleme nicht spürbar weiterkommt, ist als persönliche Erfahrung vorhanden. Darüber hinaus wird der Kurs durch die jahrgangsübergreifende Anlage unterstützt. Ein Teil der Schülerinnen und Schüler hat bereits einmal die Modellierungstage betreut und gibt im Rahmen des Kurses Erfahrungen an diejenigen weiter, die neu dabei sind.

Das Vorgehen beim Betreuen von Gruppenarbeit wird einerseits durch Reflexion der eigenen Erfahrung aus den Modellierungstagen und anderen Gruppenarbeit zusammengetragen als auch durch ergänzenden Lehrerinput. Ein zentraler Inhalt ist dabei die Durchführung von Kleinpräsentation von Zwischenständen während der Modellierungstage. Dies ist eine strukturierte Version der strategischen Intervention „Wo seid ihr gerade?" Jede Kleingruppe stellt die eigene bisherige Arbeit, den Sachstand und das weitere Vorgehen kurz dar. Dann erhält sie Feedback von den anderen Gruppen und von dem Betreuungsteam. Die Durchführung dieser Kleinpräsentationen wird im Pädagogikkurs in Rollenspielen geübt. Ein Fokus liegt dabei auf die Steuerung des Feedbackprozesses und dem Stellen sinnvoller Ergänzungsfragen.

Da auch während der Modellierungstage einzelne Schülerinnen und Schüler sich nicht in gewünschter Weise an der Gruppenarbeit beteiligen, werden Ansätze diskutiert, wie man diese in die Gruppe integrieren kann: klären der Gründe für das Verhalten im Gespräch, anregen von geeigneter Sitzordnung, sich in der Kleingruppe von allen nacheinander die eigene Arbeit am Problem erläutern lassen sind dabei einige der möglichen Ansätze. Hier sind teilweise die Oberstufenschülerinnen und Schüler besser aufgestellt als etablierte Lehrkräfte, weil sie aus ihrer alltäglichen Erfahrung solche Probleme kennen und sich gut in mögliche Lösungen einfühlen können.

Zum Durchdringen der Modellierungsprobleme muss jeder Teilnehmer/jede Teilnehmerin mindestens eins der Modellierungsprobleme, die im jeweiligen Durchgang in den Modellierungstagen bearbeitet werden, in Gruppenarbeit bearbeiten. Da eine gewisse Erfahrung im Modellieren im Kurs vorliegt, kann diese schneller geschehen, als in den Modellierungstagen selbst. Die Strukturierung des Modellierungsprozesses ist bekannt und wird vor der Bearbeitung nochmals bewusstgemacht:

1. Orientieren über die reale Situation und sammeln möglicher Einflussfaktoren.
2. Vereinfachung zum realen Modell durch Auswahl weniger Faktoren, die im ersten Durchgang verwendet werden sollen und Treffen von Annahmen für Parameter, ggfs. für Probierbeispiele.
3. Aufstellen eines einfachen mathematischen Modells und rechnen im Modell.
4. Interpretieren der Ergebnisse und erweitern des realen Modells. Erneut zu Schritt 1, 2 oder 3.

Das mathematische Arbeiten kann deutlich abgekürzt werden, da einerseits die Oberstufenschülerinnen und Schüler über erweiterte mathematischen Fähigkeiten verfügen und diese Phase in der späteren Betreuung sehr nahe am Standardunterricht ist, sodass hier viel persönliche Erfahrung vorliegt. Trotzdem wird thematisiert, dass während der Modellierungstage auch in diesen Phasen möglichst das selbständige Arbeiten unterstütz werden soll und möglichst wenig Inhaltlich geholfen werden soll.

Die Ergebnisse der eigenen Modellierungstätigkeit werden analog zum Vorgehen in den Modellierungstagen präsentiert – dies dient dann gleichzeitig als Rollenspiel für das Üben des Anleitens solcher Prozesse. Die getroffenen Entscheidungen und die verwendeten Vereinfachungen werden diskutiert ebenso wie die aufgetretenen Probleme. Auf diese Weise haben alle Kursteilnehmer einen Einblick in alle zur Anwendung kommenden Modellierungsprobleme.

Trotzdem wird angestrebt, dass jeder/jede später die Fragestellung betreut, die selbst auch wirklich bearbeitet wurde. Neben den selbst identifizierten besonderen Hürden im Modellierungsprozess werden auch die bekannten (siehe Abschn. 2.2) Hürden spezifisch für jede Fragestellung thematisiert und es werden dann mögliche Hilfen für das Überwinden der antizipierten Hürden vorbereitet. Dazu werden geeignete unterstützende Fragen formuliert aber auch weitere gestufte Hilfen im Sinne von Zech (1996), sodass sowohl strategische, also auch inhaltlich-strategische und inhaltliche Hilfen für die Betreuung der Modellierungstage vorbereitet werden. Soweit in den realisierten strategischen Hilfen heuristische Strategien zum Tragen kommen wird dies bewusst gemacht und die allgemeine Strategie an einzelnen Beispielen aus der Schulmathematik erläutert: Herstellen von Symmetrie, Nutzen von unterschiedlichen Repräsentationen, Zerlegen des Problems in Teile, etc.. Ein besonderer Fokus liegt außerdem auf dem geeigneten Vereinfachen der jeweiligen Fragestellung und auf der Frage, welche Annahmen hier sinnvoll sind. Konkrete wenig sinnvolle Annahmen, die aus der Erfahrung bekannt sind, werden thematisiert und es werden Wege formuliert, wie mit diesen umzugehen ist.

Ein weiteres Thema im Kurs ist die Einführung und Verwendung des Modellierungskreislaufes während der Modellierungstage: wie erklärt man die einzelnen Phasen des Modellierungskreislaufes, zu welchem Zeitpunkt führt man diesen ein und wie nutzt man den ihn für weitere Erklärungen und gegebenenfalls zur Motivation. Der Modellierungskreislauf sollte dabei unter Verwendung von Beispielen aus dem aktuellen Modellierungsproblem erläutert werden. Dies wird ebenfalls in Rollenspielen mit anschließendem Feedback durch den Kurs geübt.

4   Besonderheiten bei der Betreuung der Mittelstufe durch die Oberstufe

In den ersten Modellierungstagen in Hamburg wurde die Betreuung der Schülerinnen und Schüler von Lehramtsstudierenden der Universität Hamburg realisiert, die hierfür in einem Masterseminar vorbereitet wurden. Die Betreuung fand in Tandems von zwei Studierenden statt. Wenn Lehrerinnen und Lehrer der jeweiligen Schule Gruppen betreuten, haben diese vor dem Hintergrund ihrer umfangreicheren Erfahrung jeweils eine Gruppe allein betreut. Entsprechend sind die Betreuungsgruppen der Oberstufenschülerinnen größer, hier betreuen drei bis vier Schülerinnen und Schüler eine Gruppe. Bei der Zusammenstellung der Betreuungsgruppen wird darauf geachtet, dass diese heterogen sind in Hinblick auf Geschlecht, Jahrgang 11/12 sowie in Bezug auf die individuellen Stärken: es sollten sowohl Schülerinnen oder Schüler in einer Betreuungsgruppe sein, die mathematisch stark sind als auch solche, die in Bezug auf die pädagogischen Kompetenzen Stärken haben. Auf diese Weise realisiert sich während der Modellierungstage eine sinnvolle Arbeitsteilung und Teamarbeit zwischen den Oberstufenschülern.

In den Modellierungstagen kann nicht die gesamte Verantwortung für den Unterricht an die Oberstufenschülerinnen und -schüler übertragen werden. Daher sind immer Lehrkräfte präsent ("Backoffice") und unterstützen die Betreuenden. Im Gymnasium Süderelbe war dies der Fachlehrer im Pädagogikkurs, der auch die Gesamtkoordination der Modellierungstage innehatte sowie der Kooperationspartner der Universität Hamburg. Sofern für das Folgejahr aus schulorganisatorischen Gründen ein Wechsel in der Besetzung des Pädagogikkurses geplant ist, nimmt der/die dann zuständige Lehrkraft ebenfalls am Backoffice teil, um die Abläufe, Möglichkeiten und Grenzen kennenzulernen. Zum einen stehen die Lehrkräfte im Backoffice bei hartnäckigen Disziplinproblemen zur Verfügung und entlasten hier die Oberstufenschülerinnen und -schüler. Bei allen Fragen und Problemen in den Gruppen stehen die Lehrkräfte des Backoffice zunächst beratend bei. Nur wenn einzelne Probleme so nicht gelöst werden können, greifen sie direkt ein. Daneben verschaffen sich die Lehrkräfte regelmäßig einen Eindruck über die Arbeit in den Gruppen und die Betreuungsarbeit. Erscheinen zusätzliche Betreuungsimpulse notwendig, wird dies mit den verantwortlichen Schülerinnen und Schülern im Gespräch geklärt. Solche Situationen treten beispielsweise auf, wenn einzelne Gruppen im Modellierungsprozess so sehr in die Irre laufen, dass ein sinnvolles Ergebnis nicht erreichbar erscheint. Da dies ein sehr frustrierendes Misserfolgserlebnis für die Schülerinnen und Schüler der Mittelstufe wäre, wird dies durch geeignete Interventionen so weit möglich vermieden.

Das Backoffice steht darüber hinaus bei allen technischen Fragen zur Verfügung, z. B. in Bezug auf Computernutzung, Internetzugänge oder die Möglichkeit zu drucken oder zu kopieren. Wollen Schülergruppen Recherchen außerhalb des Schulgeländes durchführen, was gerade bei Verkehrsproblemen sinnvoll ist, wird das Backoffice involviert. Daneben werden vom Backoffice Absprachen durchgesetzt. In Projektwochen ist erfahrungsgemäß der Druck groß, den Unterricht frühzeitiger zu Beenden oder viel zu früh von der Modellierungsarbeit zur Vorbereitung der Präsentation überzugehen. Hier können sich die Betreuenden immer auf die mit den Lehrkräften im Backoffice getroffenen Absprachen berufen und sind dementsprechend in den Debatten mit den Schülerinnen und Schülern der Mittelstufe entlastet.

Wie in allen Aktivitäten, in denen Schülerinnen und Schüler komplexe Fragestellungen bearbeiten, kommt es zu Phasen, in denen die Arbeit stockt oder ganz zum Erliegen kommt. Diese Phasen sind oft notwendig, um

Zwischenergebnisse "sacken zu lassen", Frustrationen zu verarbeiten oder Ideen für das weitere Vorgehen zu entwickeln. In den Modellierungstagen gelang es den betreuenden Oberstufenschülerinnen und -schülern regelmäßig, die Schülerinnen und Schüler der Mittelstufe durch sinnvolle Fragestellungen und Impulse wieder zum Weiterarbeiten zu bewegen. Die Betreuenden sind auch in der Lage, bestehende Probleme zu erkennen und bei Bedarf Hilfe aus dem Backoffice nachzufragen und die jeweiligen Hinweise aufzunehmen und umzusetzen. Die Gesamtsteuerung des Arbeitsprozesses gelang gut, wobei ein wesentliches Instrument die regelmäßige Durchführung der Kleinpräsentationen ist, deren genaue Terminierung jeweils von dem Oberstufenschülerinnen adaptiv zum Arbeitsprozess der Mittelstufenschülern realisiert wurde.

5   Fazit und Ausblick

Die Modellierungstage sind ein komplexes Projekt, für dessen Gelingen verschiedene Rahmenbedingungen gegeben sein müssen:

- Der organisatorische Rahmen (Raumpläne, Gruppeneinteilung, Verfügbarkeit von Technik und Material, Präsentationsmöglichkeiten) ist in allen Projekttagen unabdingbar für den Erfolg.
- Für die Betreuung von Schülerinnen und Schülern bei der Bearbeitung von komplexen Modellierungsfragestellungen gelten teilweise andere Grundsätze als für traditionellen Unterricht, insbesondere wenn eine möglichst große Selbständigkeit der Schülerinnen und Schüler realisiert werden soll. Dieses muss gründlich vorbereitet werden.
- Komplexe Modellierungsprobleme sind häufig auch für erfahrene Lehrkräfte nicht unmittelbar lösbar. Das Durchdringen der spezifischen Fragestellung sowie die Kenntnis von Aspekten der Fachdidaktik zum Modellieren müssen daher Teil der Vorbereitung jeder Modellierungstage sein.

Mit dem Weg im Gymnasium Süderelbe, die Betreuung der Mittelstufenschülerinnen und -schüler in die Hände der Oberstufenschülerinnen und -schüler zu legen, ist es gelungen, diese Rahmenbedingungen mit den Mitteln der Schule aus eigener Kraft zu realisieren. Dabei waren die Erfahrungen aus den beiden vorangegangenen Jahren, in denen die Betreuung durch Studierende der Universität Hamburg und Lehrkräfte der Schule realisiert wurden jedoch zentral:

- Die Erfahrungen der jetzigen Oberstufenschülerinnen und -schüler, die selbst in der Mittelstufe die Modellierungstage erlebt haben.

- Die Erfahrungen der Lehrkräfte, die durch die Betreuung während der Modellierungstage Wirkmächtigkeit und Grenzen dieser Modellierungsaktivitäten erlebt haben und das organisatorische Wissen erworben haben.
- Die Erfahrungen aus den Lehrerfortbildungen und dem Masterseminar, in dem die Studierenden auf die Betreuung der Modellierungstage vorbereitet wurden, sind in die Entwicklung des Pädagogikkurses und die Betreuung seitens des Backoffice eingeflossen.
- Die unter anderem an der Universität Hamburg entwickelten Modellierungsfragestellungen stellten die fachdidaktische Grundlage für die Modellierungstage dar.

Die Einbettung der Modellierungstage in schulische Fachtage war eine Weiterentwicklung des fachspezifischen Projektes, die das Schulleben deutlich bereichert hat und den organisatorischen Rahmen der Modellierungstage vereinfacht hat. In diesem Sinne stellt die hier dargestellte Projektform einen (vorübergehenden) Endpunkt der mehrjährigen Entwicklung der Modellierungstage dar, die so sicherlich nicht direkt in einer Schule realisiert werden können.

Sollen Modellierungstage in einer Schule neu implementiert werden mit dem Ziel, die hier dargestellte Form zu realisieren, ist nach dem Gesagten eine zweijährige Übergangsphase erforderlich. In dieser Phase muss die Betreuung durch Lehrkräfte der Schule oder / und zusätzlich durch externe Partner realisiert werden. Dabei ist unverzichtbar, dass die Modellierungstage durch geeignete Fortbildungsveranstaltungen vorbereitet werden. In diesen Fortbildungen müssen sowohl die anstehenden Modellierungsprobleme selbst bearbeitet werden als auch relevante Inhalte aus der Fachdidaktik zum Modellieren (Typen von Maaß, Typen von Modellierungsfragestellungen, Interventionsformen, Modellierungskreisläufe) befasst werden. Der erforderliche Mindestumfang beträgt hier vier Sitzungen zu je vier Unterrichtsstunden. Günstig ist es, wenn möglichst die gesamte Fachschaft an diesen Fortbildungen teilnimmt, um für die folgenden Jahre eine breite Wissensbasis für die Modellierungstage im Kollegium zu realisieren. Diese Fortbildung ist dann auch ein gutes Fundament für die Behandlung einfacherer Modellierungsfragestellungen außerhalb der Modellierungstage.

Ist es gelungen, Modellierungstage auf diese Weise zweimal hintereinander umzusetzen, kann der Übergang in die hier dargestellte Form mit der Einbindung der Schülerinnen und Schüler aus der Oberstufe realisiert werden, da die Oberstufenschüler und Oberstufenschülerinnen dann selbst die Modellierungstage als Teilnehmerinnen und Teilnehmer erlebt haben. Unverzichtbar ist dabei, dass die Lehrperson, die den Pädagogikkurs unterrichtet und das Projekt organisiert, mit Begeisterung hinter der Idee steht: gerade in der Anfangsphase ist Aufwand erheblich und die Schülerinnen und Schüler der Oberstufe nehmen dann mit

Elan an dem Projekt teil, wenn die Lehrperson eben diesen ausstrahlt.

Die Einbettung in allgemeine Fachtage sollte ebenfalls im Aufwand nicht unterschätzt werden: Für die Modellierungstage wurde hier ein Curriculum mit Material und den notwendigen Überlegungen zu den Rahmenbedingungen vorgestellt, das über mehrere Jahre entwickelt wurde. Für andere Fächer muss dieses meist noch realisiert werden. Am Ende steht dann jedoch ein überzeugendes Konzept zum Projektlernen, das bei allen Beteiligten positive bleibende Erfahrungen hinterlässt und auf vielen Ebenen nachhaltige Lernprozesse initiiert.

Literatur

Blum, W. (1985). Anwendungsorientierter Mathematikunterricht in der Didaktischen Diskussion. In K.P Grotemeyer (Hrsg.), *Mathematische Semesterberichte* (Bd. 32, S. 195–232). Göttingen: Vandenhoek & Ruprecht.

Bracke, M. (2004). Optimale Gartenbewässerung – Mathematische Modellierung an den Schnittstellen zwischen Industrie, Schule und Universität. *Mitteilungen der Mathematischen Gesellschaft Hamburg, 23*(1), 29–48.

Kaiser-Messmer, G. (1986). Anwendungen im Mathematikunterricht. *Band 1 – Theoretiscche Konzeptionen*. Bad Salzdetfurth: Franzbecker (Texte zur mathematisch-naturwissenschaftlich-technischen Forschung und Lehre, 20).

Kaiser, G., Bracke, M., Göttlich, M., & Kaland, C. (2013). Realistic complex modelling problems in mathematics education. In R. Strässer & A. Damlamian (Hrsg.), *Educational interfaces between mathematics and industry*. 20th ICMI Study. (S. 299–307). New York: Springer.

Kaiser, G., & Stender, P. (2013). Complex modelling problems in cooperative, selfdirected learning environments. In G. Stillman, G. Kaiser, W. Blum, & J. Brown (Hrsg.), *Teaching mathematical modelling: Connecting to research and practice*. Proceedings of ICTMA15. (S. 277–294). Dordrecht: Springer.

Kaiser, G., & Stender, P. (2015). Die Kompetenz mathematisch Modellieren. In W. Blum, C. Drüke-Noe, S. Vogel, & A. Roppelt (Hrsg.), *Bildungsstandards aktuell: Mathematik in der Sekundarstufe II* (S. 95–106). Braunschweig: Schroedel.

Maaß, K. (2004). Mathematisches Modellieren im Unterricht. *Ergebnisse einer empirischen Studie*. Univ., Diss.-Hamburg, 2003. Hildesheim: Franzbecker (Texte zur mathematischen Forschung und Lehre, 30).

Maaß, K. (2010). Classification scheme for modelling tasks. *Journal für Mathematik Didaktik, 31*(2), 285–311.

Ortlieb, C. P. (2009). *Mathematische Modellierung: Eine Einführung in zwölf Fallstudien*. 1. Aufl. Wiesbaden: Vieweg + Teubner (Studium).

Pollak, H. O. (1979). The interaction between mathematics and other school subjects. In Unesco (Hrsg.), *New trends in mathematics teaching* (Bd. 4, S. 232–248). Unesco.

Pólya, G. (2010). *Schule des Denkens. Vom Lösen mathematischer Probleme*. 4. Aufl. Tübingen, Basel: Francke (Sammlung Dalp).

Schnotz, W. (2014). Visuelle kognitive Werkzeuge beim Mathematikverstehen. *Gesellschaft für Didaktik der Mathematik in Deutschland*. Koblenz, 2014, zuletzt geprüft am 20.10.2014.

Stender, P. (2016). *Wirkungsvolle Lehrerinterventionsformen bei komplexen Modellierungsaufgaben*. Dissertation. Springer Fachmedien Wiesbaden GmbH.

Stender, P. (2017). The use of heuristic strategies in modelling activities. *ZDM Mathematics Education, 50*(1–2), 315–326. https://doi.org/10.1007/s11858-017-0901-5.

Stender, P. (2018). Lehrerinterventionen bei der Betreuung von Modellierungsfragestellungen auf Basis von heuristischen Strategien. In R. Borromeo Ferri & W. Blum (Hrsg.), *Lehrerkompetenzen zum Unterrichten mathematischer Modellierung – Konzepte und Transfer* (S.101–122). Wiesbaden: Springer Spektrum.

Stender, P. (2019). Heuristische Strategien – ein zentrales Instrument beim Betreuen von Schülerinnen und Schülern, die komplexe Modellierungsaufgaben bearbeiten. In I. Grafenhofer & J. Maaß (Hrsg.), *Neue Materialien für einen realitätsbezogenen Mathematikunterricht 6*. ISTRON-Schriftenreihe. (S. 137–150). Wiesbaden: Springer Fachmedien Wiesbaden (Realitätsbezüge im Mathematikunterricht).

Tschekan, K. (2011). *Kompetenzorientiert unterrichten: Eine Didaktik*. 1. Aufl. Berlin: Cornelsen Scriptor (Scriptor Praxis - Unterrichten).

Vorhölter K., & Alwast A. (2021). Nutzen und Schwierigkeiten von Modellierungstagen aus Sicht von Lehrerinnen und Lehrern. In M. Bracke, M. Ludwig, & K. Vorhölter (Hrsg.), *Neue Materialien für einen realitätsbezogenen Mathematikunterricht*. Wiesbaden: Springer (5).

Vos, P. (2013). Assesment of modelling in mathematics: Examination papers: Ready-made models and reproductive mathematising. In G. Stillman, G. Kaiser, W. Blum, & J. Brown (Hrsg.), *Teaching mathematical modelling: Connecting to research and practice*. Proceedings of ICTMA15. Dordrecht: Springer, S. 479–488.

Zech, F. (1996). *Grundkurs Mathematikdidaktik: Theoretische und praktische Anleitungen für das Lehren und Lernen von Mathematik* (8., völlig neu bearb. Aufl.). Weinheim: Beltz.

Authentische und relevante Modellierung mit Schülerinnen und Schülern an nur einem Tag?!

Kirsten Wohak, Maike Sube, Sarah Schönbrodt, Christina Roeckerath und Martin Frank

Zusammenfassung

Komplexe Modellierungen im Schulalltag durchzuführen ist aufgrund von hohem Zeitdruck und organisatorischem Aufwand oft problematisch. Möglich ist jedoch an vielen Schulen eine Exkursion oder auch ein Projekttag. Hier stellt sich die Frage: Ist es möglich, authentische und relevante Modellierung mit Schülerinnen und Schülern innerhalb eines Tages durchzuführen? Unsere Antwort, vom Schülerlabor Computational and Mathematical Modeling Program (kurz: CAMMP), auf diese Frage lautet „Ja.": Im Rahmen eines eintägigen Workshops, bei uns CAMMP day genannt, können sich Schülerinnen und Schüler mit Hilfe von mathematischer Modellierung und Computereinsatz Lösungen zu interessanten Problemstellungen erarbeiten und so das selbstständige Modellieren erfahren. In diesem Beitrag erläutern wir die Organisation eines CAMMP days, die didaktisch-methodische Konzeption, geben einen Überblick über unsere Angebote und stellen exemplarisch einen CAMMP day im Detail vor.

K. Wohak (✉)
Steinbuch Centre for Computing (SCC), Karlsruher Institut für Technologie, Eggenstein-Leopoldshafen, Deutschland
E-Mail: wohak@kit.edu

M. Sube
Lehrstuhl A für Mathematik, RWTH Aachen, Aachen, Deutschland
E-Mail: maike.sube@rwth-aachen.de

S. Schönbrodt
Steinbuch Centre for Computing (SCC), Karlsruher Institut für Technologie, Eggenstein-Leopoldshafen, Deutschland
E-Mail: sarah.schoenbrodt@kit.edu

C. Roeckerath
MathCCES Department of Mathematics, RWTH Aachen, Aachen, Deutschland
E-Mail: roeckerath@mathcces.rwth-aachen.de

M. Frank
Steinbuch Centre for Computing (SCC), Karlsruher Institut für Technologie, Eggenstein-Leopoldshafen, Deutschland
E-Mail: martin.frank@kit.edu

1 Einleitung

Mathematische Modellierung spielt eine enorm große Rolle für unser alltägliches Leben sowie für Wissenschaft, Industrie und Wirtschaft (vgl. Pohjolainen und Heiliö 2016). Zudem haben mathematische Fragestellungen zur Funktionsweise von Anwendungen aus diesem Bereich (wie Suchmaschinen, Musikerkennungsprogramme oder GPS-Geräte) das Potenzial, Schülerinnen und Schülern gerade diese Relevanz zu vermitteln. Solche realen Problemstellungen weisen einen hohen Lebensweltbezug für Schülerinnen und Schüler auf und können nur mit mathematischen Methoden gelöst werden. Dadurch erfüllen sie sowohl das Kriterium der Authentizität als auch die Kriterien der (Schüler-)Relevanz, der Offenheit und der Problemorientierung für Modellierungsaufgaben (vgl. Maaß 2010; Eichler 2015). Im schulischen Alltag ist die Durchführung von umfangreichen Modellierungsprojekten aufgrund von Zeitdruck und hohem organisatorischen Aufwand oft problematisch. Durchführbar ist an vielen Schulen jedoch eine Exkursion oder auch ein Projekttag. Hier stellt sich die Frage, ob es möglich ist, authentische und relevante Modellierung mit Schülerinnen und Schülern innerhalb eines Tages durchzuführen.

Wir, das Schülerlabor Computational and Mathematical Modeling Program (kurz: CAMMP), haben uns dem Spannungsfeld zwischen dem Anspruch an authentische Modellierungsaktivitäten und den organisatorischen Rahmenbedingungen angenommen und Lehr- und Lernmaterial zu unterschiedlichen Problemstellungen, für verschiedene Zielgruppen und zu variierenden Rahmenbedingungen entwickelt. Im Folgenden werden die eintägigen Modellierungsworkshops, die CAMMP days, beschrieben.

Das Ziel der Problemstellungen eines Modellierungstages ist es, dass die Schülerinnen und Schüler selbst in die Rolle eines Forschers bzw. einer Forscherin schlüpfen und vorhandene Modelle vollständig oder zumindest in Teilen selbstständig behandeln. Hierbei wird der Computer verwendet. Dies ermöglicht zum einen die Bearbeitung von komplexen Problemstellungen im zeitlichen Rahmen eines Tages, indem Rechenzeit reduziert und die Nutzung neuer, unbekannter Methoden unterstützt wird, zum anderen ist es eine authentische Vorgehensweise beim Lösen derartiger Problemstellungen, die so auch in der Wissenschaft praktiziert wird.

Seit dem Jahr 2012 führen wir CAMMP days durch. Es nahmen bisher über 4100 Schülerinnen und Schüler an unseren Angeboten teil.

2 Organisatorischer Rahmen von CAMMP days

CAMMP days werden für Schulen auf Anfrage kostenlos sowohl an der RWTH Aachen als auch am KIT in Karlsruhe durchgeführt. Dabei handelt es sich um eintägige Workshops, welche ca. fünf Stunden Arbeitszeit umfassen. Die Tage können sowohl vor Ort in den Hochschulen (begleitet durch eine Lehrkraft) oder online stattfinden. Zum jetzigen Zeitpunkt existieren Themen, die ab der siebten Klasse durchgeführt werden können. Abhängig von der Mathematik, die zur Lösung der Problemstellung benötigt wird, wird die Zielgruppe des Themas bestimmt. Betreut werden die CAMMP days von studentischen Hilfswissenschaftlerinnen und -wissenschaftlern sowie wissenschaftlichen Mitarbeiterinnen und Mitarbeitern. Die begleitenden Lehrkräfte haben ebenfalls eine unterstützende Funktion.

Ein CAMMP day beginnt in der Regel um 9 Uhr und endet gegen 15 Uhr, wobei in diesem Zeitraum eine einstündige Mittagspause inbegriffen ist. Der generelle Ablauf sieht im Überblick dargestellt wie folgt aus, wobei die angegebenen Zeiten Richtwerte darstellen:

1. Begrüßung: Vorstellung des Schülerlabors und der Betreuenden, Tagesablauf (5 min)
2. Modellierungsvortrag durch einen wissenschaftlichen Mitarbeitenden anhand eines Beispiels aus der eigenen Forschung (20 min)
3. Einstieg in die Problemstellung (10 min)
4. Arbeitsphasen und Besprechungen (4 h)
5. Berufs- und Studienorientierung (10 min)
6. Reflexion, Evaluation und Tagesabschluss (15 min)

Das bedeutet, dass der Großteil des Tages den Schülerinnen und Schülern zum selbstständigen Arbeiten zur Verfügung steht. Während dieser Zeit durchlaufen sie selbst (einige Male) sämtliche Modellierungsschritte, welche in Form einer Modellierungsspirale im folgenden Abschnitt beschrieben werden.

3 Didaktisch-methodische Konzeption

Die Modellierungsaktivitäten werden bei CAMMP von der Vorstellung einer Modellierungsspirale[1] geleitet (vgl. Frank et al. 2018; The Computational Thinking Process Poster 2020).

In einem CAMMP day durchlaufen die Schülerinnen und Schüler bei ihrer Arbeit die vier Schritte Vereinfachen und Strukturieren, Mathematisieren, computergestützte mathematische Arbeit und Interpretieren und Validieren (vgl. Abb. 1). Nimmt man alle vier Schritte zusammen, so spricht man vom vierschrittigen Modellierungskreislauf, welcher auch häufiger durchlaufen werden kann. Der erste und letzte Schritt werden häufig im Plenum, gestützt durch eine Präsentation, gemeinsam mit allen Schülerinnen und Schülern durchgeführt (Schritt 3 und 6 in der Übersicht des Tagesablaufs). Die Modellbildung und das mathematische Lösen des Problems ist in den Arbeitsphasen und Besprechungen verortet (Schritt 4). In den Arbeitsphasen arbeiten die Schülerinnen und Schüler computergestützt mit der Software Julia[2] zusammen mit der Oberfläche Jupyterlab[3] oder mit GeoGebra[4]. Seit Oktober 2019 existiert zudem eine Onlineversion, sodass die Lehr- und Lernmaterialien im Browser[5] verwendet werden können und für die Durchführung keine Software installiert werden muss. Dadurch kann das Material sehr flexibel angeboten und leicht in den Unterricht eingebunden werden. Hierzu mehr in Abschn. 4.

Die interaktiven Jupyter-Notebooks sind aufgebaut wie Arbeitsblätter, die Schülerinnen und Schüler aus der Schule kennen. Sie beinhalten Passagen mit Erklärungen des Kontextes, aber auch Aufgabenstellungen. Diesen folgen Abschnitte, in denen die Schülerinnen und Schüler Formeln, Gleichungen oder Algorithmen eintragen können. Es liegt also eine Art Lückentext vor, sodass der Fokus bei der Nutzung nicht auf der Programmierung liegt, sondern auf der Mathematik. Vielmehr wird die Software

---

[1]Die Art der Spirale für das Modell der mathematischen Modellierung entspricht einer kanonischen Spirale (https://de.wikipedia.org/wiki/Konische_Spirale). Diese hat einen Endpunkt in der Spitze eines Kreiskegels, was hieße, dass beim mathematischen Modellieren immer die einzige endgültige korrekte Lösung gefunden werden kann. Dies ist im Allgemeinen nicht so.

[2]Weitere Informationen und Download unter https://julialang.org/downloads/.

[3]Weitere Informationen und Download unter https://jupyterlab.readthedocs.io/en/stable/getting_started/installation.html#.

[4]Weitere Informationen und Download unter www.geogebra.org/download.

[5]Zugriff über https://www.cammp.online/116.php.

Abb. 1 Computergestützte Modellierungsspirale. (©Computer-Based Math)

| 1 | Vereinfachung und Strukturierung der Realität | 2 | Mathematisierung des realen Models | 3 | Computergestützte mathematische Arbeit | 4 | Interpretation und Validierung der Lösung |

verwendet, um komplexe Rechenarbeit und die Anwendung von neuen Methoden (z. B. Lösung von Differenzialgleichungen oder nichtlinearen Gleichungssystemen) dem Computer zu überlassen. Zudem ist es möglich, für die Schülerinnen und Schüler eine Rückmeldefunktion zu integrieren, die direkt Feedback zu den eingegebenen Lösungen liefert. Bei der Nutzung von Mathematik zum Lösen der Problemstellung ist es nicht notwendig, dass jegliche Mathematik bereits mit den Schülerinnen und Schülern zuvor im Unterricht behandelt wurde. Vielmehr steht die Problemstellung im Vordergrund und die Schülerinnen und Schüler verwenden zielgerichtet neue mathematische Inhalte, die sie sich erarbeiten oder die ihnen zur Verfügung gestellt werden. Zudem werden die Schülerinnen und Schüler durch Arbeitsblätter und Infokarten oder Zusatzaufgaben zur Differenzierung (vgl. Meyer 2004) gemäß ihres Wissenstands und Lösungsfortschritts nach dem Prinzip der minimalen Hilfe (vgl. Aebli 2006) beim Löseprozess unterstützt. Die Schülerinnen und Schüler erarbeiten das Modell in Partnerarbeit. Hier besteht die Möglichkeit, Arbeit aufzuteilen und stets im Austausch kooperativ zu arbeiten. Im Laufe des CAMMP days werden verschiedene Modellveränderungen behandelt, die zum Lösungsfortschritt führen können. So werden die Modellierungsschritte in der Spirale nach und nach durchlaufen, da die berechnete Lösung sich stets verbessert.

Die Konzeption eines CAMMP days erfolgt häufig in Form einer Abschlussarbeit (vgl. Steffen 2016; Sube 2016; Wohak 2017). So ist eine Einbindung in die Lehramtsausbildung möglich. Es können hier zwei Typen von Abschlussarbeiten unterschieden werden: In der ersten Variante entwickelt eine Studentin oder ein Student zu einer realen Problemstellung eigenständig ein mathematisches Modell, implementiert dieses in einer Software und reflektiert die eigens durchlaufenden Modellierungsschritte mit Bezug zum Modellierungskreislauf bzw. zur Modellierungsspirale. Die Betreuung der Abschlussarbeit findet durch eine fachmathematische Wissenschaftlerin oder einen fachmathematischen Wissenschaftler statt. Der zweite Typ von Abschlussarbeiten ist die didaktisch-methodische (Weiter-)Entwicklung und Erprobung eines CAMMP days auf Basis einer Arbeit des ersten Typs oder eines bereits existierenden Workshops. Die Betreuung des Studierenden erfolgt durch ein Betreuerteam bestehend aus einer Fachmathematikerin oder einem Fachmathematiker sowie einer Didaktikerin oder einem Didaktiker (vgl. auch den Beitrag von Borromeo Ferri und Meister in diesem Band). Ausgehend von einer realen Problemstellung, die meist eng mit der Lebenswelt der Schülerinnen und Schüler verknüpft ist, diskutieren die Studierenden in dieser Variante der Abschlussarbeit fachwissenschaftliche sowie methodisch-didaktische Aspekte der mathematischen Modellierung, entwickeln einen computergestützten CAMMP day zu der gewählten Problemstellung, führen diesen mit einer Lerngruppe durch, evaluieren die Durchführung und setzen bei Bedarf Verbesserungen um.

Evaluationen werden nicht nur bei CAMMP days im Rahmen der Abschlussarbeit durchgeführt. Bei jedem CAMMP day erfolgt eine Evaluation des Tages durch die Schülerinnen und Schüler. Hierbei werden sie u. a. gefragt, ob sie die Schritte der mathematischen Modellierung verstanden oder ob sie die Aufgaben als zu schwer oder zu leicht empfunden haben. Die Ergebnisse der Evaluationen werden diskutiert und eingearbeitet. Hierdurch wird das Material iterativ weiterentwickelt und verbessert.

Zudem bieten wir eine Fortbildungsmöglichkeit für Lehrerinnen und Lehrer an. Die Schulklassen werden von einer Lehrkraft begleitet, die im Laufe des Tages die Problemstellung gemeinsam mit den Schülerinnen und Schülern auf Augenhöhe lösen kann. Hierdurch erhält auch sie Einblicke, wie mathematische Modellierung im Mathematikunterricht umgesetzt werden kann, und erhält Hinweise zu dem online Material.

4 CAMMP days im Unterricht

CAMMP days wurden in erster Linie zur Durchführung im Rahmen eines ca. fünfstündigen Projekttages entwickelt. Die Durchführung in diesem Format wurde an den Standorten von CAMMP in Karlsruhe und Aachen bereits vielfach erprobt. Im Rahmen eines Tages können die Schülerinnen und Schüler fernab vom alltäglichen Schulgeschehen tief gehend in die Problemstellungen eintauchen und eigenständig mathematische Modellierung betreiben. Durchaus bietet das Lernmaterial der CAMMP days auch Potenzial für den Einsatz unter schulnäheren Rahmenbedingungen. Die CAMMP days sind in einzelnen digitalen Arbeitsblättern realisiert, die eine inhaltliche Strukturierung vornehmen und so den Einsatz im Regelunterricht ermöglichen. Dabei wäre folgende methodisch-didaktische Umsetzung in einer Unterrichtsreihe denkbar:

Eine erste Unterrichtsstunde wird als Einführung in die Methode und prozessbezogene Kompetenz der mathematischen Modellierung verwendet. Dabei kann das Vorwissen der Schülerinnen und Schüler aktiviert werden. Zudem kann diskutiert werden, was sie unter mathematischer Modellierung verstehen und welche Bereiche sie kennen, in denen diese eine Rolle spielt. Anhand einer schülernahen Problemstellung können anschließend die Schritte eines vierschrittigen Modellierungskreislaufs (siehe Abb. 1) vorgestellt und diskutiert werden. Anschließend sollte, wie bei den beschriebenen CAMMP days, ein Einstieg in die Problemstellung, bspw. im Rahmen eines Kurzvortrags, stehen. So soll die Problemstellung erläutert und den Schülerinnen und Schülern die Möglichkeit gegeben werden Fragen zu stellen. Die drei darauffolgenden Unterrichtsstunden können zur Bearbeitung des Workshops genutzt werden, die in Partnerarbeit erfolgen kann. Die Lernenden können im selbstbestimmten Tempo an der Problemstellung arbeiten. Am Ende einer jeden Unterrichtseinheit kann zur Sammlung im Plenum wieder der Modellierungskreislauf zum Einsatz kommen, indem die Schülerinnen und Schüler reflektieren und einordnen, welche Schritte des Modellierungsprozesses sie bereits durchlaufen haben. Während der Bearbeitungsphase ist zu beachten, dass das Material die Verfügbarkeit von Computern, Laptops oder Tablets sowie Internetzugang voraussetzt. Eine Installation von Software ist für die Durchführung jedoch nicht notwendig. Auch bei der Durchführung im Regelunterricht sollte es das Ziel sein, dass die Schülerinnen und Schüler ganzheitlich mathematisch modellieren. Dazu sollten ein kompletter Durchlauf eines Modellierungskreislaufs und die Diskussion von weiteren Verbesserungen anvisiert werden.

Aufgrund der Vielfalt der durch CAMMP zur Verfügung gestellten Themen können diese passend zu den Inhalten des Mathematikunterrichts ausgewählt werden. Im Unterricht neu Erlerntes kann so mit interessanten und realen Problemen verknüpft und das Lernen von Mathematik kann ein Stück weit legitimiert werden. In Abschn. 5 sind die mathematischen Vorkenntnisse, die für die einzelnen Workshops notwendig sind, aufgelistet.

Weiterführend eignet sich das Material für die Durchführung in längerfristigen Projektzeiten (wie sie vielfach am Ende eines Schuljahrs stattfinden) oder für Schul-AGs, welche sich an naturwissenschaftlich interessierte Schülerinnen und Schüler richten. Wegen des fehlenden zeitlichen Drucks, entsprechende inhaltliche Themen zu behandeln, wäre hier eine offenere Bearbeitung der Problemstellungen als im Regelunterricht denkbar. Zudem bieten sich die Workshops zur Forderung und Förderung von leistungsstarken Schülerinnen und Schülern an, die parallel zum Regelunterricht oder auch als Heimarbeit individuell an den Problemstellungen arbeiten können.

5 Authentische, relevante und reichhaltige Fragestellungen

Bei der Wahl der Problemstellungen legen wir besonderen Wert auf reichhaltige, authentische und relevante Fragestellungen. Darunter verstehen wir das Folgende:

Basierend auf Winter (1995) sollen die Fragestellungen ermöglichen, „Erscheinungen der Welt um uns herum, die uns alle angehen oder angehen sollten, aus Natur, Gesellschaft und Kultur, in einer spezifischen Art wahrzunehmen und zu verstehen". Wir fokussieren dabei Natur, Wissenschaft und Industrie als Quellen der Fragestellungen (vgl.

Greefrath und Vorhölter 2016). Eine Fragestellung ist in unserem Sinn relevant, wenn sie Bestandteil der Lebenswelt der Schülerinnen und Schüler ist (vgl. Maaß 2010). Authentisch ist eine Aufgabe nach Vos (2011), wenn sie eine echte Situation beschreibt, deren Lösung durch Anwendung der Mathematik erfolgt, die auch in der Realität eingesetzt wird.

Weiterhin erachten wir eine Problemstellung als reichhaltig, wenn sie gemäß Pohjolainen und Heiliö (2016) folgende Kriterien erfüllt:

- Sie kann Interesse bei den Schülerinnen und Schülern wecken.
- Sie zeigt unterschiedliche Nutzungen eines Modells für unterschiedliche Zwecke.
- Sie beschreibt den Aufbau des Modells von einer einfachen Version bis hin zu präziseren und komplizierteren Fällen.
- Sie ist multidisziplinär und ihre Lösung erfordert Teamarbeit.
- Sie hilft zu verstehen, dass eine exakte bzw. perfekte Lösung oft nicht existiert.
- Sie zeigt konkrete Vorteile der Methode der mathematischen Modellierung.
- Sie verbindet verschiedene Inhalte der Mathematik.

Diesbezüglich ist es wichtig zu berücksichtigen, dass insbesondere mit zeitlichen Einschränkungen häufig Offenheit und kreatives Lösen von Aufgaben beeinträchtigt werden.

Aktuell bieten wir für die genannten Zielgruppen die Beschäftigung mit den folgenden Problemstellungen an, die in Abb. 2 dargestellt sind.

Das bedeutet im Einzelnen:

Sicherheit der Privatsphäre in sozialen Netzwerken (ab der 7. Klasse) In diesem Workshop erforschen Schülerinnen und Schüler der Sekundarstufe I oder II, wie gut man mithilfe einfacher mathematischer Regeln Vorhersagen über das Alter einer Person treffen kann. Dabei arbeiten sie mit echten Daten des sozialen Netzwerks Friendster. Die Schülerinnen und Schüler filtern die Daten, wenden Vorhersageregeln an und beurteilen die Güte der Vorhersagen. Ziel ist, über Praktiken von Netzwerkbetreibern aufzuklären und diese kritisch zu reflektieren. Mehr Informationen gibt es in Steffen (2018).

Mathematische Voraussetzungen für diesen Workshop sind: Erstellung von Boxplots und Baumdiagrammen.

Mit Laptop und Mathe für eine bessere Zukunft: Stromerzeugung durch Sonnenstrahlen (ab der 8. Klasse) In diesem Workshop planen Schülerinnen und Schüler ein Solarkraftwerk, welches mit Spiegeln und Sonnenstrahlung Energie gewinnt. Die Schülerinnen und Schüler lernen sogenannte Fresnelkraftwerke kennen. Sie beschäftigen sich mit der Frage, wie das Kraftwerk aufgebaut und betrieben werden muss, damit möglichst viel Energie erzeugt wird, und werten dazu reale Daten mithilfe eines

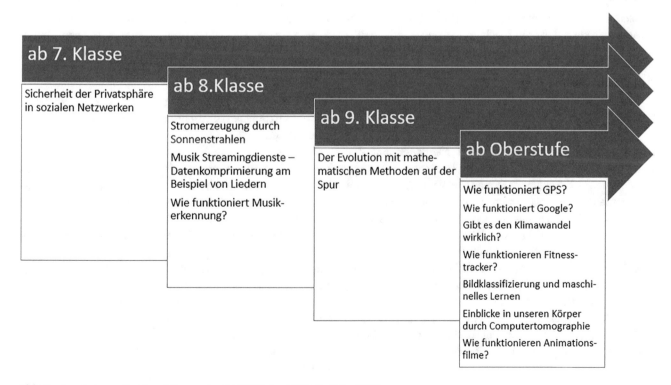

Abb. 2 Angebote von Problemstellungen im CAMMP day. (©Maike Sube 2021)

Simulationsprogramms mit einer graphischen Rückmeldung aus. Genauere Angaben sind in Krahforst (2016) zu finden.

Mathematische Voraussetzungen für diesen Workshop sind: Winkelpaare, Strahlensätze, Funktionsbegriff.

Musik Streamingdienste – Datenkomprimierung am Beispiel von Liedern (ab der 8. Klasse) Im Workshop entdecken die Schülerinnen und Schüler, wie man den Speicherplatz von Musik reduzieren kann. Bahnbrechend war die Entwicklung des mp3-Komprimierungsverfahrens. Die Schülerinnen und Schüler lernen zunächst, wie Musik am Computer dargestellt wird. Dann entwickeln sie eigene Kriterien für ein Komprimierungsverfahren und erstellen dieses. Am Ende des Tages können sie ausgewählte Lieder mit ihrem eigenen Verfahren komprimieren. Die Leitfrage lautet: Wie stark darf ich komprimieren, damit immer noch eine gute Qualität vorhanden ist? Weitere Informationen finden Sie unter Schmidt (2016).

Mathematische Voraussetzung für diesen Workshop ist: Funktionsbegriff.

Wie funktioniert eigentlich Musikerkennung und was hat das mit Mathe zu tun? (ab der 8. Klasse) Shazam ist eine App für das Smartphone, welche unbekannte Songs erkennt und der Nutzerin bzw. dem Nutzer alles über den Musiktitel mitteilt. Was Shazam so erfolgreich macht, ist die Idee, einen akustischen Fingerabdruck eines Lieds zu generieren. Im Workshop entdecken die Schülerinnen und Schüler die mathematischen Grundlagen eines Tons und die Endprodukte des mathematischen Handwerkszeugs für den akustischen Fingerabdruck – die Fourieranalyse. Die Fourieranalyse selbst wird als Blackbox behandelt. Sie erstellen selbst einen akustischen Fingerabdruck einer Beispielaufnahme und durchsuchen diesen in einer programmierten Datenbank. Mehr Informationen gibt es in Steffen (2016).

Mathematische Voraussetzung für diesen Workshop ist: Funktionsbegriff.

Der Evolution mit mathematischen Methoden auf der Spur (ab der 9. Klasse) In diesem Workshop erforschen Schülerinnen und Schüler, wie man die Verwandtschaft von Lebewesen mathematisch fassen und daraus Stammbäume erstellen kann. Sie arbeiten mit echten DNA-Daten aus der Datenbank NCBI, entwickeln verschiedene Abstandsbegriffe und validieren die mathematischen Methoden. Die Diskussion der Eigenschaften einer Metrik und die Erstellung eines Stammbaums mit Clusteringmethoden ergänzen das Tagesprogramm. Besonderer Fokus liegt hier auf der Validierung der Ergebnisse. Weitere Ausführungen finden Sie in Sube (2019).

Mathematische Voraussetzungen für diesen Workshop sind: relative Häufigkeit, arithmetisches Mittel, Median.

Wie funktioniert eigentlich GPS und was hat das mit Mathe zu tun? (für die Oberstufe) In dem Workshop beschäftigen sich die Schülerinnen und Schüler mit der Positionsberechnung in GPS-Geräten und deren Optimierung. Dazu stellen sie nichtlineare Gleichungssysteme auf und lösen diese mithilfe des Computers. Auch in diesem Workshop wird mit realen Daten gearbeitet. Genauere Angaben sind in Frank et al. (2018) und Wiener (2015) zu finden.

Mathematische Voraussetzungen für diesen Workshop sind: Gleichungssysteme.

Wie funktioniert eigentlich Google und was hat das mit Mathe zu tun? (für die Oberstufe) Der Erfolg von Google basiert auf dem PageRank-Algorithmus, dessen Funktionsweise im Workshop entdeckt wird. In Kleingruppen wird dazu ausgehend von einer beliebigen Seite das Internet durchsucht und eine Rangliste der gefundenen Seiten erstellt. Durch das Experimentieren mit kleinen Netzwerken wird die dahinterstehende mathematische Theorie erkundet. Der Workshop wird in der Bachelorarbeit von Schönbrodt (2015) genauer beschrieben.

Mathematische Voraussetzungen für diesen Workshop sind: lineare Gleichungssysteme.

Gibt es den Klimawandel wirklich? (für die Oberstufe) Spätestens seit „Fridays for future" ist der Klimawandel in aller Munde und wird rege in der Öffentlichkeit und Politik diskutiert. Aber wie kommen Wissenschaftlerinnen und Wissenschaftler überhaupt zu einer verlässlichen Aussage, dass es den Klimawandel gibt? Schülerinnen und Schüler erforschen faktenbasiert und mit echten Daten diese Aussage. Sie suchen nach wissenschaftlichen Methoden, sich beweisbar der Fragestellung zu nähern. Ziel ist es, kritisch und objektiv ein sehr emotionsgeladenes Thema zu reflektieren.

Mathematische Voraussetzungen für diesen Workshop sind: Funktionsbegriff, Differenzialrechnung, arithmetisches Mittel.

Wie funktionieren eigentlich Fitnesstracker und was hat das mit Mathe zu tun? (für die Oberstufe) Fitnesstracker erfreuen sich heutzutage großer Beliebtheit. Doch wie funktionieren sie? Die Schülerinnen und Schüler entdecken die mathematischen Grundlagen von Aktivitäten (Gehen, Laufen, Sprinten) und das mathematische Handwerkszeug für die Auswertung solcher Aktivitäten – die Fourieranalyse. Sie nehmen dazu selbst eigene Aktivitätsdaten auf und entwickeln ein Modell zur Messung der zurückgelegten Schritte. Weitere Informationen finden Sie unter Marnitz (2017).

Mathematische Voraussetzung für diesen Workshop ist: Funktionsbegriff.

Bildklassifizierung und maschinelles Lernen: Gesichtserkennung und autonomes Fahren mit Mathematik?! (für die Oberstufe) Der Workshop thematisiert anwendungsnah das Lösen von Klassifizierungsproblemen mittels Support Vector Machines. Die Schülerinnen und Schüler entwickeln während des Workshops einen Algorithmus, mit dem Bilder von Gesichtern Personen zugeordnet werden können. Die Grundlagen liegen im Feld der linearen Algebra und analytischen Geometrie (vgl. Schönbrodt 2019; Schmidt 2019).

Mathematische Voraussetzungen für diesen Workshop sind: Vektoren.

Einblicke in unseren Körper durch Computertomographie (für die Oberstufe) Jeder kennt es: Ein Bekannter oder eine Bekannte hatte einen Unfall und schon geht es ins Krankenhaus. Zur Untersuchung auf innere Verletzungen geht es zur Röntgenaufnahme oder in den Computertomographen. Der Patient bzw. die Patientin wird mit Röntgenstrahlen bestrahlt und die Ärzte erhalten ein Abbild des Querschnitts der untersuchten Körperstelle. Doch wie funktioniert das eigentlich? Schülerinnen und Schüler stellen sich der Frage, wie es möglich ist, mithilfe der Röntgenstrahlen Abbildungen der inneren Struktur der durchstrahlten Körperteile zu erhalten. Dafür untersuchen sie Gleichungssysteme, berücksichtigen Messfehler und beschreiben die verwendeten Strahlen als Geraden in der Parameterdarstellung.

Mathematische Voraussetzungen für diesen Workshop sind: Parameterdarstellung von Geraden und Ebenen, Schnittpunktberechnung.

Wie funktionieren eigentlich Animationsfilme und was hat das mit Mathe zu tun? (für die Oberstufe) Animationsfilme sind Filme, die aus vielen schnell aufeinanderfolgend gezeichneten, von Computern berechneten oder fotografierten Einzelbildern bestehen. Doch wie können wir diesen Prozess beschleunigen, damit nicht jedes Bild einzeln erstellt werden muss und die Bewegungen trotzdem fließend erscheinen? Die Schülerinnen und Schüler arbeiten an der Problemstellung, wie die Bewegungen zwischen einzelnen Bildern so angenähert werden können, dass das menschliche Auge die Abfolge als flüssige Bewegung wahrnimmt. Weitere Informationen werden im folgenden Abschn. 6 dargelegt.

Mathematische Voraussetzungen für diesen Workshop

sind: Funktionsbegriff, Polynome.

6 Wie funktionieren Animationsfilme und was hat das mit Mathe zu tun? – Ein Beispiel für einen Workshop von CAMMP

Einen exemplarischen Ablauf stellen wir nun am Beispiel des CAMMP days Animationsfilme dar, welcher im Rahmen einer Masterarbeit (Wohak 2017) auf Grundlage der Dissertation von Peters (2016) entwickelt wurde. Am Ende des Abschnitts gehen wir zudem auf die Relevanz, Authentizität und Reichhaltigkeit der Problemstellung ein.

6.1 Reale Situation und Problemstellung

Ziel des Workshops ist es, eine akkurate Animation eines springenden Balles zu beschreiben (vgl. Abb. 3). Das bedeutet, dass die Schülerinnen und Schüler erfahren, wie Animationsfilme hergestellt werden, und selbständig herausarbeiten, welche Mathematik der Erstellung zugrunde liegt.

Animationsfilme bestehen aus einer Abfolge von statischen Bildern. Damit das menschliche Auge eine Abfolge von Bildern als eine fließende Bewegung wahrnimmt, müssen mindestens 25 Bilder pro Sekunde gezeigt werden (vgl. Lanier 2012). Das sind sehr viele Bilder, wenn sie für einen kompletten Film angefertigt werden müssen. Für einen 90-minütigen Film wären dies 135.000 Bilder.

Diese Bilder mussten früher alle einzeln angefertigt werden. Dieser Prozess wurde durch die Erfindung der Cel-Animationen bereits beschleunigt (vgl. Mohler 2001). Der Vordergrund wurde vom Hintergrund getrennt, sodass nur noch die sich bewegenden Objekte jedes Mal neu gezeichnet werden mussten. Eine weitere Beschleunigung der Herstellung von Animationsfilmen war durch die Erfindung von Computern möglich. Die Bilder mussten nicht mehr gemalt werden, sondern es reichte aus, das sich bewegende Objekt einmal anzufertigen und anschließend nur noch zu bewegen. Zuletzt hatte die Herstellung von Animationsfilmen in den Siebziger-Jahren einen Durchbruch. Es wurde das sogenannte *Keyframing* erfunden, wodurch weitaus weniger einzelne Bilder erstellt werden mussten. Es ge-

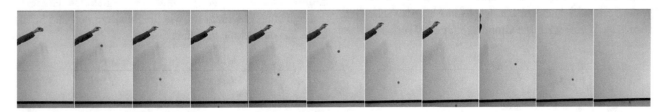

Abb. 3 Bilderabfolge eines springenden Balles. (©Kirsten Wohak 2021)

nügt nun, einzelne, ausschlaggebende Bilder einer Bewegung zu erstellen, welche anschließend durch eine Software miteinander verbunden werden (vgl. Lanier 2012). Damit dies die gewünschte Bewegung auch tatsächlich darstellt, muss die mathematische Vorschrift, die die Bilder miteinander verbindet, sinnvoll gewählt werden. Mit diesem Schritt beschäftigt sich der hier vorgestellte Workshop. Die nachfolgenden Abschnitte beschreiben die Schritte, die die Schülerinnen und Schüler beim Beantworten der Frage, wie Animationsfilme erstellt werden, durchlaufen.

6.2 Erste Lösung des Problems

In diesem Abschnitt wird ein erstes, stark vereinfachtes Modell betrachtet und gelöst. Hierbei wird das erste Mal eine komplette Runde des Modellierungskreislaufs durchschritten. In den danach folgenden Abschnitten schreitet man in der Modellierungsspirale immer weiter voran, indem weitere Runden des Modellierungskreislaufs durchlaufen werden. Dadurch entsteht eine immer akkuratere, zufriedenstellendere Lösung der realen Situation. An geeigneten Stellen wird zusätzlich zum Programm Julia noch Synfig[6] verwendet. Dabei handelt es sich um ein kostenloses Programm, womit Animateure tatsächlich Animationen erstellen.

6.2.1 Vereinfachung und Strukturierung der Realität

Zur Strukturierung der Realität muss, wie bereits im vorherigen Abschnitt beschrieben, herausgefunden werden, welche Punkte der Bewegung eines springenden Balles ausschlaggeben sind. Diese ausschlaggebenden Punkte werden Keyframes genannt. Dabei ist zu beachten, dass tatsächlich nur so viele Punkte wie nötig verwendet werden, um die Erstellung der Animation möglichst effizient zu gestalten. Welche Punkte dies beim springenden Ball sind, wird zusammen mit den Schülerinnen und Schülern erarbeitet. Damit man weiß, wie hoch der Ball in seiner Bewegung springt, ist der Umkehrpunkt in der Luft ein wichtiger Punkt. Genauso ist der Aufprallpunkt auf dem Boden ein ausschlaggebender Punkt der Bewegung. Für den i-ten Keyframe wird die Schreibweise $P_i(t_i|h_i)$ verwendet. Hierbei beschreibt t_i den Zeitpunkt des Punktes und h_i die Höhe, in der sich der Ball zu dem dazugehörigen Zeitpunkt befindet. Dadurch können die Punkte in ein Zeit-Höhen-Diagramm eingezeichnet werden, wie es in Abb. 4 zu sehen ist. Dieses stellt eine wichtige Grundlage für den Workshop dar.

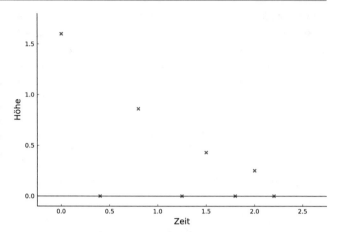

Abb. 4 Keyframes für die Bewegung eines springenden Balles. (©Kirsten Wohak 2021)

Um die Idee des Keyframings umzusetzen, werden Funktionen gesucht, die die Bewegung des springenden Balls annähernd beschreiben. Zunächst werden hierfür die Keyframes als starke Vereinfachung der Situation linear miteinander verbunden. Zum einen handelt es sich hierbei um die Funktion, die Schülerinnen und Schüler als erstes in der Schule kennenlernen (vgl. Ministerium für Kultus, Jugend und Sport Baden-Württemberg & Landesinstitut für Schulentwicklung 2016; Ministerium für Schule und Weiterbildung des Landes Nordrhein-Westfalen 2007), und zum anderen ist nicht ausgeschlossen, dass bereits die lineare Bewegung die Situation ausreichend präzise beschreiben könnte. Zusätzlich wird die Situation noch weiter vereinfacht, da ein Ball normalerweise häufig springt, bevor er auf dem Boden zum Liegen kommt. Diese Situation ist durch die Anzahl der Funktionen sehr umfangreich, weshalb die Bewegung hier nach acht aufeinander folgende Keyframes abgebrochen wird (s. Abb. 4). Zudem wird nur die tatsächliche räumliche Bewegung des Balles untersucht, nicht aber mögliche Verformungen des Balles.

6.2.2 Mathematisierung des realen Modells

In diesem Modellierungsschritt muss die vereinfachte Situation so in ein mathematisches Modell überführt werden, dass sie von einem Computer bearbeitet werden kann.

Um die Keyframes linear miteinander zu verbinden, muss die Gerade bestimmt werden, die durch zwei benachbarte Keyframes P_i und P_{i+1} läuft. Das Aufstellen der Geradengleichung geschieht so, wie die Schülerinnen und Schüler es aus der Schule gewohnt sind.

$$h(t) = \frac{h_{i+1} - h_i}{t_{i+1} - t_i} \cdot t + h_i - \frac{h_{i+1} - h_i}{t_{i+1} - t_i} \cdot t_i$$

Man beachte, dass es wichtig ist, mit den Variablen zu rechnen. Die Schülerinnen und Schüler erhalten zwar die ein-

---

[6]Weitere Informationen und die Möglichkeiten zum Download finden Sie unter https://www.synfig.org/.

zelnen Zahlenwerte der Zeitpunkte und Höhen für alle Keyframes, da dieser im Code angegeben und benötigt wird, jedoch müssten sie bei deren Verwendung jede Geradengleichung explizit neu ausrechnen. Die oben angegebene Form der Geradengleichung kann für sämtliche Keyframes *i* durchlaufen werden, wodurch alle benötigten Geradenstücke berechnet werden können.

Haben die Schülerinnen und Schüler beim Aufstellen der Formel Schwierigkeiten, so kann als Hilfestellung die Gerade bestimmt werden, die durch zwei exemplarische Keyframes verläuft. Hier haben sie die Möglichkeit, zuerst mit Zahlen zu rechnen und die getätigten Überlegungen erst anschließend zu verallgemeinern und auf die Schreibweise mit den Variablen zu übertragen.

6.2.3 Interpretation und Validierung der Lösung

Nach der erfolgreichen Eingabe der Geradengleichung erhalten die Schülerinnen und Schüler als Rückmeldung zwei Animationen. In beiden Animationen verfolgt ein Punkt (der Ball) die eingegebene Funktion, sodass von den Lernenden eigenständig überprüft werden kann, ob der Verlauf tatsächlich der erwarteten Bewegung eines Balles entspricht. Der Unterschied zwischen den beiden Animationen ist die Betrachtung von unterschiedlichen physikalischen Größen (Zeit und räumliche Horizontale), die auf den Achsen gegeneinander aufgetragen sind.

Eine Animation verläuft im Zeit-Höhen-Diagramm so, dass der Punkt bei korrekter Eingabe der Funktionen den Weg, wie er in Abb. 5 gezeigt wird, zurücklegt. Die andere Animation zeigt diese Situation frontal. Das heißt, dass die x-Achse als räumliche Achse verwendet wird, wobei der Ball hier immer nur auf einer Stelle aufkommt und wieder gerade nach oben in die Luft steigt. Diese zweite Animation stellt die Situation eines springenden Balles eher so dar, wie Schülerinnen und Schüler sie aus dem Alltag kennen würden.

In diesem Schritt nutzen die Schülerinnen und Schüler

die erstellten Animationen, um die Lösung in Bezug auf die reale Situation zu interpretieren. Oft liefert die lineare Interpolation eine gute Näherung, bei der vorliegenden Wahl der Keyframes, im Fall der Animation eines springenden Balles jedoch nicht (s. Abb. 5). Würde die Graphik einen springenden Ball darstellen, so würde der Ball die ganze Zeit konstant beschleunigt werden. Dies ist jedoch in der Realität nicht der Fall. In der Realität wird der Ball aufgrund der Erdanziehungskraft Richtung Boden schneller und Richtung Hochpunkt langsamer. Dies bedeutet, dass die Steigung Richtung Boden zunehmen und Richtung Hochpunkt abnehmen müsste. Zudem ist der Wechsel der Richtung im Hochpunkt viel zu abrupt und der Verlauf nicht glatt genug.

Nach dieser Erkenntnis werden die Schülerinnen und Schüler aufgefordert, sich Situationen zu überlegen, in denen die lineare Interpolation durchaus eine gute Näherung der Bewegung beschreiben würde. Für das Beispiel eines gerade fahrenden, sich nicht beschleunigendem Autos erstellen die Schülerinnen und Schüler im Programm Synfig eine weitere Animation. Es ermöglicht, zwischen verschiedenen Interpolationsarten zu wählen und die Keyframes per Hand zu setzen.

Nach dem ersten Durchlauf des Modellierungskreislaufs liefert die vereinfachte Situation nur eine sehr einfache und wenig realistische Animation eines springenden Balles und ist somit keine ausreichend gute Lösung für die Problemstellung. Der Weg durch die Modellierungsspirale muss also fortgesetzt werden. An dieser Stelle wird mit den Schülerinnen und Schülern diskutiert, welche Funktion als nächstes zur Erstellung der Animation verwendet werden könnte. Diese wird in der nächsten Arbeitsphase genutzt.

6.3   Verbesserte Lösung des Problems

6.3.1 Mathematisierung des realen Modells

Ziel dieses Schrittes ist es, ein Polynom siebten Grades durch alle acht Keyframes zu legen. Mit den einzelnen Keyframes $i = 1, \ldots, 8$ führt dies zu folgender Gleichung:

$$h_i = \sum_{k=0}^{7} a_k t_i{}^k$$

Haben die Schülerinnen und Schüler hier erneut Schwierigkeiten, so stehen vier verschiedene Tippkarten zur Verfügung, die den Schülerinnen und Schüler eine im Niveau gestaffelte Hilfe bieten. Dadurch werden sie zum einen dabei unterstützt, sich zu überlegen, welchen Grad das Polynom haben muss und wie viele Gleichungen benötigt werden. Zum anderen sollen sie für drei gegebene Punkte das

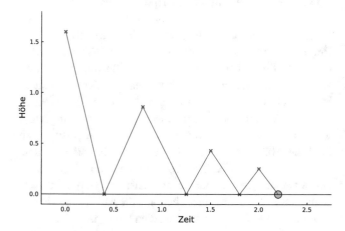

Abb. 5 Lineare Interpolation. (©Kirsten Wohak 2021)

Gleichungssystem aufstellen, lösen und das Prinzip auf die gegebenen Keyframes übertragen.

6.3.2 Interpretation und Validierung der Lösung

Wurde das Gleichungssystem korrekt in Julia eingegeben, so erhalten die Schülerinnen und Schüler als Rückmeldung erneut eine Animation, welche in Abb. 6 dargestellt ist. Anhand dieser wird schnell klar, dass es sich hier nicht um eine korrekte Animation eines springenden Balles handeln kann, da der Ball laut dieser über vier Meter tief in den Boden eindringt, was keinen Sinn ergibt. Zudem ist der erste Hochpunkt nach dem Loslassen auf der gleichen Höhe wie der Punkt, an dem der Ball losgelassen wurde, was auch nicht korrekt ist. Weiterhin auffällig ist, dass der Ball sich im letzten Hochpunkt höher befindet als im vorherigen Punkt. Auch dies ist aus physikalischer Sicht nicht möglich.

Beschäftigt man sich das erste Mal mit der Polynominterpolation, könnte die Vermutung aufkommen, dass die Interpolation bei der Hinzunahme weiterer Keyframes weniger starke Oszillationen aufweist. Dass sich die Polynominterpolation für eine steigende Anzahl von Keyframes nicht dem gewünschten Graph annähert, sondern im Gegenteil der Graph noch größere Ausschläge aufweist, zeigt Abb. 7. In dieser Animation dringt der Ball sogar über 35 m in den Boden ein und schießt anschließend über fünf Meter hoch über den Boden, wobei er nur bei 1,6 m losgelassen wird. Die bei dieser Animation verwendete mathematische Beschreibung ist die Normalform eines Polynoms neunten Gerades.

Nach dieser Erkenntnis arbeiten die Schülerinnen und Schüler im Vergleich zur vorherigen Arbeitsphase nicht erneut mit dem Programm Synfig. Der Grund dafür ist, dass die Polynominterpolation in der Realität nicht für die Erstellung von Animationen verwendet wird, da bei steigender Zahl von Keyframes immer stärker Oszillationen erscheinen und Bewegungen so nicht sinnvoll animiert werden können. Daher

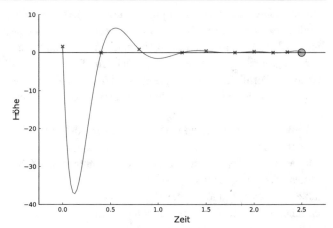

Abb. 7　Polynominterpolation (10 Keyframes). (©Kirsten Wohak 2021)

gibt es im Programm Synfig auch nicht die Möglichkeit, die Polynominterpolation als Interpolationsart auszuwählen.

Prinzipiell fällt dennoch auf, dass das Ziel einer glatteren Animation des springenden Balles durchaus erreicht wurde. Damit liegt nahe, dass die grundsätzliche Idee, Polynome zu betrachten, erfolgsversprechend ist. Mit diesem Wissen wird eine weitere Runde in der Modellierungsspirale begonnen und sich damit weiter einer zufriedenstellenden Lösung angenähert.

6.4　Annäherung an eine optimale Lösung des Problems

Dass der Ansatz, Polynome zu verwenden, grundsätzlich vielversprechend scheint, ist im nächsten Schritt die Idee, nicht nur ein einziges Polynom durch alle Keyframes zu legen, sondern stattdessen verschiedene Polynome dritten Grades durch jeweils zwei benachbarte Keyframes zu legen. Zusätzlich wird die Ableitung in den Keyframes zur eindeutigen Bestimmung der Polynome verwendet. Diese Vorgehensweise wird hermitesche Interpolation genannt.

6.4.1 Mathematisierung des realen Modells

Ein Polynom dritten Grades kann durch vier Koeffizienten eindeutig beschrieben werden. Zur Bestimmung dieser Koeffizienten werden vier Gleichungen benötigt. Da bekannt ist, dass ein Polynom durch zwei benachbarte Keyframes P_i und P_{i+1} läuft, können bereits zwei Gleichungen aufgestellt werden. Zu den fehlenden beiden Gleichungen gelangt man über die Ableitung. An den Hochpunkten ist bekannt, dass die Steigung gleich Null gesetzt werden kann. Zudem können auch die Aufprallpunkte zunächst als Tiefpunkte verstanden werden, sodass hier ebenfalls die Ableitungen in den Keyframes gleich Null gesetzt werden können.

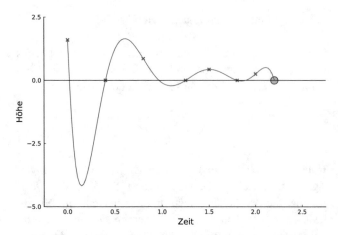

Abb. 6　Polynominterpolation (8 Keyframes). (©Kirsten Wohak 2021)

Durch die Freiheit der Wahl der Ableitungen in den Punkten lässt sich der Verlauf der Polynome und somit der Verlauf der Animation stark beeinflussen und dadurch so definieren, dass die entstehende Bewegung der realen Situation entspricht.

Es kann folgendes lineares Gleichungssystem aufgestellt werden:

$$h_i = a \cdot t_i^3 + b \cdot t_i^2 + c \cdot t_i + d$$

$$h'(t_i) = 0 = 3a \cdot t_i^2 + 2b \cdot t_i + c$$

$$h_{i+1} = a \cdot t_{i+1}^3 + b \cdot t_{i+1}^2 + c \cdot t_{i+1} + d$$

$$h'(t_{i+1}) = 0 = 3a \cdot t_{i+1}^2 + 2b \cdot t_{i+1} + c$$

Beim Lösen des Gleichungssystems für jeweils zwei benachbarte Punkte erhält man insgesamt sieben Polynome, durch welche die in Abb. 8 gezeigte Animation entsteht.

6.4.2 Interpretation und Validierung der Lösung

In der Animation kann man sehen, dass die Hochpunkte schon optimal animiert werden. Trifft der Ball jedoch auf den Boden, so bremst er bei der Animation aus Abb. 8 bereits vor dem Boden ab. Ebenso beschleunigt der Ball nach dem Verlassen des Bodens. Dies stellt die reale Bewegung des Balles noch nicht korrekt dar. Aus diesem Grund muss die Wahl der Ableitungen in den Tiefpunkten betrachtet werden. Dabei ist zwischen zwei Fällen zu unterscheiden:

Nähert der Ball sich aus der Luft dem Boden, so muss die Ableitung in dem Keyframe am Boden negativ gewählt werden. Wird jedoch das Polynom zwischen zwei Punkten bestimmt, bei dem der Ball zuerst auf dem Boden und anschlie-ßend in der Luft ist, muss die Ableitung in dem Keyframe auf dem Boden positiv gewählt werden. Es reicht aus, für die Ableitungen verschiedene Werte (bspw. -3 und 3) zu wählen, jedoch ist die Beschreibung durch den Gradienten, welcher als Skalar die Richtung des steilsten Anstiegs angibt, sinnvoller. Dadurch wird die Steigung in den Keyframes je nach vorheriger oder anschließender Höhe des betrachteten Keyframes variiert. Werden die Keyframes P_i und P_{i+1} betrachtet, so gilt für ungerade i: $h'(t_i) = 0$ und $h'(t_{i+1}) = -\frac{7h_i}{h_1}$. Für gerade i gilt: $h'(t_i) = \frac{7h_{i+1}}{h_1}$ und $h'(t_{i+1}) = 0$.

Mithilfe dieser Werte für die Ableitungen in den Punkten auf dem Boden und nach erneutem Lösen des linearen Gleichungssystems ergibt sich die Animation aus Abb. 9. Diese Animation entspricht ausreichend gut der gesuchten realen Bewegung eines springenden Balles.

Die Schülerinnen und Schüler erleben im Workshop während der drei Durchläufe des Modellierungskreislaufs, wie sich ihr Modell verbessert und sich ihre berechnete Animation immer mehr der realen Bewegung des springenden Balles annähert. Sie nutzen damit auch die Modellierungsspirale. Dabei lernen sie den Computer als nützliches Werkzeug kennen und erfassen durch die Berücksichtigung physikalischer Phänomene bei der Bearbeitung der Problemstellung, dass reales Problemlösen vielfach ein interdisziplinäres Arbeiten notwendig macht. Eine Diskussion am Ende dieser Arbeitsphase zeigt den Schülerinnen und Schülern, dass dennoch eine geringe Abweichung zwischen der Animation und der Bewegung des springenden Balles vorliegt. Für eine realitätsgetreue Animation müssten zusätzliche Faktoren, wie die Verformung des Balles beim Aufprall auf die Erde, einbezogen werden. Das verdeutlicht

Abb. 8 Hermitesche Interpolation (Ableitungen gleich Null). (©Kirsten Wohak 2021)

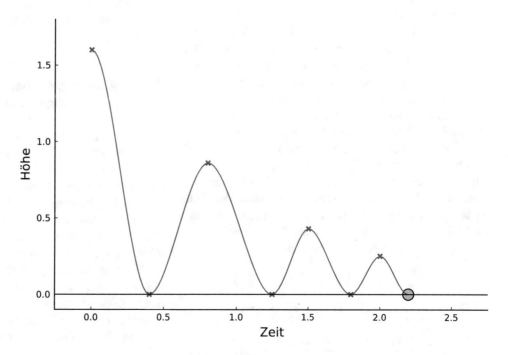

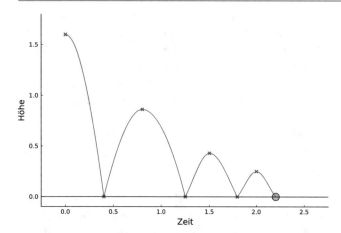

Abb. 9 Hermitesche Interpolation (Normierung der Ableitungen). (©Kirsten Wohak 2021)

den Schülerinnen und Schülern, dass die Modellierungsspirale durchaus noch weitere Male durchschritten werden kann. Weitere getroffene Modellannahmen können überdacht und andere Verbesserungen vorgenommen werden, um so der realen Situation damit mehr und mehr zu entsprechen. Ist die Animation des springenden Balles optimiert, so könnten anschließend noch weitere reale Phänomene, wie der Lichteinfall und die dadurch hervorgerufene Farbveränderung des Balles, berücksichtigt werden.

6.5 Erstellung eigener Animationen mit Synfig

Zur Erstellung von Animationsfilmen wird in der Realität eine andere Art der hermiteschen Interpolation verwendet, nämlich die sogenannte TCB-Methode.

Es ist sehr anspruchsvoll, anhand einer Bewegung zu erkennen, welche Ableitungen in den Keyframes sinnvoll sind. Aus diesem Grund haben Kochanek und Bartels (1984) ein Verfahren entwickelt, welches abhängig von der Lage der gegeben Keyframes sinnvolle Ableitungen bestimmt. Um dieses Verfahren noch flexibler an die betrachtete Situation anzupassen, wurden hier drei Parameter t (Tension), c (Continuity) und b (Bias) eingeführt. Zudem wird zwischen den Ableitungen links und rechts von einem betrachteten Punkt P_i unterschieden, wie wir es ebenfalls im vorherigen Beispiel der hermiteschen Interpolation getan haben. Die beiden Ableitungen lassen sich durch Gewichtungen der beiden Verbindungsvektoren zwischen den Punkten P_{i-1} und P_i, geschrieben als $\overrightarrow{P_{i-1}P_i}$, sowie P_i und P_{i+1}, geschrieben als $\overrightarrow{P_{i-1}P_i}$, bestimmen:

$$\overrightarrow{v_i}^L = \frac{(1-t)\cdot(1-c)\cdot(1+b)}{2}\cdot\overrightarrow{P_{i-1}P_i}$$
$$+ \frac{(1-t)\cdot(1+c)\cdot(1-b)}{2}\cdot\overrightarrow{P_iP_{i+1}}$$
$$\overrightarrow{v_i}^R = \frac{(1-t)\cdot(1+c)\cdot(1+b)}{2}\cdot\overrightarrow{P_{i-1}P_i}$$
$$+ \frac{(1-t)\cdot(1-c)\cdot(1-b)}{2}\cdot\overrightarrow{P_iP_{i+1}}$$

wobei $-1 \leq t, c, b \leq 1$ gelten muss. Diese Methode kann jedoch nur für innere Punkte verwendet werden, da sowohl auf den vorherigen als auch auf den nachfolgenden Keyframe zugegriffen wird. Eine Formel für die Randpunkte lautet bspw.:

$$\overrightarrow{v_1} = \frac{1}{2}\cdot\left(\overrightarrow{P_0P_1} - \overrightarrow{P_1P_2}\right)$$

$$\overrightarrow{v_i} = \frac{1}{2}\cdot\left(\overrightarrow{P_iP_{i-1}} - \overrightarrow{P_{i-2}P_{i-1}}\right)$$

Durch die Veränderung von Parameter t kann die Streckung bzw. Stauchung in Punkt P_i beeinflusst werden. Parameter c sorgt für einen Knick in Punkt P_i, was die Stetigkeit aufhebt. Zuletzt gewichtet der Parameter b den Einfluss der beiden Verbindungsvektoren, womit die Kurve je nach Wahl von b weiter nach rechts oder links verschoben ist. Ausführlicher wird diese Methode in Peters (2016) und Wohak (2017) beschrieben.

An dieser Stelle des Workshops untersuchen die Schülerinnen und Schüler lediglich den Einfluss der verschiedenen Parameter t, c und b auf den Verlauf der Funktion und erstellen anschließend in Synfig verschiedene Animationen, bei der sie die TCB-Methode verwenden. So können sie die erarbeitete Mathematik benutzen und sehen, dass anhand einer Interpolationsart und bestimmter gewählter Keyframes tatsächlich realitätsgetreue Animationen erstellt werden können. Neben zwei vorgegebenen Situationen, in denen Autos Kurven fahren, erstellen die Schülerinnen und Schüler zudem Animationen zu selbstgewählten Bewegungen, die sie aus ihrem Alltag kennen. Beispiele für umgesetzte Animationen sind eine sich bewegende Sternschnuppe, eine erneute Animation eines springenden Balles, die Bewegungen eines fliegenden Luftballons und die Route eines Achterbahnwagens.

6.6 Relevanz, Authentizität und Reichhaltigkeit der Problemstellung

Die beschriebene Problemstellung „Wie funktionieren Animationsfilme?" erfüllt die pragmatische Beschreibung von authentischer Modellierung für den Schulunterricht von Vos (2011), welche besagt, dass Authentizität nur für echte Originale gelten, binär seien, für getrennte Aufgabenaspekte gelten und vom Akteur unabhängig sein sollte. Zudem erfüllt der Workshop die in Abschn. 4 dargelegten Kriterien gemäß Pohjolainen und Heiliö (2016) in folgender Weise:

Die Problemstellung ist Teil der Lebenswelt der Schülerinnen und Schüler, da sie alltäglich mit Animationen in den sozialen Medien oder im Fernsehen konfrontiert werden. Die Problemstellung ist damit relevant. Authentisch ist die Problemstellung, da sie einen Bereich der

Unterhaltungsindustrie aufgreift und somit eine reale Situation beschreibt. Die im Workshop genutzte Mathematik wird in der Realität auch tatsächlich verwendet, wodurch die Authentizität der Nutzung der Mathematik belegt werden kann. Die Reichhaltigkeitskriterien werden erfüllt, da durch die Relevanz auch das Interesse der Schülerinnen und Schüler geweckt werden kann. Das Modell wird in unterschiedlichen Animationen (Ball, fahrendes Auto) angewendet, wodurch die Nutzung für verschiedene Zwecke aufgezeigt wird. Durch das Durchlaufen der Modellierungsspirale erfolgt eine Modellentwicklung von einem einfachen Modell zu einem komplexeren. Die starke Verknüpfung zur Physik zeigt die multidisziplinäre Ausrichtung. Die Lösung des Problems erfordert aufgrund der Komplexität zudem Teamarbeit, die insbesondere durch die Verwendung von Mathematik, die den Schülerinnen und Schülern noch nicht bekannt ist, begründet werden kann. Die Validierung der aufgestellten Modelle zeigt weiterhin auf, dass eine exakte Lösung oft nicht möglich ist. Durch erleichterte Herstellung von Animationsfilmen mit der hier betrachteten TCB-Methode, die auf mathematischer Modellierung beruht, wird den Schülerinnen und Schülern der Vorteil der mathematischen Modellierung bewusst. Als letzter Punkt zur Reichhaltigkeit der Problemstellung ist zudem die Verbindung von mathematischen Inhalten aus Analysis und Optimierung zu nennen.

7 Authentische und relevante Modellierung mit Schülerinnen und Schülern an nur einem Tag – Ist das möglich?

Die Antwort auf die zu Beginn gestellte Fragestellung ist: Ja, authentische und relevante Modellierung mit Schülerinnen und Schülern an nur einem Tag ist möglich! Die Gestaltung der Modellierungsaufgaben für Schülerinnen und Schüler ist ein Balanceakt zwischen den Anforderungen, die an gute Aufgaben gestellt werden, und den organisatorischen Rahmenbedingungen. Dem Balanceakt begegnen wir durch CAMMP days zu Problemstellungen, die die Anforderungen erfüllen und deren Lösungsweg vorstrukturiert ist. An einigen Stellen werden die Schülerinnen und Schüler unterstützt, an anderen Stellen ist Platz für einen offenen und kreativen Umgang mit der Mathematik. In den Workshops werden Inhalte des Mathematikunterrichts aufgegriffen, wie am Beispiel zu Animationsfilmen gezeigt wurde. Im dargestellten Beispiel Abschn. 6 sind Inhalte der Schulmathematik vor allem verschiedene Funktionen und ihre Herleitung anhand von gegebenen Informationen (z. B. Punkten oder Eigenschaften der Ableitungen). Zudem wird deutlich, dass Fehler im Modellierungsprozess konstruktiv aufgegriffen werden und zu einer anschließenden Verbesserung des Modells

genutzt werden können. So erfahren die Schülerinnen und Schüler die Relevanz von (Schul-) Mathematik für reale Problemstellungen, wobei sie gleichzeitig durch sukzessive bessere Modellierungen die Modellierungsspirale durchlaufen.

Es ist sogar möglich, innerhalb von noch strengeren Rahmenbedingungen als im Regelunterricht authentische und relevante Modellierungen mit Schülerinnen und Schülern durchzuführen. Wie wir in Sube et al. (2020) aufzeigen, kann im Rahmen einer Abiturprüfungsaufgabe ein echter Realitätsbezug stattfinden. Zudem arbeiten wir aktuell an einer Umsetzung der Workshops als Arbeitsbuch mit Online-Versionen des Materials, welches sowohl aus technologischer als auch didaktischer Sicht so aufgearbeitet werden soll, dass es niederschwellig in den regulären Schulunterricht integriert werden kann. An dieser Stelle muss jedoch angemerkt werden, dass mit zunehmender Strenge der Rahmenbedingungen häufig Offenheit und kreatives Lösen der Aufgaben in den Hintergrund tritt.

Literatur

Aebli, H. (2006). *Zwölf Grundformen des Lehrens: eine allgemeine Didaktik auf psychologischer Grundlage.* Stuttgart: Klett-Cotta.

Eichler, A. (2015). Zur Authentizität realitätsorientierter Aufgaben im Mathematikunterricht. In G. Kaiser & H.-W. Henn (Hrsg.), *Werner Blum und seine Beiträge zum Modellieren im Mathematikunterricht* (S. 105–118). Springer Fachmedien Wiesbaden.

Frank, M., Richter, P., Roeckerath, C., & Schönbrodt S. (2018). Wie funktioniert eigentlich GPS? – ein computergestützter Modellierungsworkshop. In G. Greefrath & H. -S. Siller (Hrsg.), *Digitale Werkzeuge, Simulationen und mathematisches Modellieren* (S. 137–163). Springer Fachmedien Wiesbaden.

Greefrath, G., & Vorhölter, K. (2016). *Teaching and learning mathematical modelling: Approaches and developments from German speaking countries.* Springer International Publishing AG Switzerland.

Pohjolainen, S. & Heiliö, M. (2016). Introduction. In S. Pohjolainen (Hrsg.), *Mathematical modelling* (S. 1–5). Springer International Publishing Switzerland.

Kochanek, D. H. U., & Bartels, R. H. (1984). Interpolating splines with local tension, continuity and bias control. *Proceedings of the 11th annual conference on Computer graphics and interactive techniques (SIGGRAPH '84).* Association for Computing Machinery, New York, NY, USA, 33–41. https://dl.acm.org/citation.cfm?id=808575.

Krahforst, C. (2016). *Didaktisch-methodische Weiterentwicklung des CAMMP day Moduls Spiegelaufstellung in einem Solarkraftwerk für den Einsatz in der Mittelstufe (Schriftliche Hausarbeit im Rahmen der ersten Staatsprüfung, dem Landesprüfungsamt für Erste Staatsprüfungen für Lehrämter an Schulen).* RWTH Aachen. https://www.cammp.online/Solarkraftwerk-Staatsexamensarbeit-CK.pdf.

Lanier, L. (2012). *Digital compositing with Nuke.* United Kingdom: Focal Press.

Maaß, K. (2010). Classification scheme for modelling tasks. *Journal für Mathematik-Didaktik, 31*(2), 285–311.

Marnitz, M. (2017). *Wie funktionieren eigentlich Fitnesstracker und was hat das mit Mathe zu tun? (Masterarbeit).* RWTH Aachen. https://www.cammp.online/Fitness-thesis.pdf.

Meyer, H. (2004). *Was ist guter Unterricht?* Cornelsen Verlag Scriptor GmbH & Co. KG, Berlin.

Ministerium für Kultus, Jugend und Sport Baden-Württemberg & Landesinstitut für Schulentwicklung (2016). *Bildungsplan des Gymnasiums – Mathematik.* Stuttgart: Konrad Triltsch und digitale Medien GmbH.

Ministerium für Schule und Weiterbildung des Landes Nordrhein-Westfalen (2007). *Kernlehrplan für das Gymnasium – Sekundarstufe I (G8) in Nordrhein-Westfalen – Mathematik.* Düsseldorf: Ritterbach Verlag.

Mohler, J. L. (2001). *Flash 5 graphics, animation, and interactivity.* Albany, N.Y.: OnWord Press.

Peters, A. (2016). *Interpolation als Kernidee inner- und außermathematischer.* RWTH Aachen. https://publications.rwth-aachen.de/record/572865/files/572865.pdf.

Schönbrodt, S. (2015). *Didaktisch-methodische Ausarbeitung eines Lernmoduls zum Thema Google im Rahmen eines mathematischen Modellierungstages für Schülerinnen und Schüler der Sekundarstufe II (Bachelorarbeit).* RWTH Aachen. https://www.cammp.online/Google-Bachelorarbeit.pdf.

Schönbrodt, S. (2019). *Maschinelle Lernmethoden für Klassifizierungsprobleme – Perspektiven für die mathematische Modellierung mit Schülerinnen und Schülern.* Springer Fachmedien.

Schmidt, L. (2016). *Wie funktioniert eigentlich mp3?... und was hat das mit Mathe zu tun? (Bachelorarbeit).* RWTH Aachen. https://www.cammp.online/Daten-Bachelorthesis.pdf.

Schmidt, L. (2019). *Machine Learning: automatische Bilderkennung mit Mathematik?! – Ein Lehr-Lern-Modul im Rahmen eines mathematischen Modellierungstages für Schülerinnen und Schüler der Sekundarstufe II (Masterarbeit).* RWTH Aachen. https://www.cammp.online/Bildklassifizierung-Masterarbeit-NS.pdf.

Steffen, N. (2016). *Didaktisch-methodische Ausarbeitung eines Lernmoduls zum Thema Shazam im Rahmen eines mathematischen Modellierungstages für Schülerinnen und Schüler der Sekundarstufe II (Bachelorarbeit).* RWTH Aachen. https://www.cammp.online/Shazam-Bachelorarbeit.pdf.

Steffen, N. (2018). *Sicherheit der Privatsphäre in sozialen Netzwerken - Wie Mathematik die Nutzer ausspioniert. Ein Lehr-Lern-Modul im Rahmen eines mathematischen Modellierungstages für Schülerinnen und Schüler der Sekundarstufe I (Masterarbeit).* RWTH Aachen. https://www.cammp.online/sozNetz-Masterarbeit.pdf.

Sube, M. (2016). *Wie sicher ist meine Privatsphäre in Online Netzwerken? ...und was hat das mit Mathe zu tun? (Masterarbeit).* RWTH Aachen. https://www.cammp.online/sozNetz-Masterarbeit_MS.pdf.

Sube, M. (2019). *Entwicklung und Evaluation von Unterrichtsmaterial zu Data Science und mathematischer Modellierung mit Schülerinnen und Schülern (Dissertation).* RWTH Aachen. http://publications.rwth-aachen.de/record/771553.

Sube, M., Camminady, T., Frank, M., & Roeckerath, C. (2020). Vorschlag für eine Abiturprüfungsaufgabe mit authentischem und relevantem Realitätsbezug. In G. Greefrath & K. Maaß (Hrsg.), *Modellierungskompetenzen – Beurteilung und Bewertung* (S. 153–187). Springer Berlin Heidelberg.

The Computational Thinking Process Poster (2020). https://www.computerbasedmath.org/case-for-computer-based-math-education.php.

Vos, P. (2011). Theoretical and curricular reflections on mathematical modelling – Overview. In G. Kaiser, W. Blum, R. Borromeo Ferri, & G. Stillman (Hrsg.), *Trends in teaching and learning of mathematical modelling* (S. 713–722). Dordrecht: Springer.

Wiener, M. (2015). *Didaktisch-methodische Ausarbeitung eines Lernmoduls zum Thema GPS mit Hilfe von Matlab im Rahmen eines Modellierungstages für Schülerinnen und Schüler der Sekundarstufe II (Schriftliche Ausarbeit im Rahmen der ersten Staatsprüfung, dem Landesprüfungsamt für Erste Staatsprüfungen für Lehrämter an Schulen).* RWTH Aachen. https://www.cammp.online/GPS-Examensarbeit.pdf.

Winter, H. (1995). Mathematikunterricht und Allgemeinbildung. *Mitteilungen der Gesellschaft für Didaktik der Mathematik, 61,* 37–46.

Wohak, K. (2017). *Wie funktionieren eigentlich Animationsfilme und was hat das mit Mathe zu tun? Ein Lernmodul im Rahmen eines mathematischen Modellierungstages (Masterarbeit).* RWTH Aachen. https://www.cammp.online/Animationsfilme-Masterarbeit.pdf.

Mathematisches und informatisches Modellieren verbinden am Beispiel „Seilkamerasystem" – im Rahmen der Würzburger Schülerprojekttage

Stephan Michael Günster, Nicolai Pöhner, Jan Franz Wörler und Hans-Stefan Siller

Zusammenfassung

Die Kompetenz „Mathematisches Modellieren" der KMK-Bildungsstandards findet in der Kompetenz „Modellieren und Implementieren" der Bildungsstandards der Gesellschaft für Informatik (GI) ihr Pendant. Obwohl es in beiden Fällen um das Aufstellen, Arbeiten mit und überprüfen von Modellen geht, interpretieren beide Fachrichtungen das Modellieren doch unterschiedlich. Im Beitrag werden beide Interpretationen des Modellierens einander gegenübergestellt und verglichen.

Anschließend wird am Schülerprojekt „Seilkamera" vorgestellt, wie sich die verschiedenen Ansätze bei technologiegestützten Modellierungsprojekten vereinen lassen. Das Projekt, das die Entwicklung eines Kameraseilsystems mit Steuerung behandelt, wurde im Rahmen der Schülerprojekttage durchgeführt, die seit 2002 jährlich an der Universität Würzburg mit besonders interessierten Schülerinnen und Schülern der späten Sekundarstufe I stattfinden.

Neben den Ergebnissen der Schülerinnen und Schüler werden Möglichkeiten zur Vertiefung der Problemstellung aufgezeigt.

Online-Materialien zum Beitrag unter https://seilkamera.dmuw.de.

S. M. Günster · N. Pöhner · J. F. Wörler · H.-S. Siller (✉)
Julis-Maximilians-Universität Würzburg, Würzburg, Deutschland
E-Mail: hans-stefan.siller@mathematik.uni-wuerzburg.de

S. M. Günster
E-Mail: stephan.guenster@uni-wuerzburg.de

N. Pöhner
E-Mail: nicolai.poehner@uni-wuerzburg.de

J. F. Wörler
E-Mail: woerler@mathematik.uni-wuerzburg.de

1 Modellierung in der Mathematik und Informatik

Seilkamerasysteme, bei denen eine TV-Kamera mit Hilfe von Halteseilen über Sportstätten (vgl. Abb. 1), OpenAir-Arenen, durch Konzerthallen oder Filmkulissen gezogen wird, sind heute eine Möglichkeit, dem Zuschauer ungewöhnliche Perspektiven zu bieten und so das Gefühl zu vermitteln, in das Großereignis einzutauchen und mitten unter den Zuschauern zu sein.

In diesem Beitrag wird mit dem Bau eines Modells eines solchen Seilkamerasystems ein fächerverbindendes – nach Labudde (2014) spezieller ein fächerkoordinierendes – Projekt für Lernende der Sekundar- und Tertiärstufe vorgestellt, in dem sich Mathematik und Informatik interdisziplinär ergänzen.

Die Beziehung der beiden Fächer zueinander wurde oftmals diskutiert (vgl. z. B. Hischer 1994, 1995, 2000b). Eine der Gemeinsamkeiten von Mathematik und Informatik ist das Aufgreifen von Anwendungsfragen, wobei Antworten anschließend mit jeweils fachspezifischen Methoden gesucht werden. Typisch dafür sind beispielsweise Optimierungsfragen, wie aus dem Flugzeug- (Zillober und Vogel 2000a) oder Schiffbau (Zillober und Vogel 2000b), bzw. der Standortplanung (Haunert und Wolff 2016) oder dem Aufbau von Kommunikationsnetzen (Tran-Gia 2005; Zinner et al. 2017).

Als Ausgangspunkt dient in solchen Fällen ein reales (wirtschaftliches, technisches …) Problem, aus dem ein greif- und erfassbares Produkt, die Lösung des jeweiligen Problems, entwickelt und für den Anwender bereitgestellt wird. Daher ist die Realität Ausgangspunkt und Ziel der Problemlösung, weshalb Übersetzungsprozesse zwischen der realen Welt und dem jeweiligen Fachgebiet vorgenommen werden müssen; sie werden im Regelfall von Annahmen und Interpretationen, Idealisierungen und Vereinfachungen, der Betrachtung von Spezialfällen und Verallgemeinerungen, von Abstraktionen und Konkretisierungen begleitet. So entstehen Modelle, mit denen in

Abb. 1 Seilkamerasystem „RobyCam" beim BMW IBU Biathlon Worldcup 2019 in der Chiemgau Arena Ruhpolding. (©Robycam Germany, mit freundlicher Genehmigung durch Robycam, Bingen a. R.)

beiden Fachbereichen gearbeitet wird. Damit ist das Erstellen von und Arbeiten mit Modellen sowohl ein verbindendes als auch, wie wir im Folgenden zeigen, ein trennendes Element.

Wir werden deshalb zunächst auf das Modellieren sowohl aus der Perspektive der Mathematik als auch der Informatik eingehen und die beiden Sichtweisen einander gegenüberstellen. Anschließend stellen wir die Problemstellung, sowie die mathematischen wie auch informatischen Grundlagen zur Bearbeitung vor, wobei wir jeweils verschiedene Möglichkeiten für die Umsetzung in der Sekundarstufe I bzw. II in Erwägung ziehen. Nach der Beschreibung einer beispielhaften Durchführung mit Schülerinnen und Schülern werden wir Weiterentwicklungspotenziale aufzeigen, die sich für eine vertiefte Beschäftigung eignen.

1.1 Modelle und Modellieren aus Sicht der Mathematik

Unser aller Sicht auf die Welt und jede unserer Alltagsentscheidungen basiert – wie Forrester (1971, S. 14) darlegt – auf (mentalen) Modellen. Modelle sind stets von Menschen erschaffene Konstrukte, die ein(e) Original(situation) abbilden (vgl. „Abbildungsmerkmal" nach Stachowiak 1973) und in der Regel für einen bestimmten Zweck (vgl. Stachowiak 1973; Bossel 1989), also etwa im Hinblick auf ein Problem oder eine Fragestellung, entworfen werden.

> „A model is a description of some system intended to predict what happens if certain actions are taken" (Bratley, Fox und Schrage 1987, S. 1).

Modelle können abstrakt sein, wie das bei mentalen, mathematischen oder bildlich-verbalen Modellen der Fall ist; sie können aber auch materiell existieren (vgl. auch Krüger 1974 S. 25), wie etwa ein gegenständliches Modell der Seilkamera.

Aus fachmathematischer Sicht werden *mathematische Modelle* häufig als „Menge von mathematischen Aussagen" (Günther und Velten 2014, S. 13) beschrieben bzw. als „Objekt (S, Q, M), wobei S ein System, Q eine Frage bezüglich S und M eine Menge von mathematischen Ausdrücken M […] ist, die zur Beantwortung von Q verwendet werden kann." (ebd., S. 14).

Die Fachdidaktik schließt sich dieser Sichtweise weitgehend an, jedoch weit weniger formal. Und so bleibt es dort – im Gegensatz zur Informatikdidaktik, wie wir zeigen werden – vergleichsweise allgemein, offen und vage, was als mathematisches Modell verstanden wird; es kann sich zum Beispiel um Terme, Gleichungen, funktionale Zusammenhänge, Verknüpfungstabellen, spezielle Verteilungen, geometrische Konstruktionen oder stochastische Algorithmen handeln. „Modelle sind vereinfachende, nur gewisse, hinreichend objektivierbare Teilaspekte berücksichtigende Darstellung der Realität" heißt es beispielsweise bei Henn (2000, S. 10), der damit neben dem Abbildungsmerkmal (vgl. Stachowiak 1973) auch das Verkürzungsmerkmal (vgl. ebd.) von Modellen adressiert. Noch allgemeiner bleiben Doerr und English (2003, S. 112): „Models are systems of elements, operations, relationships, and rules that can be used to describe, explain, or predict the behaviour of some other familiar system".

Den Prozess des Entwerfens mathematischer Modelle beschreiben die Mathematik und auch die Mathematikdidaktik als mathematisches *Modellieren* (oder Modellbilden[1]), das Modelle im Regelfall aus realitätsbezogenen Fragestellungen heraus entwickelt. Auch das Arbeiten mit (vorgegebenen) Modellen ist Teil des Modellierens (vgl. KMK 2012, S. 15).

Der Begriff *Modell* selbst bleibt in den KMK-Standards (KMK 2012) ohne eindeutige Beschreibung, es findet sich dort aber eine konkrete Festlegung, unter *mathematischem Modellieren* in der Schulpraxis und somit auch in der Lehr- und Lernforschung einen Prozess mit benannten Teilschritten zu verstehen. Um einen direkten Vergleich zur Formulierung in der Informatik (siehe unten) zu erleichtern, möchten wir diese (bekannte) Darstellung hier nochmals zitieren:

„Strukturieren und Vereinfachen gegebener Realsituationen, das Übersetzen realer Gegebenheiten in mathematische Modelle, das Interpretieren mathematischer Ergebnisse in Bezug auf Realsituationen und das Überprüfen von Ergebnissen im Hinblick auf Stimmigkeit und Angemessenheit bezogen auf die Realsituation" (KMK 2012, S. 15)

Die KMK (2012) lehnt sich damit weitgehend an die von Blum und Leiß (2005) vorgestellten Teilschritte des Modellierens an.

1.2 Modelle und Modellieren aus Sicht der Informatik

Auch die Informatikdidaktik formuliert ihre Wertschätzung für den Alltags- und Anwendungsbezug: Sie sieht vor der zunehmenden Digitalisierung die Bedeutung des Fachs

„darin, dass sie [Anm. der Autoren: die Informatik] die Strukturen und Methoden des Denkens und Arbeitens nahezu aller Disziplinen und damit den beruflichen und privaten Alltag eines jeden Einzelnen betrifft und permanent verändert" (GI 2008, S. 10).

Infolgedessen müsse Informatikunterricht stets fächerübergreifend und fächerverbindend (vgl. ebd.) gedacht werden, der Anwendungsbezug sei „unverzichtbar" (ebd., S. 6).

Folglich existieren auch dort Prozessbeschreibungen zum Umgang mit solchen Anwendungsbezügen in Lehr- und Lernkontexten: In den Bildungsstandards der GI (Gesellschaft für Informatik) für die Sekundarstufe I (GI 2008) und II (GI 2016), die sich in ihrer Struktur explizit an den NCTM-Standards (NCTM 2005) orientieren (vgl. GI 2008, S. 2), in der Formulierung aber – anders als die KMK-Standards – als output-orientierte Mindeststandards angelegt sind, wird nach *Inhaltsbereichen* sowie *Prozessbereichen* unterschieden. Unter letzteren wird das „Modellieren und Implementieren" als eine der Kompetenzen aufgeführt.

Informatisches Modellieren wird demnach als prozesshafte Abfolge der Teilschritte Problemanalyse, Modellbildung, Implementierung und Modellkritik verstanden (vgl. GI 2008, S. 45), *Implementierung* als „Umsetzung des Modells und Verarbeitung der entsprechenden Daten" (ebd.) beschrieben. Ihr kommt eine entscheidende und explizite Rolle zu: „Beim informatischen Modellieren ist die Implementierung unverzichtbar, um das Ergebnis der Modellbildung erlebbar zu machen" (GI 2008, S. 46) – die Implementierung dient damit auch der Validierung des Modellierungsprozesses und führt ggf. dazu, dass die Modellierung angepasst werden muss.

Aufgrund dieser Iterationen ist also auch beim informatischen Modellieren – in Analogie zum mathematischen Modellieren (im Sinne von Blum und Leiß 2005 bzw. KMK 2012) – ein kreislaufartiges Vorgehen erkennbar, das die GI 2008 noch implizit, 2016 auch explizit beschreibt: „Modellieren und Implementieren sind die zentralen Teile des Modellierungskreislaufes." (GI 2016, S. 5)

Im Hinblick auf die Frage, welche Arten von Modellen für die Schülerinnen und Schüler relevant sind, wird die GI im Gegensatz zur KMK (2004, 2005, 2012) konkret: So werden etwa für die Jahrgangsstufen 8–10 *objektorientierte Modelle, Datenmodelle* sowie *Klassen- und Zustandsdiagramme* (GI 2008, S. 47) aufgeführt. Sie beschränkt sich damit für den Unterricht auf eine enge Auswahl der Vielzahl verschiedener Modelle und Modellarten, die in der Fachwissenschaft Informatik – wie ausführlich bei Thomas (2002) nachzulesen ist – existieren.

---

[1]Wir verwenden die beiden Begriffe synonym. Eine Diskussion zur Unterscheidung, der wir hier nicht folgen, findet sich bei Hischer (2000a) sowie Puhlmann (2000).

Tab. 1 Gegenüberstellung von Sichtweisen auf das Modellieren

Blum und Leiß (2005)	Modellieren als Prozessstandard	
	Mathematik (KMK)	Informatik (GI)
Problemsituation verstehen	–	Problemanalyse
Problem strukturieren/ vereinfachen	Strukturieren und Vereinfachen gegebener Realsituationen	
Problem mathematisieren	Übersetzen realer Gegebenheiten in mathematische Modelle	Modellbildung
Mathematische Werkzeuge auswählen, erschaffen und anwenden	–	Implementierung
Ergebnis interpretieren	Interpretieren mathematischer Ergebnisse in Bezug auf Real-situationen	–
Ergebnis validieren	Überprüfen von Ergebnissen im Hinblick auf Stimmigkeit und Angemessenheit bezogen auf die Realsituation	Modellkritik

1.3 Gegenüberstellung: Mathematik und Informatik

In der Zusammenschau liegen heute also, vom Anwendungsbezug (vgl. Freudenthal 1973; Pollak 1979; Winter 1995; Blum 1985) ausgehend, sowohl für den Mathematikunterricht wie auch den Informatikunterricht der Sekundarstufen I und II Prozessstandards zum *Modellieren* vor. Beide Fächer verstehen darunter einen iterativen, kreislaufartigen Prozess zur Bearbeitung von realitätsbezogenen Aufgaben oder Problemen, der die Konstruktion von Modellen, das Arbeiten mit ihnen sowie ihre Analyse umfasst[2]. Tab. 1 stellt die verschiedenen Perspektiven auf den Modellierungsbegriff einander gegenüber.

Ein wesentlicher Unterschied der beiden Sichtweisen besteht darin, dass die Informatik konkret festlegt, welche Arten von Modellen für Schülerinnen und Schüler relevant sind. Informatische Modelle (wie etwa das Datenflussdiagramm aus Abb. 7 als Modell eines *Prozesses*) können dabei als normierte Hilfestellung bei der Problemanalyse und bei der Implementierung dienen, also den gesamten Modellierungsprozess strukturieren, lenken und unterstützen. Interpretiert man Modellieren als spezielle Art des Problemlösens (wie etwa Greefrath 2010, S. 17 f.), so sind derartige informatische Modelle also heuristische Hilfsmittel (im Sinne von Bruder und Collet 2011) auf dem Weg zur Implementierung.

Man kann mathematische Modelle von Realsituationen insofern als statische Strukturen auffassen (vgl. Thomas 2000, S. 41; Schubert und Schwill 2011, S. 138 f.), als Dynamik durch einen Parameter beschrieben werden muss – der dann für einzelne Werte einzelne Zustände liefert. Informatische Modelle dagegen „zeichnen sich durch eine programmierbare Eigendynamik aus" (Thomas 2000, S. 41), die Zeit ist „Teil des Modells, sie [...] vergeht (als

Eigenzeit des Modells) tatsächlich'" (Schubert und Schwill 2011, S. 137). Die Informatik kreiert damit unter Rückgriff auf mathematische und informatische Modelle eine virtuelle dynamische Welt, die „der Sachverhalt und damit – zumindest in der Zielvorstellung – ‚identisch' zu ihrem Original" ist (Schubert und Schwill 2011, S. 139).

Eine mögliche Verknüpfung der mathematischen und der informatischen Sichtweisen auf Modelle findet sich bei Liebl (1992, S. 7 f.), der *analytische* von *simulativen* Modellen unterscheidet: Während funktionale Zusammenhänge zwischen Variablen und Umweltparametern im analytischen Modell als „geschlossener mathematischer Ausdruck dargestellt" werden, werden sie im simulativen Modell als „Reihe von Verarbeitungsschritten [formuliert], die man für gewöhnlich in Form eines Flußdiagramms darstellt" (ebd., S. 8).

Schubert und Schwill (2011, S. 139) sowie auch Modrow und Strecker (2016, S. 92 ff.) entlehnen zur Differenzierung von Modellen von Bruner (1964) die Begriffe *enaktiv, ikonisch* und *symbolisch* und unterteilen damit in

> „– *ikonische Modelle*, bei denen es sich um sinnlich wahrnehmbare Bilder des Originals handelt [...]. [Sie] sind dem Original in irgendeiner Weise ‚ähnlich', sie veranschaulichen es, erklären aber wenig bis nichts.
> – *symbolische Modelle*, die dem Original meist nicht sehr ähneln, dafür aber im Sinne des angestrebten Zwecks vor allem seine Strukturen beschreiben [...]. Oft handelt es sich um mathematische Konstrukte (Gleichungssysteme, Graphen, ...).
> – und *enaktive Modelle*, die die Dynamik des modellierten Systems beschreiben und z. B. das Zusammenspiel seiner Komponenten simulieren. Dies kann z. B. durch Algorithmen geschehen". (Modrow und Strecker 2016, S. 92)

Diese inhärente Dynamik der enaktiven (bzw. simulativen) Modelle gegenüber den symbolischen (bzw. analytischen) macht sich in den letzten Jahren sowohl die Mathematik als auch die Mathematikdidaktik zu Nutze, indem sie selbst verstärkt Computersimulationen, also ebenfalls informatische Werkzeuge, zum Lernen und Lehren von Mathematik einsetzt (vgl. z. B. Greefrath und Weigand 2012; Siller 2015; Wörler 2015; Greefrath und Siller 2018).

---

[2]Eine Gegenüberstellung von informatischer und mathematischer Modellbildung findet sich bei Thomas (2000).

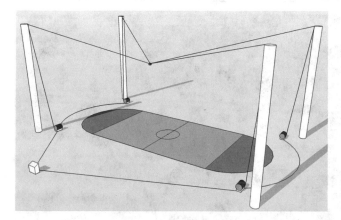

Abb. 2 Seilkamerasystem – Masten, Motorwinden (blau jeweils am Fuß der Masten) und Tragseile genügen, um die Kamera (roter Punkt) über dem Spielfeld „schweben" zu lassen (erstellt mit SketchUp). (©Hans-Stefan Siller 2021)

2 Ausgangssituation: Seilkamerasysteme

Das Ziel des hier beschriebenen Projektes ist es, ein Modell eines Seilkamerasystems, wie es für Fernsehübertragungen oder Filmaufnahmen genutzt wird, mit Lernenden zu entwickeln.

Hierbei ist die reale Ausgangssituation leicht verständlich: Die Fernsehkamera ‚schwebt' an vier Tragseilen über dem zu filmenden Areal (z. B. einem Stadion). Jedes der vier Seile ist über eine an einem Mast fixierte Umlenkrolle mit einer motorbetriebenen Seilwinde verbunden, die das jeweilige Tragseil entweder auf- oder abwickelt (vgl. Abb. 2). Die vier Seilwinden sind untereinander vernetzt und werden über eine Steuerzentrale bedient. Durch eine entsprechend synchronisierte Ansteuerung der vier Motoren lässt sich die Kamera nahezu ohne Einschränkung im (Luft-)Raum zwischen den Masten bewegen und erlaubt somit Kameraaufnahmen aus der Vogelperspektive genauso wie die dynamische Verfolgung einzelner Spielerinnen und Spieler oder Nahaufnahmen vom Anstoß- oder Elfmeterpunkt[3].

Technische Details, wie die konkrete Implementierung der Motorensteuerung oder spezieller Kamerawege, die Stromversorgung und Stabilisierung der Kamera oder die Übertragung der Aufnahmesignale zur Steuerzentrale machen das Seilkamerasystem jedoch zu einer ebenso anspruchsvollen wie aktuellen Anwendung mathematischer und informatischer Inhalte, die sich – wie wir im Folgenden zeigen werden – je nach Grad der Vereinfachung hervorragend als skalierbares Projekt in den Sekundarstufen oder der Hochschule umsetzen lässt.

3 Technische, mathematische und informatische Analyse

Die Idee, Seilkamerasysteme im Mathematikunterricht durch eine mathematische Brille zu analysieren und zu modellieren, ist nicht neu: Schmidt (2009) oder Block (2010) nutzen das Seilkamerasystem als Motivation, sich im Rahmen der analytischen Geometrie und der linearen Algebra in der Sekundarstufe II mit der zugehörigen Mathematik auseinander zu setzen, wobei Schmidt (2009) umfangreiches Material für eine Stationenarbeit zum Seilkamerasystem vorlegt. Klöckner et al. (2016) legen in ihrem Beitrag dar, wie sich ein Modell eines Seilkamerasystems mittels eines Arduino-Microcontrollers aufbauen lässt. Ausgangspunkt der Überlegungen in dieser Umsetzung ist die Unterstützung der Modellierung des Systems durch ein sehr einfaches Schuhkartonmodell mit Bindfäden. Einige bereits dort aufgeworfene und noch offene Fragen greifen wir in diesem Beitrag auf.

Wir arbeiten dabei mit *Modellannahmen,* sehen etwa die Tragseile als masselos an, blenden die Stabilisierung der Kamera zunächst aus und bilden die Kamerasteuerung nicht wie im Original mittels Joystick, sondern durch die händische Eingabe von Zielkoordinaten ab. Damit bleiben insbesondere physikalische Herausforderungen in diesem Projekt außen vor. Diese Vereinfachungen des Ausgangsproblems entsprechen einer Inhaltsreduktion auf Wesentliches und Elementares (im Sinne von Lehner 2012), wodurch der Einstieg in das Projekt auch mit Schülerinnen und Schülern der späten Sekundarstufe I leicht gelingt. Dennoch bietet der Zugang mannigfaltige Möglichkeiten der Erweiterung auf das Niveau der Sekundarstufe II und den Tertiärbereich (siehe unten).

3.1 Technische Grundlagen

Das Realmodell besteht aus einem Holz-Alu-Rahmen mit doppeltem Boden (vgl. Abb. 3): Auf der oberen Ebene befindet sich das Modell eines Fußballspielfeldes (Maße 75×50 cm), auf der Ebene darunter wurden die technischen Bauteile, wie Schrittmotoren (Modell 28YJ-48 5V), Windentrommeln, Stromversorgungen etc. installiert. Die Tragseile, in unserem Modell stabiler Leinenzwirn, werden von den Windentrommeln aus durch Löcher von unten durch die Spielfeldebene geführt und dann über Umlenkösen an den vier Masten mit der Kamera verbunden.

Die Ansteuerung der Motoren erfolgt auf der Basis des Mini-Computers *RaspberryPi,* wobei die Steuerplatinen der Schrittmotoren direkt an die GPIO-Pins[4] des RaspberryPi

---

[3]Einige bekannte Anbieter solcher Systeme sind beispielsweise *Robycam* (Bingen am Rhein; Deutschland; www.robycam.de), *spidercam* (Feistritz; Österreich – www.spidercam.tv) und *spydercam* (Mount Hood, Oregon, USA; www.spydercam.com).

[4]GPIO steht für *general-purpose input/output.* Die GPIO-Pins sind kleine Steckverbindungen, über die zum Beispiel Aktoren und Sensoren an den Mini-Computer angeschlossen werden können. Technisch ungesetzt wird dies über das Anlegen oder Abgreifen von (Steuer-)Spannungen.

Abb. 3 Schülerinnen und
Schüler beim Erstellen eines
Realmodells, wie es im Rahmen
der Projekttage entwickelt wurde.
(©Hans-Stefan Siller 2021)

angeschlossen werden; ihre Stromversorgung erfolgt über
ein gesondertes 5V-Netzteil.

Die Programmierung der Steuerung kann, da der RaspberryPi als eigenständiger Mini-Computer mit Standardanschlüssen für Bildschirm, Maus und Tastatur ausgestattet
ist, direkt auf dem Gerät erfolgen. Wir verwenden im Projekt die Programmiersprachen Scratch (RaspberryPi-Version) sowie Python – weitere Alternativen sind auf dem
RaspberryPi, wie auf einem ‚normalen‘ PC, problemlos
umsetzbar und damit auf die Vorkenntnisse der Lernenden
abstimmbar. Als Kamera nutzen wir ein RaspberryPi Kameramodul, das über ein Flachbandkabel unkompliziert mit
dem Mini-Computer verbunden werden kann.

Die Maße des Realmodells sind $100 \times 62 \times 60$ cm
(L × B × H). Die Höhe eines Mastes bezogen auf das Spielfeldniveau beträgt 45 cm, in der Höhe $h_U = 43$ cm sind an
den Masten jeweils Umlenkösen für die Seilführung (als
Modell für die Umlenkrollen des Originals) angebracht.

3.2 Mathematische Grundlagen

Jede Bewegung der Kamera im Seilsystem kann nur durch
eine geeignete Längenänderung der vier Tragseile erfolgen.
Daher ist die Bestimmung dieser Längen für eine gegebene
Position der Kamera grundlegend.

Hierzu muss zunächst ein passendes Koordinatensystem
im Modell eingeführt werden. Es bietet sich an, den Fußpunkt eines der vier Masten M_1, M_2, M_3 oder M_4 als Ursprung $O(0,0,0)$ zu wählen und die Koordinaten als Länge x,
Breite y und Höhe z bezogen auf die Spielfeldebene zu interpretieren.

Auf diese Weise lassen sich die Punkte P_i (für
$i = 1, 2, 3, 4$), an denen im Modell die Umlenkrollen der
Tragseile befestigt sind (Aufhängungspunkte) durch Koordinaten beschreiben. So ergeben sich beispielsweise für den
Aufhängungspunkt des Masts M_1, der im Ursprung steht, in
unserem Modell die Koordinaten

$$P_1(0, 0, h_U) = P_1(0, 0, 43).$$

Analog können die Aufhängungspunkte der übrigen Masten
M_2 bis M_4 festgelegt werden (vgl. Abb. 4):

$$P_2(62, 0, 43), P_3(62, 100, 43) \text{ sowie } P_4(0, 100, 43)$$

Die Kamera K wird ebenfalls als Punkt $K\left(k_x, k_y, k_z\right)$ interpretiert.

Zur Berechnung der nötigen Seillängen genügt es, die Abstände $S_{L,i}$ der Kamera K vom jeweiligen Aufhängungspunkt
P_i zu bestimmen und diese als Tragseillängen anzusehen[5].

3.2.1 Visualisierung: deskriptive Simulation

Ein einfacher Zugang zu den Tragseillängen, der eher der
Elementarisierung und Visualisierung des Problems dient
als seiner mathematischen Aufarbeitung, kann über eine deskriptive 3D-Simulation des Seilkamerasystems erfolgen.

Dazu muss lediglich, etwa in GeoGebra-3D, ein Koordinatensystem festgelegt werden, in das die Aufhängungspunkte an die Masten fest, sowie die Kamera beweglich

---

[5]Die tatsächliche Länge der Seile von der Kamera über die Umlenkrolle zur Seilwinde ergibt sich durch Addition einer konstanten Länge
von der Windentrommel zum Aufhängungspunkt und ist für die weitere
Betrachtung nicht relevant, da hier nur Längenänderungen eine Rolle
spielen.

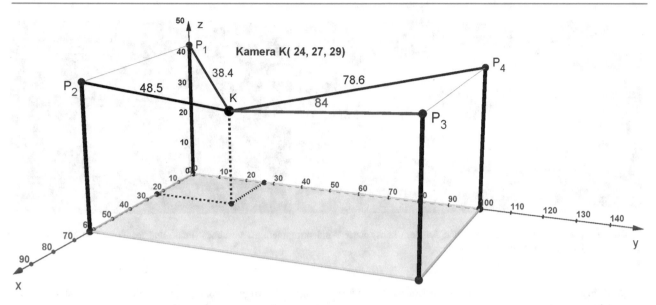

Abb. 4 GeoGebra-Simulation als deskriptives, virtuelles Modell, in dem die Tragseillängen von der Software gemessen und ausgeben werden (erstellt mit GeoGebra). (©Hans-Stefan Siller 2021)

(zum Beispiel über Schieberegler) maßstabsgetreu einge-fügt werden. Werden dann die Eckpunkte mit der Kamera durch Strecken verbunden, so werden die gesuchten Seil-längen als Längen dieser Strecken von der Software berech-net und ausgegeben (vgl. Abb. 4).

Die Simulation kann damit zu Beginn des Modellie-rungsprozesses zum Verstehen und Vereinfachen der Situa-tion beitragen, also die Mathematisierung unterstützen. Im weiteren Verlauf des Projektes kann diese Simulation aber auch als Referenz dienen, an der sich etwa Ergebnisse der mathematischen Berechnungen (siehe unten) oder der Im-plementierung (siehe noch weiter unten) validieren lassen.

3.2.2 Variante I: Pythagoras – Sekundarstufe I

Als rechnerischer Zugang für die Sekundarstufe I können die Tragseillängen über den Satz des Pythagoras bestimmt werden: Dabei wird zunächst die Länge der senkrechten Projektion s_i des jeweiligen Tragseils auf die x–y-Ebene be-rechnet, die sich über die x- und y-Koordinaten des jewei-ligen Aufhängungspunktes P_i und der Kamera K über den Satz des Pythagoras bestimmen lässt (vgl. Abb. 5):

$$s_i^2 = \left(k_x - p_{x,i}\right)^2 + \left(k_y - p_{y,i}\right)^2$$

Die Länge $S_{L,i}$ des jeweiligen Tragseils ergibt sich daraus durch erneute Anwendung des Satzes in der M_i-K-Ebene, also der Ebene, die durch den Mast M_i (für $i = 1,2,3,4$) und die Kamera K definiert wird (vgl. Abb. 5):

$$S_{L,i}^2 = s_i^2 + \left(k_z - p_{z,i}\right)^2$$
$$= \left[\left(k_x - p_{x,i}\right)^2 + \left(k_y - p_{y,i}\right)^2\right] + \left(k_z - p_{z,i}\right)^2$$

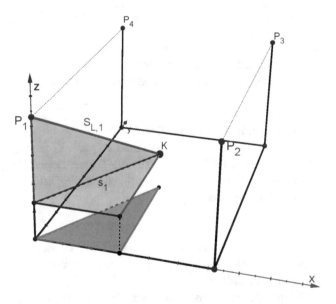

Abb. 5 Die Länge des Tragseils S_L ergibt sich durch zweifache Anwendung des Satzes von Pythagoras (erstellt mit GeoGebra). (©Hans-Stefan Siller 2021)

3.2.3 Variante II: Analytische Geometrie – Sekundarstufe II

Einen alternativen Zugang, der Grundkenntnisse der analy-tischen Geometrie voraussetzt, bietet die Vektorrechnung. Demnach können die Strecken zwischen den vier Aufhän-gungspunkten $P_i\left(p_{x,i}, p_{y,i}, p_{z,i}\right)$ (für $i = 1,2,3,4$) und der Ka-mera $K\left(k_x, k_y, k_z\right)$ als Vektoren interpretiert werden (vgl. auch Klöckner et al. 2016):

$$\overrightarrow{P_iK} = \left(k_x - p_{x,i}, k_y - p_{y,i}, k_z - p_{z,i}\right) \quad \text{für } i = 1, \ldots, 4$$

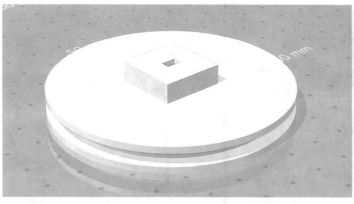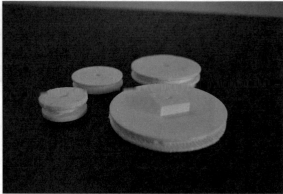

Abb. 6 Verschiedene, von Schülerinnen und Schülern konstruierte Windentrommeln als virtuelles (links) und reales (rechts) Modell (erstellt mit FreeCAD). (©Hans-Stefan Siller 2021)

Die Seillängen $S_{L,i}$ entsprechen dann dem Betrag des jeweiligen Vektors:

$$S_{L,i} = \left| \overrightarrow{P_i K} \right|$$
$$= \sqrt{(k_x - p_{x,i})^2 + (k_y - p_{y,i})^2 + (k_z - p_{z,i})^2} \quad \text{für } i = 1, \ldots, 4$$

Beide Zugänge liefern für $S_{L,i}$ dasselbe Ergebnis.

Klöckner et al. (2016, S. 29) stellen darüber hinaus einen weiteren Zugang vor, der die trigonometrischen Funktionen nutzt.

3.2.4 Einfache Kamerafahrten

Soll nun die Kamera von einem Punkt K_1 nach K_2 fahren, müssen für beide Positionen jeweils die Tragseillängen für alle vier Pfosten bestimmt und anschließend die Differenzen berechnet werden:

$$\Delta S_{L,i} = S_L(K_2, P_i) - S_L(K_1, P_i) \quad \text{für } i = 1, \ldots, 4$$

Um diese Längenänderung zu gewährleisten, müssen die Windentrommeln der Seilwinden die entsprechenden Längen ab- bzw. aufrollen.

Zur passgenauen Ansteuerung der Schrittmotoren gilt es allerdings, die Seillängendifferenzen in Motorumdrehungen U_i bzw. Drehwinkel zu übersetzen. Diese sind abhängig vom Umfang U_T und damit dem Radius r der Windentrommeln (wobei wir annehmen, dass alle vier Windentrommeln denselben Radius r aufweisen).

$$U_i = \frac{\Delta S_{L,i}}{U_T} = \frac{\Delta S_{L,i}}{2\pi r} \text{(wobei } U_i \in \mathbb{R}),$$

wobei die Winden die Seile für $U_i \geq 0$ abrollen, für $U_i < 0$ dagegen aufrollen.

3.2.5 Konstruktion der Windentrommeln

Die Seilwinden im Modell setzen sich jeweils zusammen aus einem Schrittmotor und einer Windentrommel. Passende Trommeln können käuflich erworben werden oder es können zylinderförmige Körper (Rundhölzer, Kunststoffstäbe …) als Trommeln genutzt werden. Klöckner et al. (2016) etwa verwenden in ihrer Umsetzung handelsübliche Nähgarnrollen aus Metall als Windentrommeln. In solchen Fällen wird der Radius r durch das verwendete Objekt vorgegeben und durch Ausmessen bestimmt.

Eine etwas reichhaltigere Situation liegt vor, wenn geeignete Windentrommeln als Teil des Projektes mit den Lernenden zusammen konstruiert werden (vgl. Abb. 6). Hierzu sind Kenntnisse aus der Raumgeometrie erforderlich. Auf diesem Weg können verschiedene Trommeln und Trommelarten einander gegenübergestellt werden und Vor- sowie Nachteile der einzelnen Umsetzungen analysiert werden. Dadurch ergibt sich auch die Möglichkeit, den Einfluss des Radius r zu diskutieren: Je kleiner r, desto präziser kann eine Kameraposition K_i angefahren werden. Allerdings reduziert sich dabei die effektive Geschwindigkeit der Kamerabewegung, da die Schrittmotoren typischerweise eine (feste) maximale Drehgeschwindigkeit aufweisen und somit pro Motorschritt, wegen des Trommelumfangs $U_T = 2\pi r$, nur eine von r abhängige Seillänge gewickelt werden kann. Ferner sollten bei der Konstruktion der Trommeln Aspekte wie die Seilführung und die Abmessungen des Realmodells berücksichtigt werden, damit die Tragseile beim Ab- und insbesondere beim Aufrollen gleichmäßig geführt werden. Für die konkrete Konstruktion der Windentrommeln ist spezielle Software (z. B. GeoGebra-3D, FreeCAD, SketchUp[6], SolidEdge, TinkerCAD) vorteilhaft. Die Fertigung der Trommeln erfolgt mittels 3D-Druck[7].

---

[6]Zum 3D-Konstruieren mit SketchUp siehe Wörler (2013b).

[7]Zum 3D-Druck mit GeoGebra siehe https://www.geogebra.org/3D-printing.

3.3 Informatische Grundlagen

Während die Mathematik die grundlegenden Berechnungen zu Tragseillängen und Motorumdrehungen liefert (vgl. Abschn. 3.2), fällt es im Projekt in den Aufgabenbereich der Informatik, die konkrete Ansteuerung der Schrittmotoren zu modellieren und anschließend auch zu implementieren, also in eine Programmiersprache zu übersetzen.

3.3.1 Modellierung

Dazu werden zur Planung der Implementierung zunächst einzelne datenverarbeitende Teilprozesse (Funktionen) der Problemstellung identifiziert, als Berechnungen – auch unter Rückgriff auf die mathematischen Grundlagen (s. o.) – beschrieben und in einem Datenflussdiagramm (vgl. Abb. 7, links) grafisch dargestellt. Aus Sicht der Informatik ist dieses Diagramm das *informatische Modell* der Problemstellung. Es weist standardisierte Elemente und Symbole auf und ist zunächst unabhängig von einer konkreten Programmiersprache; es ist damit – im Sinne des Abbildungsmerkmals Stachowiaks (1973) – ein abstraktes Abbild des gesamten Realproblems.

Im Datenflussdiagramm wird der Fluss von Ein- und Ausgabedaten während des Programmablaufs verdeutlicht. Es wird also genau gekennzeichnet, welche Eingabeparameter die jeweiligen Berechnungen benötigen und welche Ergebnisse sie für andere Teilprozesse breitstellen, wobei die genaue Arbeitsweise einzelner Prozesse erst bei der Implementierung relevant werden. Im vorliegenden Fall werden die Schrittmotoren auf Basis des jeweiligen Start- und Zielpunktes der Kamera angesteuert. Die Daten werden dabei durch verschiedene Prozesse (bzw. Funktionen) wie etwa die Berechnung der Seillängen oder der Motorenumdrehungen verarbeitet oder auch neu generiert. Diese Prozesse, die zunächst nur im Diagramm lokalisiert werden, finden sich später im Programmcode zur Kamerasteuerung wieder. So hilft die informatische Modellierung hier, eine komplexe Aufgabe (d. h. das Fahren der Seilkamera) in einzelne, kleinere Teilaufgaben zu zerteilen.

3.3.2 Implementierung

Die konkrete Implementierung als Programmcode kann ebenfalls als *Modell* des Realproblems oder – im Sinne Vergnauds (1998) – als eine mögliche *Repräsentation* verstanden werden. Abb. 7 stellt das Datenflussdiagramm der konkreten Implementierung als Programmcode gegenüber und kennzeichnet Entsprechungen in beiden Darstellungsformen farblich: Der Start- und der Zielpunkt der Kamerafahrt werden dem ersten Prozess (Berechnung der Tragseillängen) als Eingabeparameter übergeben (blau); die Funktionen in der Implementierung entsprechen dabei den Prozessen (bzw. Funktionen) aus dem Datenflussdiagramm (grün). Die erste Funktion berechnet die nötigen Längen der vier Tragseile auf Basis der mathematischen Grundlagen und gibt die Ergebnisse an die zweite Funktion weiter (rot). Aus den ermittelten Seillängen und dem Radius r der Trommeln werden dort die erforderlichen Anzahlen der Umdrehungen für die vier Motoren berechnet und an die dritte Funktion übergeben (rot). Diese erzeugt aus den jeweiligen Umdrehungsanzahlen konkrete Steuersignale (Strom an, Strom aus), die über den RaspberryPi (bzw. dessen GPIO-Pins) an die vier Schrittmotoren geleitet werden und zu einer

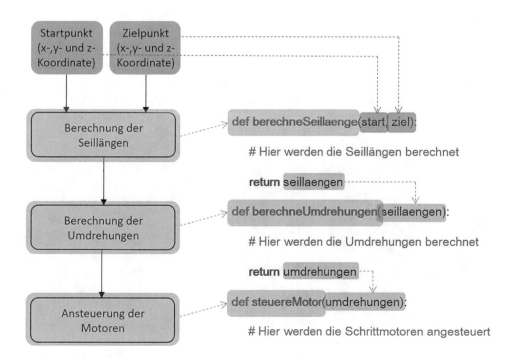

Abb. 7 Übersetzung der Modellierung (hier als Datenflussdiagramms) in die Implementierung (hier als gekürzter Python-Programmcode). (©Hans-Stefan Siller 2021)

entsprechenden Rotation der Windentrommeln in den Seilwinden führen. Dadurch wird die oben berechnete Seillänge auf- bzw. abgewickelt.

3.3.3 Variante Scratch

Als Einstieg kann die Programmierung der Kamerasteuerung mittels der blockbasierten Programmiersprache *Scratch* (https://scratch.mit.edu) erfolgen (vgl. Abb. 8). Scratch bietet dabei im Allgemeinen den Vorteil, dass Syntaxfehler durch „Zusammenstecken" einzelner Programmierbausteine weitgehend vermieden werden.

Für die vorliegende Aufgabenstellung der Ansteuerung der vier Schrittmotoren ergibt sich das Problem, dass alle vier Motoren parallel (und nicht etwa nacheinander) verschiedene Steuerbefehle ausführen müssen. Diese Aufgabe ist in höheren Programmiersprachen durch spezielle Zusatzpakete zu lösen (siehe unten), stellt allerdings erweiterte Anforderungen an die Programmierung. In Scratch kann das Problem durch die Programmierbausteine „Sende Nachricht an alle" und „Wenn ich Nachricht empfange", die Nachrichten zwischen mehreren verschiedenen Programmteilen (Scratch: „Figuren") austauschen, geschickt und simpel gelöst werde. So wird hier kein Mehraufwand erzeugt und das parallele Ausführen von Befehlen muss nicht explizit thematisiert werden. Einzelne Figuren führen empfangene Befehle parallel aus.

Darüber hinaus ist das Ansprechen der einzelnen GPIO-Pins, an denen die konkreten, physikalischen Steuersignale für die Schrittmotoren bereitgestellt werden (Strom an, aus) in der RaspberryPi-Version von Scratch durch entsprechende Programmierbausteine problemlos möglich.

3.3.4 Variante Python

Deutlich performanter erfolgt die Programmierung in einer höheren Programmiersprache; hier exemplarisch mit *Python*. Die jeweiligen Längen der vier Tragseile werden als *Liste*, also als entsprechendes 4-Tupel, implementiert. Analog werden auch die Motorenumdrehungen als Liste gespeichert.

Zur konkreten Ansteuerung eines einzelnen Schrittmotors wird zunächst ein Python-Skript verfasst, das die beiden Funktionen *vorwärts()* und *rückwärts()* bereitstellt. Diese Funktionen drehen einen Schrittmotor um eine 360°-Umdrehung in die eine oder andere Richtung. Da Schrittmotoren in der Lage sind, auch sehr viel kleinere Drehwinkel exakt umzusetzen, werden diese Methoden mit Eingabeparametern versehen: *vorwärts (<umdrehungen>)* bzw. *rückwärts (<umdrehungen>)*. So können Bruchteile von 360°-Umdrehungen genauso wie auch mehrere Umdrehungen nacheinander durch dieselben Methoden abgebildet werden.

In der Funktion zur Ansteuerung der Schrittmotoren muss auf das entsprechende 4-Tupel von oben zugegriffen werden und die jeweilige Anzahl an Umdrehungen an die zugehörigen Schrittmotoren übergeben werden. Weil sich, wie oben dargestellt, die Motoren im Realmodell anschließend gleichzeitig bewegen sollen, also auch gleichzeitig mehrere Steuersignale vom Programm erzeugt und verschickt werden müssen, werden hier sog. *Threads* verwendet (vgl. Abb. 9), die dann (je nach konkreter Programmiersprache und Rechnerarchitektur) parallel oder quasi-parallel vom Rechner abgearbeitet werden.

3.3.5 Kamerabild übertragen

Neben der Steuerung der Kamerabewegung mittels der Schrittmotoren ist auch das Abfragen der Bildaufnahmen des Kameramoduls Teil des Projekts.

Als kabellose und unkomplizierte Variante kann eine handelsübliche Actionkamera (z. B. GoPro, Rollei …) an den Tragseilen befestigt werden. Sie besitzt einen Akku als Stromversorgung und ist i. d. R. in der Lage, die aufgenommenen Bilddaten als Livestream per WLAN an ein mobiles Endgerät zu übertragen oder auf eine Speicherkarte aufzuzeichnen.

Wir haben, wie oben dargestellt, ein RaspberryPi-Kameramodul an die Tragseile geknüpft und über ein Flachbandkabel mit der dafür vorgesehenen CSI (Camera Serial Interface)-Schnittstelle des RaspberryPi verbunden. Auf diese

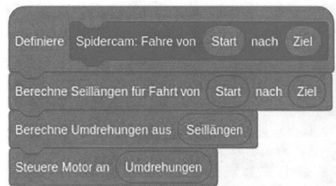

Abb. 8 Auszüge aus dem Scratch-Skript zur Ansteuerung der Seilkamera. (©Hans-Stefan Siller 2021)

Abb. 9 Auszug aus Python-Skript inkl. Funktion zur Ansteuerung der Motoren mit Threads, um parallele Bewegung der Schrittmotoren zu gewährleisten. (©Hans-Stefan Siller 2021)

```python
def steuereMotoren(umdrehungen):

    # …

    umdrehungen_schrittmotor_1 = umdrehungen[0]

    if umdrehungen_schrittmotor_1 > 0: # Schrittmotor 1 rollt Seil ab

        thread1 = threading.Thread(target=schrittmotor1.forward,
            args = (int(abs(umdrehungen_schrittmotor_1)),))
        thread1.start()

    else: # Schrittmotor 1 rollt Seil auf

        thread1 = threading.Thread(target=schrittmotor1.backward,
            args = (int(abs(umdrehungen_schrittmotor_1)),))
        thread1.start()

    # Dieser Aufruf wird analog für alle weiteren drei Schrittmotoren ausgeführt
```

Weise kann, neben Foto- und Videoaufnahmen auf den internen Speicher des Mini-Computers, auch das Live-Bild der Kamera an einem angeschlossenen Computermonitor betrachtet werden.

In der Python-Variante der Implementierung wird dazu zunächst ein Paket mit elementaren Kamera-Methoden über den Befehl *import picamera* in das Programm eingebunden, anschließend kann das Live-Bild der Kamera mit wenigen Codezeilen auf den Monitor übertragen werden (s. Abb. 10).

Auf Ebene der Implementierung besteht, unabhängig von der Wahl der konkreten Programmiersprache, grundsätzlich die Möglichkeit, den Lernenden einzelne Module der

```python
import time, picamera

def camera():

    camera = picamera.PiCamera()

    # Auflösung der Kamera setzen
    camera.resolution = (1048,720)

    # Livestream der Kamera starten (im Modus "Fullscreen")
    camera.start_preview(fullscreen=True)

    # Programm für eine Minute pausieren,
    time.sleep(60)

    # Livestream der Kamera stoppen
    camera.stop_preview()
```

Abb. 10 Python-Skript zur Steuerung der Kamera. (©Hans-Stefan Siller 2021)

Programmierung als *Blackbox* (vgl. Buchberger 1990) zur Verfügung zu stellen; beispielsweise trägt die explizite Ansteuerung der Schrittmotoren wenig zum Verständnis der Realsituation oder ihrer Modelle bei und kann daher als fertiges Teilprogramm vorgegeben werden. Andere Programmbereiche, speziell jene, die durch die mathematische Modellierung bereits ausreichend durchdrungen wurden, können als *Whitebox* von den Lernenden selbst in die Programmiersprache übersetzt werden. Die Übergänge zwischen den Varianten Whitebox und Blackbox sind dabei selbstredend fließend.

4 Umsetzung als Schülerprojekt bei den Würzburger Schülerprojekttagen 2018

Das Projekt der Modellierung einer Seilkamera wurde im Sommer 2018 im Rahmen der *Schülerprojekttage* (https://projekttage.dmuw.de) durchgeführt. Diese Veranstaltung der Fakultät für Mathematik und Informatik der Universität Würzburg wird seit 2002 jeweils kurz vor den Schulsommerferien veranstaltet und richtet sich an besonders interessierte Schülerinnen und Schüler der späten Sekundarstufe aus dem süddeutschen, vorwiegend regionalen Raum. Jährlich rund 50 Schülerinnen und Schüler kommen in diesem Rahmen für vier Tage an die Universität und bearbeiten unter der Anleitung und Betreuung durch Studierende, Hochschuldozierende und Professorinnen und Professoren jeweils eine mathematische oder informatische Problemstellung in Gruppen von 5–7 Personen, sodass es in der Regel 7–8 verschiedene Projektgruppen mit unterschiedlichen Themenstellungen gibt (vgl. z. B. Roth 2010; Ruppert 2010a, b; Ruppert und Wörler 2012; Tautz et al. 2013; Weigand und Wörler 2010; Wörler 2013a).

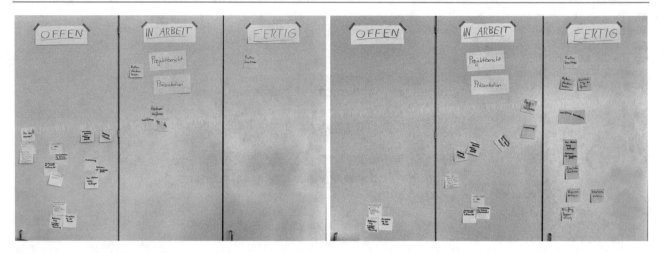

Abb. 11 Projektmanagement mittels Kanban-Board, bei dem (Teil-)Aufgaben auf Post-Its geschrieben und auf das Board geklebt werden. Links: Kanban-Board zu Beginn, Rechts: Kanban-Board gegen Ende nach Bearbeitung einiger Aufgaben. (©Hans-Stefan Siller 2021)

Die Lernenden werden dafür vom regulären Schulunterricht befreit.

Ziel ist es, den Teilnehmenden erste Einblicke in die Arbeit von Forscherinnen und Forschern zu ermöglichen, indem sie sich selbst intensiv mit dem jeweiligen Thema beschäftigen, Ziele definieren, Teilschritte identifizieren, Probleme lösen, Lösungen und Fehler dokumentieren und die Ergebnisse am Ende des Projektes einem breiten Publikum präsentieren. Gleichwohl besteht aber auch die Absicht, Mathematik und Informatik als lebendige Wissenschaften mit hoher Bedeutung für Alltag, Industrie und Wirtschaft, Natur und Kultur zu präsentieren.

Bei den Schülerprojekttagen 2018 erfolgte die Vorstellung der Projektinitiative (im Sinne von Frey 1995) über einen kurzen Videotrailer, der den Einsatz des Kamerasystems der Firma *SpiderCam* beim FIFA World Cup 2010 aus Sicht der FIFA wiedergibt. Dadurch wurde der Lebensweltbezug des Themas und seine Relevanz in der heutigen Medienwelt aufgezeigt.

Die sieben Komponenten der Projektmethode nach Frey (1995)
1. Projektinitiative
2. Auseinandersetzung mit der Projektinitiative
3. Gemeinsame Entwicklung der Projektinitiative: Ergebnis Projektplan
4. Verstärkte Aktivitäten im Betätigungsgebiet/Projektdurchführung
5. Abschluss des Projekts
6. Fixpunkte
7. Metainteraktion/Zwischengespräch

In der ersten Auseinandersetzung der Schülerinnen und Schüler mit der Projektinitiative (vgl. Frey 1995) wurden Ideen und Umsetzungsvarianten gesammelt, stichpunktartig notiert und diskutiert. Hieraus entwickelten sie einen Projektplan, indem die Lernenden Teilprobleme und -aufgaben identifizierten und auf Papierkärtchen *(Post-Its)* schrieben.

Um den Projektplan mit sämtlichen Teilaufgaben im Blick zu behalten und die Kommunikation über den Stand des Projektverlaufes innerhalb der Gruppe während der Fixpunkt-Sitzungen (vgl. ebd.) zu unterstützen, wurden die Papierkärtchen anschießend an eine Schrankwand geheftet (vgl. Abb. 11), wodurch eine Art *Kanban-Board* entstand. *Kanban* ist eine Projektmanagementmethode, die etwa in der Softwareentwicklung verwendet wird und allen an einem Projekt Beteiligten dabei helfen kann, den Projektverlauf zu steuern und zu optimieren (vgl. z. B. Burrows 2015; Leopold und Kaltenecker 2018). Ein wichtiger Bestandteil der Methode ist das sog. *Kanban-Board*, das – wie im vorgestellten Projekt – real als Wandtafel existieren oder aber als virtuelle Software-Variante implementiert sein kann. Das Board visualisiert Teilaufgaben der jeweiligen Problemstellung, zugleich aber auch deren Bearbeitungsstatus und mitunter auch die jeweilige Zugehörigkeit, also von wem die Teilaufgabe erledigt werden soll. Im einfachsten Fall wird das Board in drei Spalten unterteilt, die den Bearbeitungsstatus verdeutlichen: „offen" (engl. *to do*), „in Arbeit" (engl. *doing*) und „fertig" (engl. *done*). Teilaufgaben werden als Kärtchen bzw. Kacheln zunächst in die Spalte „Offen" gebracht und wandern im Verlauf des Projektes über „in Arbeit" zu „Fertig". Haben alle Kärtchen den Status „Fertig" und damit die zugehörige Spalte erreicht, so kann das Projekt abgeschlossen werden.

Als Teilaufgaben, die die Schülerinnen und Schüler an das Board klebten, wurden beispielsweise formuliert:

„für Vektoren KoSy [= Koordinatensystem, Anm.] fest-legen", „Abstimmen der Motoren aufeinander", „Schalt-plan erstellen", „Verkabelung für Kamera", „Kamera aus-lesen" oder „Rollen [Anm.: Winden] konstruieren". Dem-nach wählte die Gruppe für die Projektdurchführung einen Weg, der von der handwerklichen Zusammenstellung des Realmodells inklusive der Installation der elektrischen und elektronischen Bauteile, über die Eigenkonstruktion von Windentrommeln mittels FreeCAD und 3D-Druck, eine mathematische Modellierung der Problemstellung durch Vektoren und die informatische Implementierung über die Programmiersprache Python führte. Das Kanban-Board, in Verbindung mit einem zentral sichtbaren Datenfluss-diagramm des Problems (ähnlich zu Abb. 7) sowie einem selbst erstellten Schaltplan und einer deskriptiven 3D-Si-mulation mit GeoGebra (ähnlich zu Abb. 4) dienten wäh-rend der gesamten Projektdurchführung als Referenzrah-men für die Teilgruppen.

Um das Projekt nach außen sichtbar zu machen, mussten die einzelnen Gruppen einen Projektbericht erstellen, der zentrale Ergebnisse aber auch Hürden dokumentiert. Die-ser wurde allen Beteiligten in gedruckter Form am Ende der Schülerprojekttage nach einer öffentlichen Abschlussprä-sentation zur Verfügung gestellt. Das im Artikel vorgestellte Realmodell ist ebenso ein Ergebnis der Arbeit der Schüle-rinnen und Schüler.

Zudem wurden die jeweiligen Gruppenmitglieder gebe-ten einen Rückmeldebogen auszufüllen, um eine qualita-tive Einschätzung zum jeweiligen Projekt zu erhalten. Drei bemerkenswerte Rückmeldungen zum Projekt Seilkamera 2018 der Gruppe möchten wir hier zeigen:

- „Es waren genau die Sachen, die ich an der Informatik in der Schule vermisse."

- „Mir hat die Verbindung von Soft- und Hardware gefal-len und dass wir ein mathematisches Problem in Wirk-lichkeit erleben konnten."
- „Es gab neue interessante Aspekte, die aber gerne auch mathematisch vertiefter sein dürfen."

Insbesondere die letzte der drei Rückmeldungen zeigt das Interesse der beteiligten Schülerinnen und Schüler, aber auch die Motivation das Seilkamerasystem mathematisch vertiefter zu betrachten. Dies haben wir zum Anlass ge-nommen, uns im folgenden Abschnitt noch eingehender mit Möglichkeiten der Modellierung auseinanderzusetzen.

5 Weiterentwicklungsmöglichkeiten

Ein Problem, das im Rahmen des oben beschriebenen Schü-lerprojektes auftrat, war, dass die einzelnen Tragseile bei einer Kamerabewegung zwischen zwei Punkten zum Teil stark durchhängen. Einzelne Punkte können also durch die oben dargelegten Ansätze gezielt angefahren werden, die Fahrt dorthin ist im Realmodell aber mitnichten geradlinig. Darüber hinaus sind die vier Tragseile beim realen Seilka-merasystem fortwährend gespannt.

Daher betrachten wir Optimierungsmöglichkeiten un-ter denselben Modellannahmen (vgl. Abschn. 3). Wir illus-trieren und beschreiben diese Möglichkeiten im Folgen-den anhand einer – idealerweise geradlinigen – exempla-rischen Kamerafahrt vom Punkt $K_1(31,20,25)$ zum Punkt $K_2(31,70,35)$. Die Wahl der Punkte ist darin begründet, dass sich die Kamerafahrt somit aufgrund der speziellen x-Ko-ordinate auf eine zweidimensionale Bewegung reduzie-ren lässt. Es genügt also, je zwei der Masten bzw. Aufhän-gungspunkte zu betrachten (vgl. Abb. 12).

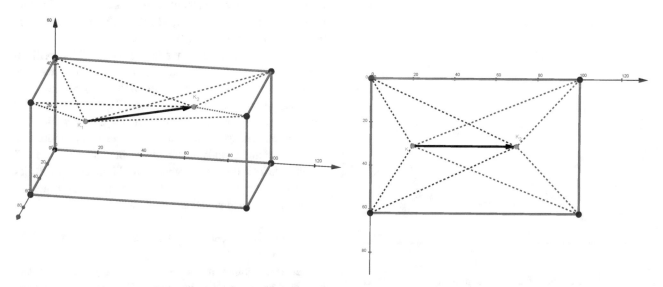

Abb. 12 Durch die spezielle Wahl von Startpunkt K_1 und Zielpunkt K_2 gibt es je zwei Motoren, die dieselbe Seillänge abrollen (blaues Moto-renpaar – „links") bzw. aufrollen (rotes Motorenpaar – „rechts") müssen (erstellt mit GeoGebra). (©Hans-Stefan Siller 2021)

5.1 Analyse geradliniger Kamerabewegungen

In der Umsetzung der Projektgruppe arbeiten alle vier Schrittmotoren stets mit identischer Geschwindigkeit. Die Ergebnisse der Berechnungen für die Kamerafahrt von K_1 zu K_2 sind in Abb. 13 zu sehen. Die beiden blauen Motoren müssen insgesamt weniger Seil ablassen, als die roten Motoren aufrollen. Daher beenden sie ihre Rotation deutlich früher und stehen dann so lange still, bis die roten Motoren ihre Arbeit beendet haben. Dies bedingt das Durchhängen der Tragseile und die nicht-geradlinige Kamerabewegung.

Im Hinblick auf die nachfolgenden Ausführungen möchten wir explizit darauf hinweisen, dass sich die Seillängen

(abschnittsweise) linear verändern (vgl. Abb. 13), da die Motoren mit konstanter Geschwindigkeit arbeiten.

Um die Kamerabewegung zwischen den Punkten $K_1 \rightarrow K_2$ tatsächlich geradlinig zu modellieren, schlagen wir den Weg über die theoretische Herleitung ein: Für eine geradlinige Bewegung von $K_1 = K_1(k_{1,x}, k_{1,y}, k_{1,z})$ nach $K_2 = K_2(k_{2,x}, k_{2,y}, k_{2,z})$ wird der Pfad k_{xyz} definiert als

$$k_{xyz}(t) = t \cdot K_2 + (1 - t) \cdot K_1, \text{ wobei } t \in [0,1].$$

Dieser kann nun koordinatenweise in die bereits bekannte symbolische Darstellung der Tragseillänge $S_{L,i}$ eingesetzt. Auf diese Weise ergibt sich die Seillänge $S_{L,i}(t)$ für einen Aufhängungspunkt $P_i(p_{x,i}, p_{y,i}, p_{z,i})$ in Abhängigkeit vom Parameter t (den Index i lassen wir hier der Übersichtlichkeit wegen weg):

$$S_L(t) = \sqrt{\left(t \cdot k_{2,x} + (1-t) \cdot k_{1,x} - p_x\right)^2 + \left(t \cdot k_{2,y} + (1-t) \cdot k_{1,y} - p_y\right)^2 + \left(t \cdot k_{2,z} + (1-t) \cdot k_{1,z} - p_z\right)^2}$$

In Abb. 14a sind die Seillängen $S_{L,i}(t)$ der beiden Motorpaare (rot, blau) für die Beispielbewegung $K_1 \rightarrow K_2$ zu sehen, in Abb. 14b für eine Bewegung über das gesamte Spielfeld in y-Richtung (d. h. $0 \leq y \leq 100$). Es wird deutlich, dass die Graphen je nach Position der Kamera deutlich von einem linearen Verlauf abweichen und höchstens abschnittsweise als linear angenähert werden können.

Wie in Abb. 13 bereits gezeigt, erzeugen Motoren mit konstanter Geschwindigkeit stets lineare Graphen. Aus diesem Grund ist eine geradlinige Kamerabewegung nur für spezielle, eher kurze Kamerafahrten umsetzbar. Im Allgemeinen aber müsste die Motorengeschwindigkeit, aus theoretischer Perspektive, entsprechend der Abb. 14 während der Fahrt je nach Position der Kamera dynamisch angepasst werden: die jeweilige Ableitung $S'_{L,i}$ der Tragseillänge böte sich dazu als Steuergeschwindigkeit im Sinne der

momentanen Änderungsrate an. Dieser Ansatz stellt allerdings in der konkreten Umsetzung der Steuerung ein eher komplexes Problem dar.

Wir führen daher im Folgenden zwei Alternativen aus, die sich für eine Erarbeitung mit Lernenden unter den beschriebenen technischen Gegebenheiten unseres Erachtens nach gut umsetzen lassen: 1) Normierung auf größte Längenänderung, 2) Diskretisierung des Wegs.

5.2 Möglichkeit I: Normierung auf größte Längenänderung

Die Normierung auf die größte Längenänderung verfolgt die Idee, die Geschwindigkeit der Schrittmotoren so anzupassen, dass alle Motoren gleich lang für die vorgegebene Bewegung benötigen. Damit wird das oben beschrieben Problem umgangen, dass ein Motorenpaar früher seine Arbeit beendet als das andere (vgl. Abb. 13).

Zur Normierung können beispielsweise die jeweiligen Anzahlen an Motorumdrehungen U_i verwendet werden, da diese vor der Ansteuerung der Motoren berechnet werden (vgl. Datenflussdiagramm, Abb. 7). Über $U_{max}(|U_i|)$ (für $i = 1, .., 4$) wird bestimmt, welcher der vier Motoren die größte Seillänge rollen muss und wie viele Umdrehungen hierfür nötig sind; dieser Motor braucht entsprechend die längste Zeit für den Vorgang. Anschließend wird für jeden der Motoren ein relativer Wert gebildet, der später als Geschwindigkeitsdrossel verwendet wird:

$$U_{rel,i} = \left| \frac{U_i}{U_{max}} \right|, \text{ wobei } 0 \leq U_{rel,i} \leq 1 \quad (\text{für } i = 1, \ldots, 4)$$

In der Berechnung muss der Betrag verwendet werden, da die Anzahl der Umdrehungen U_i ‚gerichtet‘ ist (vgl. Abschn. 3.2.4 einfache Kamerafahrten), das Vorzeichen U_i

Abb. 13 Bei der Kamerafahrt von K_1 nach K_2 mit identischer Geschwindigkeit der Motoren ist das eine Motorenpaar (blau – steigend) früher fertig als das andere (rot – fallend). (©Hans-Stefan Siller 2021)

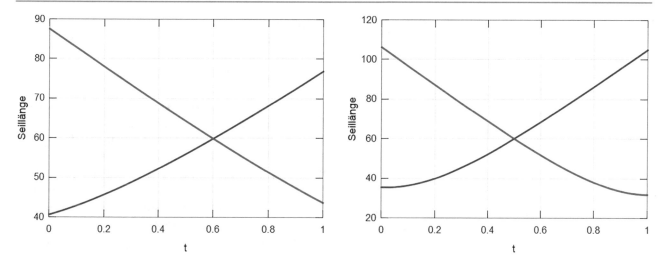

Abb. 14 Durch Berechnung theoretisch abgeleitete Seillängen der beiden Motorenpaare für die Kamerabewegung von K_1 zu K_2 (li.) bzw. über das gesamte Spielfeld (re.). (©Hans-Stefan Siller 2021)

also davon abhängt, ob Seil auf- oder abgerollt wird. Mit dem Faktor $U_{rel,i}$ wird dann die Geschwindigkeit des jeweiligen Motors multipliziert und abgebremst[9].

In Abb. 15 sind die entsprechenden Tragseillängen für die beiden Motorpaare rot eingezeichnet. Im Vergleich mit Abb. 13 ist zu sehen, dass die Geschwindigkeit des abrollenden Motorpaares (Abb. 15, oben) gedrosselt wird, sodass alle vier Motoren nun dieselbe Zeit für die Seillängenänderung benötigen. Die Geschwindigkeit des aufrollenden Motorenpaares (Abb. 15, unten) bleibt unverändert.

5.2.1 Simulation

Die zugehörige Kamerabewegung wird in einer 3D-Simulation untersucht: Dazu werden, wie vorher, die vier Aufhängungspunkte im virtuellen Raum maßstabsgetreu definiert und als Mittelpunkte von Kugeln interpretiert. Überführt man anschließend die vier Tragseillängen in entsprechende Kugelradien, kann über den Schnitt der Kugeln die Kameraposition im Raum berechnet werden. Geschieht dies für verschiedene Zeitpunkte $0 \leq t \leq 1$, wird die Bewegung der Kamera als Punktmenge dargestellt und am Bildschirm visualisiert.

Abb. 16 ist auf diese Weise entstanden. Sie veranschaulicht den simulierten Verlauf der Kamerabewegung. Es

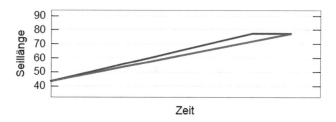

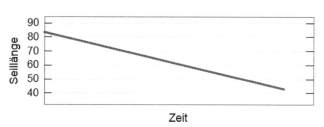

Abb. 15 Das aufrollende Motorpaar (oben) passt sich durch Drosselung an die Geschwindigkeit des abrollenden Motorpaares (unten) an, sodass beide Motorpaare gleich lang arbeiten. (©Hans-Stefan Siller 2021)

zeigt sich, dass die Variante der Normierung auf die größte Längenänderung eine Verbesserung im Vergleich zur ursprünglichen Umsetzung (blau) darstellt, die Kamerabewegung sich jedoch immer noch von der „Ideallinie" einer geradlinigen Bewegung (grün) unterscheidet.

Nach der Implementierung der Wegführungsvariante werden die simulierten Wege auch im realen Einsatz deutlich (vgl. Abb. 17): Die Kamerafahrt von K_1 (links) nach K_2 (rechts) zeigt für den ersten Zugang (Abb. 17, blau) einen deutlichen Knick im letzten Drittel des Weges. Die der Normierung auf die größte Längenänderung (Abb. 17, rot) bringt Verbesserungen, ist aber noch weit von der idealen, linearen Verbindung (Abb. 17, hellgrün) entfernt.

---

[9]In der Umsetzung am Modell wird die Geschwindigkeit der Schrittmotoren über die sogenannte *Totzeit* reguliert. Die Totzeit gibt an, in welchem zeitlichen Abstand die Steuersignale (Strom an, aus = Elektromagnet im Motor an, aus) an einen Motor gegeben werden. Je kleiner diese Totzeit eingestellt wird, umso schneller bekommt der Motor die Steuersignale und desto schneller dreht er sich. Bei einer zu kurzen Totzeit kann der Motor jedoch die eintreffenden Signale nicht mehr verarbeiten, wodurch sich eine maximale Drehgeschwindigkeit ergibt. Für die Berechnung bzw. Implementierung bedeutet dies, dass die Totzeit mit dem Kehrwert von $U_{rel,i}$ multipliziert werden muss.

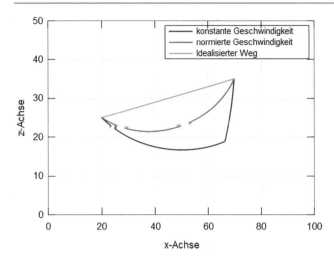

Abb. 16 Simulierte Kamerabewegung vor (blau – unten) und nach (rot – mittig) der Normierung auf die größte Längenänderung. Ein deutlicher Abstand zur geraden Ideallinie (grün – oben) bleibt erkennbar. (©Hans-Stefan Siller 2021)

5.3 Möglichkeit II: Diskretisierung des Weges

Um die Kamerafahrt zu „linearisieren" wird der Pfad zwischen den beiden Punkten K_1 und K_2 durch Zwischenpunkte in kürzere Teilstrecken segmentiert. Dabei nutzen wir die Tatsache aus, dass mit dem ursprünglichen Ansatz Raumpunkte treffsicher angesteuert werden; dies gilt in gleicher Weise für die Zwischenpunkte, die – wenn sie auf der Strecke $\overline{K_1 K_2}$ liegen – die geradlinige Bewegung approximieren.

Dazu definieren wir zunächst eine Folge an Punkten Z_i (für $n \in \mathbb{N}$):

$$(Z_i)_{i=0,\dots,n} = t_i \cdot K_2 + (1 - t_i) \cdot K_1, \text{ wobei } (t_i)_{i=0,\dots,n} = \frac{i}{n}$$

Auf diese Weise ergeben sich $(n-1)$ Zwischenpunkte, die äquidistant auf der Verbindungsstrecke zwischen $K_1 (= Z_0)$ und $K_2 (= Z_n)$ angeordnet sind. In der Ansteuerung der Motoren werden diese Zwischenpunkte nun berücksichtigt: Statt die Kamerabewegung im Ganzen von K_1 nach K_2 anzustoßen, werden schrittweise nacheinander bei K_1 beginnend die Zwischenpunkte angelaufen: $K_1 \to Z_1, Z_1 \to Z_2, \dots, Z_{n-1} \to K_2$.

Für die Implementierung im Realmodell muss berücksichtigt werden, dass das Signal zur Ausführung des nächsten Schritts erst gegeben werden darf, wenn der vorangegangene Schritt von allen vier Motoren abgeschlossen wurde. Dies kann entweder durch eine kurze, der benötigten Zeit der Motoren entsprechenden Pause in der Programmcodeausführung oder eine individuelle Abfrage der Aktivität der GPIO-Pins erfolgen.

Zur Veranschaulichung ist die simulierte Bewegung der Kamera ist in Abb. 18 zu sehen: In dieser Variante steuert die Kamera 50 Punkte an, die auf einer Geraden zwischen K_1 und K_2 liegen, wodurch die simulierte Kamerabewegung (Abb. 18, blau) dem theoretischen, linearen Pfad (Abb. 18, grün) recht gut angenähert werden kann. Ein Video der Bewegung im Realmodell ist im Online-Material zu finden.

Abb. 17 Die beiden implementierten Wegführungsvarianten bei Kamerafahrt von links nach rechts – erster Zugang (blau – unten), Normierung auf die größte Längenänderung (rot – mittig) und ideale, linearen Verbindung (hellgrün – oben). (©Hans-Stefan Siller 2021)

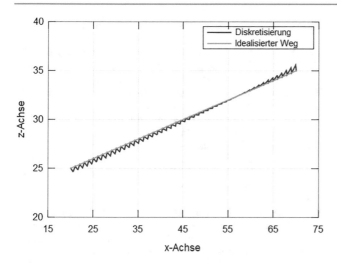

Abb. 18 Simulierte Kamerabewegung für Diskretisierung mit 50 Zwischenpunkten (blau) und theoretischer, linearer Pfad (grün). (©Hans-Stefan Siller 2021)

6 Fazit

Die im vorigen Kapitel vorgestellten Ansätze stehen exemplarisch für die vielfältigen Vertiefungsmöglichkeiten, die bei einer Weiterentwicklung der Modellierung diskutiert werden können. Sie beschreiben das reale Ausgangsproblem somit keineswegs erschöpfend, erlauben aber einen Eindruck davon, wie die Modellierung des Seilkamerasystems auf vielfältige Weise Anlässe zur Analyse, Verfeinerung und Durchdringung der beteiligten Modellarten (Realmodelle, mathematische Modelle, informatische Modelle) für die Sekundarstufe II und den tertiären Bildungsbereich bietet.

In Abschn. 3 wurden, sowohl für die mathematische wie auch die informatische Aufarbeitung der Problemstellung, jeweils verschiedene Modelle und Modellierungsvarianten vorgestellt. Diese sprechen verschiedene Anforderungsniveaus an und können dementsprechend an die Vorerfahrungen und Interessen der Lernenden genauso angepasst werden, wie an die jeweiligen Projektziele oder den zeitlichen Rahmen des Projekts. Beispielsweise konnte im Zuge der Schülerprojekttage gemeinsam mit den Schülerinnen und Schülern eine Umsetzung des Modells entsprechend Niveau 2 (vgl. Tab. 2) erreicht werden.

Zusammen mit den Ideen aus Abschn. 5 ergibt sich schließlich eine Fülle an Durchführungsvarianten (vgl. Tab. 2), die es erlaubt, inhaltliche Schwerpunkte gezielt zu verlagern und an die jeweiligen Bedingungen anzupassen (pro Zeile kann für die Durchführung eine geeignete Zelle ausgewählt werden). Für eine Umsetzung in der Sekundarstufe I könnten beispielsweise die Seillängen mithilfe des Satzes des Pythagoras berechnet, die Windentrommeln selbst konstruiert und für die Programmierung Python verwendet werden, wobei einige Teile des Programmcodes vorgeben werden könnten.

Die Auflistung der Möglichkeiten belegt eindrücklich, wie reichhaltig sich die Modellierung des Seilkamerasystems aus mathematischer wie auch informatischer Perspektive gestaltet und wie die beiden Fächer Mathematik und Informatik im Sinne einer Fächerkoordination wechselseitig ineinandergreifen können. Die Schülerinnen und Schüler können somit einerseits die Bedeutung der Verzahnung verschiedener Fachbereiche selbsttätig erleben. Andererseits bieten die Differenzierungsmöglichkeiten genug Spielraum, um das Projekt auf die individuellen Voraussetzungen der Lernenden anzupassen.

Tab. 2 Umsetzungsmöglichkeiten des Projektes auf unterschiedlichen Anforderungsniveaus

| | Sekundarstufe I → und ← Tertiärstufe | | | |
	Niveau 1	Niveau 2	Vertiefung I	Vertiefung II
Berechnung der Seillängen	Pythagoras	Vektorrechnung	Normierung	Diskretisierung
Seilwinden	Trommeln kaufen	3D-Konstruktion der Trommeln	Motorschaltung thematisieren	Motorschaltung optimieren
Kamera	Actioncam	Kameramodul	Stabilisierung	Rotation
Programmierung	Scratch	Python	C# … (?)	… ?
Implementierung	Black-Box → ← White-Box			

Literatur

Block, M. (2010). Mit einer Spidercam über dem Fußballfeld. In M. Engel (Hrsg.), *Erfolgreiche Unterrichtsentwürfe. Mathematik* (Bd. 1, S. 184–190). Freiburg: Freiburger.

Blum, W. (1985). Anwendungsorientierter Mathematikunterricht in der didaktischen Diskussion. *Mathematische Semesterberichte, 32,* 195–232.

Blum, W., & Leiß, D. (2005). Modellieren im Unterricht mit der ‚Tanken'-Aufgabe. *mathematik lehren, 128,* 8–21.

Bossel, H. (1989). *Simulation dynamischer Systeme. Grundwissen, Methoden, Programme.* Wiesbaden: Vieweg.

Bratley, P., Fox, B. L., & Schrage, L. E. (1987). *A guide to simulation* (2. Aufl.). Berlin: Springer.

Bruder, R., & Collet, C. (2011). *Problemlösen lernen im Mathematikunterricht.* Berlin: Cornelsen Verlag Scriptor.

Bruner, J. S. (1964). The course of cognitive growth. *American Psychologist, 19*(1), 1–15.

Buchberger, B. (1990). Should students learn integration rules? *SIGSAM Bulletin, 24*(1), 10–17.

Burrows, M. (2015). *Kanban: Verstehen, einführen, anwenden.* Heidelberg: dpunkt.

Doerr, H. M., & English, L. D. (2003). A modelling perspective on students' mathematical reasoning about data. *Journal for Research in Mathematics Education, 34*(2), 110–136.

Freudenthal, H. (1973). *Mathematik als pädagogische Aufgabe* (Bd. 1). Stuttgart: Klett.

Frey, K. (1995). *Die Projektmethode.* Basel: Belz.

Forrester, J. W. (1971). *World dynamics.* Cambridge: Wright-Allen.

[GI] Gesellschaft für Informatik. (2008). Grundsätze und Standards für die Informatik in der Schule: Bildungsstandards Informatik für die Sekundarstufe I. [Beilage zu LOG IN, 28. Jg., Heft Nr. 150/151].

[GI] Gesellschaft für Informatik. (2016). Grundsätze und Standards für die Informatik in der Schule: Bildungsstandards Informatik für die Sekundarstufe II. [Beilage zu LOG IN, 36. Jg., Heft Nr. 183/184].

Greefrath, G. (2010). *Modellieren lernen mit offenen realitätsnahen Aufgaben.* Halbergmoos: Aulis.

Greefrath, G., & Siller, H.-S. (2018). *Digitale Werkzeuge, Simulationen und mathematisches Modellieren.* Wiesbaden: Springer Spektrum.

Greefrath, G., & Weigand, H.-G. (Hrsg.). (2012). Simulieren: Mit Modellen experimentieren. *Mathematiklehren, 174.*

Günther, M., & Velten, K. (2014). *Mathematische Modellbildung und Simulation: Eine Einführung für Wissenschaftler, Ingenieure und Ökonomen.* Weinheim: Wiley-VCH.

Haunert J. H., & Wolff A. (2016). Räumliche Analyse durch kombinatorische Optimierung. In W. Freeden, R. Rummel (Hrsg.), *Handbuch der Geodäsie. Springer Reference Naturwissenschaften.* Berlin: Springer Spektrum.

Henn, H.-W. (2000). Warum manchmal Katzen vom Himmel fallen … oder … von guten und von schlechten Modellen. In H. Hischer (Hrsg.), *Modellbildung, Computer und Mathematikunterricht* (S. 9–17). Hildesheim: Franzbecker.

Hischer, H. (Hrsg.). (1994). *Mathematikunterricht und Computer: neue Ziele oder neue Wege zu alten Zielen? Proceedings.* Hildesheim: Franzbecker.

Hischer, H. (Hrsg.). (1995). *Fundamentale Ideen: zur Zielorientierung eines künftigen Mathematikunterrichts unter Berücksichtigung der Informatik. Proceedings.* Hildesheim: Franzbecker.

Hischer, H. (2000a). Vorwort. In H. Hischer (Hrsg.), *Modellbildung, Computer und Mathematikunterricht* (S. 5–6). Hildesheim: diVerlag Franzbecker.

Hischer, H. (Hrsg.). (2000b). *Modellbildung, Computer und Mathematikunterricht. Proceedings.* Hildesheim: diVerlag Franzbecker.

Klöckner, V., Siller, H.-S., & Adler, S. (2016). Wie bewegt sich eine Spidercam? Eine technische Errungenschaft, die nicht nur Fußballfans begeistert. *Praxis der Mathematik, 69*(58), 26–30.

[KMK] Sekretariat der Ständigen Konferenz der Kultusminister der Länder in der BRD. (Hrsg.). (2004). *Beschlüsse der Kultusministerkonferenz. Bildungsstandards im Fach Mathematik für den Mittleren Schulabschluss.* München: Wolters Kluwer Deutschland.

[KMK] Sekretariat der Ständigen Konferenz der Kultusminister der Länder in der BRD. (Hrsg.). (2005). *Beschlüsse der Kultusministerkonferenz: Bildungsstandards im Fach Mathematik für den Hauptschulabschluss (Jahrgangsstufe 9).* München: Wolters Kluwer Deutschland.

[KMK] Sekretariat der Ständigen Konferenz der Kultusminister der Länder in der BRD. (Hrsg.). (2012). *Beschlüsse der Kultusministerkonferenz: Bildungsstandards im Fach Mathematik für Allgemeine Hochschulreife.* Köln: Wolters Kluwer Deutschland.

Krüger, S. (1974). *Simulation: Grundlagen, Techniken, Anwendungen.* Berlin: De Gruyter.

Labbude, P. (2014). Fächerübergreifender naturwissenschaftlicher Unterricht – Mythen, Definitionen, Fakten. *Zeitschrift für Didaktik der Naturwissenschaften (ZfdN), 20*(1), 11–19.

Lehner, M. (2012). *Didaktische Reduktion.* Bern: Haupt.

Leopold, K., & Kaltenecker, S. (2018). *Kanban in der IT: Eine Kultur der kontinuierlichen Verbesserung schaffen.* München: Hanser.

Liebl, F. (1992). *Simulation: Problemorientierte Einführung.* München: Oldenbourg.

Modrow, E., & Strecker, K. (2016). *Didaktik der Informatik.* Boston: De Gruyter.

[NCTM] National Council of Teachers of Mathematics. (2005). *Principles and standards for school mathematics* (4. Aufl.). Reston; National Council of Teachers of Mathematics.

Pollak, H. O. (1979). The interaction between mathematics and other school subjects. In UNESCO (Hrsg.), *New trends in mathematics teaching. Bd. IV. The teaching of basic sciences* (S. 232–248). Paris: UNESCO.

Puhlmann, H. (2000). Bericht zur Arbeitsgruppe „Modellbildung in Informatik und Mathematik" – Gemeinsamkeiten und Unterschiede. In H. Hischer (Hrsg.), *Modellbildung, Computer und Mathematikunterricht* (S. 171–172). Hildesheim: diVerlag Franzbecker.

Roth, J. (2010). Baggerarmsteuerung: Zusammenhänge rekonstruieren und Problemlösungen erarbeiten. *Der Mathematikunterricht, 56*(5), 35–46.

Ruppert, M. (2010a). Biometrische Erkennungssysteme: Ein geeignetes geometrisches Thema zur Vermittlung von Basiskompetenzen im Mathematikunterricht. In M. Ludwig & R. Oldenburg (Hrsg.), *Basiskompetenzen in der Geometrie – Herbsttagung 2009 des GDM-Arbeitskreises Geometrie* (S. 109–124). Hildesheim: Franzbecker.

Ruppert, M. (2010b). Die Entwicklung eines Gesichtserkennungssystems: Eine Projektaufgabe aus der Biometrie. *Der Mathematikunterricht, 56*(5), 21–34.

Ruppert, M., & Wörler, J. (2012). Unser Stadtteil – Digital und 3D: Ein Vermessungs- und Modellierungsprojekt. *Praxis der Mathematik, 46,* 33–40.

Schmidt, U. (2009). Ein Flug mit der Spidercam. Anwendungsaufgaben entwickeln. *Mathematik Lehren, 152,* 50–57.

Schubert, S., & Schwill, A. (2011). *Didaktik der Informatik.* Heidelberg: Spektrum Akad.

Siller, H.-S. (Hrsg.). (2015). Realitätsbezug im Mathematikunterricht. *Der Mathematikunterricht, 61*(5).

Stachowiak, H. (1973). *Allgemeine Modelltheorie.* Wien: Springer.

Tautz, J., Ruppert, M., & Wörler, J. (2013). Die Mathematik der Honigbiene. In M. Ruppert & J. Wörler (Hrsg.), *Technologien im Mathematikunterricht* (S. 201–216). Wiesbaden: Springer.

Thomas, M. (2000). Modellbildung im Schulfach Informatik. In H. Hischer (Hrsg.), *Modellbildung, Computer und Mathematikunterricht* (S. 39–48). Hildesheim: diVerlag Franzbecker.

Thomas, M. (2002). *Informatische Modellbildung – Modellieren von Modellen als ein zentrales Element der Informatik für den allgemeinbildenden Schulunterricht.* [Dissertation an der Universität Potsdam, Juli 2002]. https://ddi.uni-muenster.de/Personen/marco/Informatische_Modellbildung_Thomas_2002.pdf.

Tran-Gia, P. (2005). *Einführung in die Leistungsbewertung und Verkehrstheorie.* München: Oldenbourg.

Vergnaud, G. (1998). A comprehensive theory of representation for mathematics education. *The Journal of Mathematical Behavior, 17*(2), 167–181.

Weigand, H.-G., & Wörler, J. (2010). Kreisverkehr oder Ampelsteuerung – Ein Schülerprojekt. *Der Mathematikunterricht, 56*(5), 4–20.

Winter, H. (1995). Mathematikunterricht und Allgemeinbildung. *Mitteilungen der Gesellschaft für Didaktik der Mathematik, 61*, 37–46. https://ojs.didaktik-der-mathematik.de/index.php/mgdm/article/view/69/80.

Wörler, J. (2013a). Mathematik oder Spielerei? Nach mathematische Regeln in Kunstwerken forschen. In Stiftung Rechnen (Hrsg.), *Mathe.Forscher – Entdecke Mathematik in Deiner Welt* (S. 51–60). Münster: WTM.

Wörler, J. (2013b). 3D-Modellierung mit SketchUp: Eine Einführung. In M. Ruppert & J. Wörler (Hrsg.), *Technologien im Mathematikunterricht – Eine Sammlung von Trends und Ideen.* Wiesbaden: Springer Spektrum.

Wörler, J. (2015). *Konkrete Kunst als Ausgangspunkt für mathematisches Modellieren und Simulieren.* Münster: WTM.

Zillober, C., & Vogel, F. (2000a). Adaptive strategies for large scale optimization problems in mechanical engineering. In N. Mastorakis (Hrsg.), *Recent advances in applied and theoretical mathematics* (S. 156–161). [o. O.]: World Scientific and Engineering Society.

Zillober, C., & Vogel, F. (2000b). Solving large scale structural optimization problems. In J. Sienz (Hrsg.), *Proceedings of the 2nd ASMO UK/ISSMO conference on Engineering Design Optimization, Swansea, July 10–11* (S. 273–280). Swansea: [o. V.].

Zinner, T., Geissler, S., Lange, S., Gebert, S., Seufert, M., & Tran-Gia, P. (2017). A discrete-time model for optimizing the processing time of virtualized network functions. *Computer Networks, 125,* 4–14.

Wie funktioniert eigentlich ein Segway? Interdisziplinäre MINT-Modellierungsprojekte für die gymnasiale Oberstufe

Jean-Marie Lantau und Martin Bracke

Zusammenfassung

Segways sind moderne Transportmittel, die sich insbesondere bei Touristenfahrten großer Beliebtheit erfreuen. Doch wie funktionieren diese modernen elektronischen Fortbewegungsmittel? Diese Fragestellung kann als Ausgangspunkt von interdisziplinären MINT-Modellierungsprojekten für Schülerinnen und Schüler der gymnasialen Oberstufe dienen. Anhand der Darstellung eines prototypischen Schulprojekts soll dieser Beitrag zeigen, dass sich die Fragestellung hervorragend eignet, um einen fächerverbindenden MINT-Projektunterricht derart zu konzipieren, dass Schülerinnen und Schüler einen vertieften Einblick in die Anwendung von physikalischen, technischen und insbesondere mathematischen Konzepten zur Beschreibung und Analyse eines modernen Transportmittels bekommen können.

1 Einleitung

Segways sind Transportmittel, die insbesondere für touristische Zwecke genutzt werden. Die Erkundung von Wahrzeichen einer Großstadt oder aber eine Tour durch Weinberge werden mittlerweile häufig mit Segways angeboten und viele Menschen erfreuen sich an der modernen Form der Fortbewegung. Dass jedoch eine Fahrt mit einem Segway tückisch sein kann, belegen zahlreiche Videoclips auf gängigen Portalen[1].

Die Fragestellung wie ein Segway (sicher) funktioniert, ist somit für Schülerinnen und Schüler insbesondere dann spannend, wenn sie bereits Fahrerfahrungen mit einem realen Segway machen konnten. Außerdem ermöglicht die Fragestellung ein Lernen an einem realen Objekt. Dieser Beitrag will somit aufzeigen, wie die Funktionsweise eines Segways für Schülerinnen und Schüler erklärt werden kann. Außerdem will er Lehrkräften eine Handreichung dafür geben, wie sie ein Projekt gestalten können, in der die Problemstellung der Funktionsweise eines Segways behandelt wird. An dieser Stelle sei angemerkt, dass die US-amerikanische Firma *Segway Inc.* seit Sommer 2020 das klassische Modell *Segway Personal Transporter* nicht mehr herstellt und auch keinen Nachfolger geplant hat. Relevante Teile der Firma wurden allerdings 2015 vom chinesischen Konkurrenten *Ninebot* übernommen, der seitdem die Entwicklung und den Vertrieb von selbststabilisierenden Fahrzeugen mit der Gattungsbezeichnung *Segway* weiterführt. Aus diesem Grund sind Fortbewegungsmittel dieses Typs weiterhin relevant und eine sehr ähnliche Technik wird in den bei Kindern und Jugendlichen beliebten *Hoverboards* verwendet. Darüber hinaus ist das Konzept selbststabilisierender Systeme in unserer technischen Welt an verschiedenen Stellen von Bedeutung, etwa beim Start und im Verlauf des Fluges einer Rakete zum Ausbringen von Satelliten in die Erdumlaufbahn oder bei der Konstruktion eines sogenannten *Gimbals* – einem Hilfsmittel zum Ausgleich störender Kamerabewegungen, das sehr gerne von Videofilmern eingesetzt wird.

Elektronisches Zusatzmaterial Die elektronische Version dieses Kapitels enthält Zusatzmaterial, das berechtigten Benutzern zur Verfügung steht. https://doi.org/10.1007/978-3-658-33012-5_6

J.-M. Lantau (✉) · M. Bracke
Kompetenzzentrum für mathematische Modellierung in MINT-Projekten in der Schule, Technische Universität Kaiserslautern, Kaiserslautern, Deutschland
E-Mail: jlantau@web.de

M. Bracke
E-Mail: bracke@mathematik.uni-kl.de

[1]So hatte beispielsweise der frühere TV-Entertainer Stefan Raab seine Probleme bei der Fahrt mit einem Segway, wie folgendes Video beweist: https://www.youtube.com/watch?v=_m3YBSQYGuw (zuletzt abgerufen am 26. April 2020)

Um Lehrkräften aufzuzeigen, wie und in welchen Varianten sie diese Fragestellung mit Schülerinnen und Schülern behandeln können, wurde eine Fortbildungsmaßnahme angeboten (Lantau 2020). Ausgehend von den Fortbildungen sind insgesamt neun Schulprojekte größtenteils mit Schülerinnen und Schülern der Jahrgangsstufe 12 – eine Umsetzung fand in den Klassenstufen 10/11 statt – an sechs Gymnasien, zwei berufsbildenden Schulen sowie an einer integrierten Gesamtschule entstanden. Diese Projekte hatten unterschiedliche thematische Schwerpunkte, die nach Möglichkeit abhängig von den Interessen der jeweiligen Lerngruppe gewählt wurden. Die Dauer der Projekte lag im Bereich von zwei bis vier Tagen, im Mittel bei drei Tagen, mit Lerngruppen der Größe von 9 bis 24 Schülerinnen und Schülern. Betreut wurden die Umsetzungen jeweils von ein bis zwei Lehrkräften, wobei sie von einem Vertreter der TU Kaiserslautern unterstützt und beraten wurden. Interessante Varianten, die in diesem Beitrag nicht beschrieben werden, waren die Analyse einer Kreisfahrt mit dem Segway (Maximalgeschwindigkeit, Bremsweg), die Planung der kürzesten/schnellsten Fahrt mit dem Segway in einem Parcours oder die Planung einer Segwaytour im Rahmen einer Stadtbesichtigung. Bei derartigen Fragestellungen ist eine detaillierte Modellierung des Segways und Einbeziehung der entsprechenden Aspekte aus der Regelungstechnik, auf die wir im Beitrag eingehen, nicht erforderlich, sodass auch mit jüngeren Lernenden gearbeitet werden kann. In den meisten Fällen wurde der Fokus auf die Funktionsweise eines Segways gelegt, weshalb diese Fragestellung auch im Beitrag aufgegriffen und vertieft wird. Dies ist auf Basis der mathematischen Kenntnisse aus der Einführung in die Analysis in Klassenstufe 11 bereits gut möglich. Allen von uns durchgeführten Projekten zur Thematik *Segway* ist gemeinsam, dass sich für die eigene Arbeit benötigte Daten und Informationen durch die Lernenden selbst erzeugen lassen, z. B. über das sehr mächtige Werkzeug der Videoanalyse, welches gleichzeitig die Möglichkeit zum Einsatz moderner digitaler Werkzeuge bietet und eine Brücke zur Informatik schlägt.

Im nächsten Abschnitt stellen wir einige Grundkonzepte für die Regelung dynamischer Systeme vor, welche sich auch ohne tiefe physikalische und mathematische Kenntnisse verstehen und mit kleinen Experimenten nachvollziehen lassen. Darauf werden im umfangreichen Teil zur mathematischen Modellierung zunächst der physikalische und mathematische Hintergrund *einer möglichen Modellierung* der Funktionsweise eines Segways in Abschn. 3 beschrieben. Diese Modellierung wurde dabei von einigen Schülerinnen und Schülern der gymnasialen Oberstufe in Projekten nachvollzogen. Abschn. 3 möchte Lehrkräften somit aufzeigen, welche mathematischen, physikalischen und technischen Konzepte von ihren Schülerinnen und Schülern innerhalb eines Projektunterrichts erlernt und angewendet werden können.

Anschließend wird ein prototypisches Vorgehen für die Umsetzung eines dreitägigen Modellierungsprojekts in Abschn. 4 aufgezeigt. Dieses orientiert sich an den erfolgreich durchgeführten Projekten mit dem Fokus auf der Funktionsweise eines Segways. Als Ausblick für mögliche eigene Variationen werden weitere mögliche Fragestellungen von Schülerinnen und Schülern an die Funktionsweise eines Segways skizziert. Außerdem werden Hinweise an Lehrkräfte gegeben, wie ein solches Projekt betreut werden kann. Schließlich werden in Abschn. 5 Reflexionen und Zusammenfassungen der Lehrkräfte rekapituliert, die ein Projekt umgesetzt haben. Damit möchten wir Lehrkräfte ermutigen, die Fragestellung der *Funktionsweise eines Segways* für interessierte Schülerinnen und Schüler der gymnasialen Oberstufe aufzubereiten und in Form eines Projekts umzusetzen.

2 Grundkonzepte zur Stabilisierung dynamischer Systeme

Die Funktionsweise eines Segways ist wie bereits angedeutet ein Beispiel für ein dynamisches System, welches geregelt und gesteuert werden kann. Ohne jetzt in eine umfassende theoretische Betrachtung einzusteigen, kann man sich das wie folgt vorstellen: Dynamische Systeme können grundsätzlich unterschiedliche Arten von sogenannten *Gleichgewichtszuständen* aufweisen. Ein *Gleichgewicht* ist dabei ein Zustand des betrachteten System, in dem das System im zeitlichen Verlauf bleibt, solange es nicht durch Einwirkungen von außen daran gehindert wird. Man unterscheidet dabei zwischen einem *stabilen Gleichgewicht* – etwa bei einem an einem festen Punkt aufgehängten Pendel, welches sich nicht bewegt – und einem *instabilen Gleichgewicht* – etwa bei einem in der offenen Handfläche balancierten Besens (vgl. Abb. 1). Im ersten Fall wird das Pendel mit der Zeit (wieder) in diesen Gleichgewichtszustand zurückkehren, wenn wir in einer angemessenen Umgebung um den Gleichgewichtszustand starten und einfach warten – zumindest wenn wir das Experiment auf der Erde ohne weitere Maßnahmen und ungewöhnliche Umstände durchführen. D. h. wir können das Pendel ein wenig auslenken und loslassen, es wird dann anfangen eine Bewegung im zwei oder drei Dimensionen auszuführen (je nachdem wie die Aufhängung aussieht) und nach endlicher Zeit befindet sich das Pendel im beschriebenen Gleichgewichtszustand. Für den in der Hand balancierten Besen sieht es deutlich anders aus: Befindet sich dieser aufrecht stehend in einem Gleichgewicht und wird weder die Hand bewegt, noch gibt es andere Einflüssen von außen wie z. B. einen Luftzug, so wird der Besen in dieser Gleichgewichtslage verbleiben. Aus der Praxis wissen wir allerdings, dass nur eine sehr geringe Abweichung von diesem Gleichgewichtszustand dazu führt, dass der Besen nicht weiter senkrecht stehenbleibt sondern umfällt, wenn wir nicht durch Bewegungen unserer Hand für einen Ausgleich sorgen. In jeder noch so kleinen Umgebung um den Gleichgewichtszustand wird der Besen sich anders als das zuvor beschriebene Pendel nicht von selbst in die Gleichgewichtslage bewegen. Wir müssen durch eine Steuerung oder Regelung aktiv eingreifen, um dieses Ziel zu erreichen.

Bei einer Steuerung wäre die Idee, für jeden möglichen Zustand des Systems eine feste Strategie zu vereinbaren, die eine Soll-Größe – bei uns der Lagewinkel des Besens – in die Zielposition des Gleichgewichtszustands bringt. Zur Festlegung dieser Strategie wird im Normalfall ein Modell des betrachteten System als Basis verwendet, doch hierbei bleiben unbekannte oder zufällige Einflüsse unberücksichtigt. So ist z. B. sicher die Störung durch den Luftzug im Raum nicht so exakt vorherzusagen, wie es nötig wäre. Eine Regelung hingegen berücksichtigt bei der Bestimmung der erforderlichen Aktion für jeden Zeitpunkt den aktuellen Zustand unseres Systems, also in dem Fall beispielsweise den Winkel zwischen aktueller Längsachse des Besenstiels und einem gedachten Lot zum Gravitationszentrum der Erde, dessen Wert das Erreichen des Ziels maßgeblich bestimmt. Weiterhin wird z. B. auch die Winkelbeschleunigung ständig ermittelt und man könnte sich auch vorstellen, etwaige Störungen von außen messtechnisch zu erfassen und bei der Wahl der passenden Reaktion einzubeziehen. Bei einer Regelung gibt es im Unterschied zur Steu-erung eine Rückkopplung zwischen den aktuell gemessenen Zustandsgrößen sowie ihrem Änderungsverhalten und der daraus folgenden Reaktion, so dass wir insgesamt einen geschlossenen Wirkungsablauf haben. Durch eine Reglung wird im Idealfall aus einem instabilen Gleichgewicht ein stabiles Gleichgewicht: Das bedeutet, dass mithilfe der Regelung das System immer wieder in den Gleichgewichtszustand zurückkehrt, nachdem es ihn durch eine äußere Einwirkung verlassen hat.

Wir empfehlen, die beiden beschriebenen Möglichkeiten eines stabilen sowie eines instabilen Gleichgewichts durch praktische Experimente für die Schülerinnen und Schüler erfahrbar zu machen.

Ein Segway ist nun im Grunde nur ein balancierte Besenstiel in etwas komplexerer Form (s. Abb. 2 (links)): Der Fahrer steht dabei mit den Füßen auf einem Trittbrett, das mit einer Achse verbunden ist, die zwei Räder hat. So wie beschrieben wäre das Gerät ein *Hoverboard,* bei einem echten Segway ist noch irgendeine Form von Haltestange oder Griff fest mit dem Trittbrett – und damit der Achse – verbunden. Im gezeigten Beispiel ist es ein sogenannter *Knielenker.* Steht der Fahrer jetzt bei ruhendem Segway so, dass das gedachte Lot durch seinen Körperschwerpunkt zum Gravitationszentrum der Erde genau durch die Achse des Segways verläuft, so bleiben Fahrer und Segway in einem instabilen Gleichgewicht. Jede noch so kleine Bewegung des Fahrers wird allerdings den Körperschwerpunkt leicht verändern und das System aus dem Gleichgewicht bewegen (s. Abb. 2 (rechts)). Und da es sich wie beim balancierten

Abb. 1 Balancieren eines Besens um die instabile Gleichgewichtslage (links) und Fadenpendel in der stabilen Ruhelage (rechts). (©Martin Bracke 2021)

Abb. 2 Segway mit Fahrer im Stand (links) und in Fahrt (rechts). (©Martin Bracke 2021)

Besen um ein instabiles Gleichgewicht handelt, würden in der Folge Fahrer und Segway umfallen, wenn keine Gegenreaktion erfolgt.

Ein sehr geschickter Mensch könnte es wahrscheinlich lernen, ohne technische Unterstützung lange auf einem (nahezu) ruhenden Segway zu balancieren, doch die eigentliche Aufgabe eines Segways ist die eines Fortbewegungsmittels: Der Fahrer soll dabei sicher auf dem Segway stehen, wobei sich dieser vorwärts oder auch rückwärts in eine gewünschte Richtung bewegt und dabei sogar lenkbar ist. Auch die Geschwindigkeit soll der Fahrer bestimmen können. Selbst ein sehr geschickter Mensch würde es sehr wahrscheinlich nicht schaffen, auf einem sich bewegenden Segway aufrecht stehen zu bleiben, wenn es keine technische Unterstützung in Form einer geeigneten Regelung gäbe. Eine grundlegende Anforderung an eine derartige technische Hilfe für den Menschen ist dabei eine ausreichende Sicherheit und Robustheit im Betrieb: Wir verlassen uns als Benutzer eines segwayartigen Fahrzeugs darauf, dass die technische Umsetzung des Regelkonzepts zu jeder Zeit funktioniert und – das ist sogar noch wichtiger – robust ist gegen denkbare Störungen wie den Ausfall von Sensoren, Unebenheiten des Untergrunds oder ungeplanten Bewegungen des Fahrers.

Mit der Beschreibung einer passenden Regelung möchten wir uns in diesem Beitrag beschäftigen und es gibt dabei verschiedene Möglichkeiten zur physikalischen und mathematischen Beschreibung (siehe Lantau 2020). Die Ansätze variieren von klassischen bis hin zu modernen Methoden der Regelungstechnik und werden im folgenden Abschnitt in möglichst kompakter Art und Weise zusammengefasst.

3   Modellierung der Funktionsweise eines Segways

In diesem Abschnitt zeigen wir auf, mit welchen physikalischen und mathematischen Konzepten es möglich ist, Lehrkräften sowie insbesondere auch Schülerinnen und Schülern der gymnasialen Oberstufe eine Modellierung zu ermöglichen, mithilfe derer verschiedene praxisrelevante Fragestellungen beantwortet werden können. Dabei soll betont werden, dass zur Umsetzung eines Projekts nicht sämtliche Inhalte dieses Abschnitts mit den Lernenden ausführlich diskutiert werden müssen. Man kann beispielsweise direkt das physikalische Modell einführen und anschließend über das einfach zu verstehende Polygonzugverfahren die dahinterstehenden Differenzialgleichungen numerisch lösen, ohne sich über Lösungstheorie Gedanken machen zu müssen. Wir halten es dennoch für sehr hilfreich, wenn die begleitenden Lehrkräfte über ein vertieftes Hintergrundwissen verfügen und damit auch Varianten sowie weiterführende Fragen der Schülerinnen und Schüler aufgreifen können.

3.1   Physikalische Modellierung

Als Basis für eine mathematische Beschreibung für den Regelungsprozess des Segways brauchen wir zuerst ein Modell, welches aus der realen Situation die für das zu untersuchende Phänomen relevanten physikalischen Aspekte berücksichtigt. Dies kann man mit unterschiedlichem Detailgrad tun, wobei wir im Folgenden das in Abb. 3 dargestellte Modell betrachten wollen. Um den Bezug zur realen Situation zu betonen, wurden hier zunächst Foto und Modellskizze übereinander gelegt. Anschließend können wir uns von der Realität lösen und mit der Modellskizze aus Abb. 4 arbeiten, die auch für andere Realsituation wie beispielsweise den eingangs angesprochenen in der Hand balancierten Besenstiel eine gute Beschreibung darstellt.

Wie man durch die Überlagerung mit der realen Situation erkennt (vgl. Abb. 3), sind hier einige Vereinfachungen getroffen worden: Der Segway wird nicht als ausgedehntes Objekt beschrieben, sondern durch einen Massepunkt M, an dem, drehbar gelagert, eine Haltestange befestigt ist, welche als masselos angenommen wird. Dadurch machen wir einen Fehler, der in komplexeren Modellen durch die Berücksichtigung einer realen Stange mit bekannter Masseverteilung beseitigt werden kann. In unserem Fall wird die Masse der Stange einfach in die Gesamtmasse des Segways, die im Punkt M angenommen wird, einbezogen. Weiter ist die Annahme getroffen, dass die Haltestange grob in Richtung des Körpers des Fahrers verläuft, welcher durch seinen Schwerpunkt m in der Entfernung ℓ vom Drehpunkt

Abb. 3 Segway mit Fahrer in Fahrt und zugehörigem Modell. (©Martin Bracke 2021)

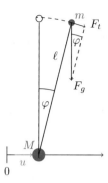

Abb. 4 Der Segway modelliert als inverses Pendel. (©Jean-Marie Lantau 2021)

am Ende der Stange mit entsprechender Masse repräsentiert wird. Auch hier könnte man in einem verfeinerten Modell den Fahrer mit seinen individuellen Körperdaten, nicht auf einen Punkt reduziert, betrachten. Das würde auf der einen Seite den Modellfehler reduzieren, gleichzeitig aber das Problem aufwerfen, dass nachfolgende Überlegungen auch von den individuellen Daten des Fahrers abhängig angestellt werden müssten.

In Abb. 4 sowie in der folgenden Modellierung werden jetzt die wirkenden Kräfte berücksichtigt: Das ist im ungeregelten System die *Tangentialkraft* F_t, welche nur im Gleichgewichtszustand des senkrecht stehenden Fahrers verschwindet und eine *Tangentialbeschleunigung* $\ddot{\varphi}$ (Demtröder 2012, S. 43) bewirkt. Es gilt das zweite NEWTONsche Gesetz:

$$F_t = m \cdot \ell \cdot \ddot{\varphi} \qquad (1)$$

Fernerhin kann die Tangentialkraft ausgedrückt werden über

$$F_t = F_g \cdot \sin(\varphi) = m \cdot g \cdot \sin(\varphi). \qquad (2)$$

Somit gilt für das derart beschriebene ungeregelte System:

$$m \cdot \ell \cdot \ddot{\varphi} = m \cdot g \cdot \sin(\varphi) \qquad (3)$$

$$m \cdot \ell \cdot \ddot{\varphi} - m \cdot g \cdot \sin(\varphi) = 0 \qquad (4)$$

Nach Wahl von Anfangswerten $\varphi(0)$ und $\dot{\varphi}(0)$, also der Winkelauslenkung und Winkelgeschwindigkeit des Körperschwerpunkts zum Beginn der Betrachtung[2] können wir mithilfe dieser Beschreibung des Verhalten des Systems im weiteren zeitlichen Verlauf berechnen – Segway und Fahrer würden wie intuitiv klar umfallen und ggf. nach einem kurzen Oszillationsvorgang auf dem Boden mit waagerecht zum Körperschwerpunkt verlaufender Haltestange liegen bleiben. Um dies zu verhindern und auch das stabile Verharren mit anderen Winkeln $\varphi \neq 0$ bei Fortbewegung in

Richtung der eingezeichneten Koordinatenachse zu ermöglichen, wollen wir eine Regelung konzipieren, die mittels einer in Bewegungsrichtung wirkenden Kraft u der Tangentialkraft F_t entgegenwirkt. Das so entstehende Kräftegleichgewicht (wiederum nach NEWTON) lässt sich durch die folgende Gleichung beschreiben:

$$m \cdot \ell \cdot \ddot{\varphi} - m \cdot g \cdot \sin(\varphi) = -u \qquad (5)$$

Es ist zu beachten, dass in dieser Modellierung die Position des Rades $x(t)$ sowie die Geschwindigkeit des Segways $\dot{x}(t)$ vernachlässigt werden. Eine Regelung findet demnach an einem fixierten Ort statt und der Segway würde sich in dieser physikalischen Modellierung nicht entlang einer horizontalen Achse bewegen. Fernerhin wird in der Praxis die Regelung durch Anlegen eines entsprechenden Drehmoment des Motors an der Drehachse realisiert, was nicht der im Modell angenommenen einfachen Gegenkraft u entspricht.

Trotz der angesprochenen Vereinfachungen und der daraus resultierenden Ungenauigkeit im Vergleich zur realen Situation möchten wir auf dieser Basis eine Regelung entwerfen, die auch die Grundlage für eine praktische Realisierung sein kann. Die beschriebenen Ungenauigkeiten müssten dann durch eine entsprechend robuste Auslegung kompensiert werden, auf die wir allerdings nicht eingehen werden.

3.2 Mathematische Modellierung

Die Analyse der Kreisbewegung führt wie gesehen zur nichtlinearen Differenzialgleichung (5). Unser Ziel ist es, dass der Segway in seine instabile Ruhelage ($\varphi = \dot{\varphi} = 0$) geregelt wird. Erst anschließend kann eine Steuerung und somit eine Bedienung des Segways erfolgen. Im weiteren Verlauf wird es während der Fahrt mit konstanter Geschwindigkeit auch eine instabile Ruhelage mit $\varphi \neq 0, \dot{\varphi} = 0$ geben, was wir aber aus Platzgründen nicht näher betrachten wollen.

Eine mögliche Regelungstechnik zum Erreichen des Ziels, die auch für Schülerinnen und Schüler verständlich gemacht werden kann, ist die der *PD-Regelung* (Sontag 1990, S. 5). Das Ziel dieser Regelung ist, dass dem Winkel φ *(proportional)* und der Winkelgeschwindigkeit φ *(derivativ)* entgegen gewirkt wird, das heißt die Regelung u die Form

$$u(t) = \alpha \cdot \varphi(t) + \beta \cdot \dot{\varphi}(t), \quad \alpha, \beta \in \mathbb{R} \qquad (6)$$

annimmt. Wird die Regelung u aus (6) in (5) eingesetzt, so ergibt sich folgende Gleichung:

$$m \cdot \ell \cdot \ddot{\varphi} - m \cdot g \cdot \sin(\varphi) = -\alpha \cdot \varphi(t) - \beta \cdot \dot{\varphi}(t) \qquad (7)$$

Da davon ausgegangen wird, dass die Regelung für kleine Winkel gelten soll, wird die Vereinfachung

$$\sin(\varphi) \approx \varphi \qquad (8)$$

---

[2]Da wir hier ein autonomes System betrachten können wir ohne Beschränkung der Allgemeinheit $t_0 = 0$ annehmen.

getroffen. Dies führt zu einer linearen Differenzialgleichung:

$$m \cdot \ell \cdot \ddot{\varphi} - m \cdot g \cdot \varphi = -\alpha \cdot \varphi(t) - \beta \cdot \dot{\varphi}(t) \tag{9}$$

$$\Leftrightarrow \ddot{\varphi} + \frac{\beta}{m \cdot \ell} \cdot \dot{\varphi} - \frac{m \cdot g - \alpha}{m \cdot \ell} \cdot \varphi = 0 \tag{10}$$

Die obigen Differenzialgleichungen drücken aus, dass eine zeitabhängige Funktion des Winkels $\varphi(t)$ gesucht ist, die (10) erfüllt. Ein Ansatz aus der klassischen Lösungstheorie ist

$$\varphi(t) = \varphi(0) \cdot e^{\lambda \cdot t}. \tag{11}$$

Die erste und zweite Ableitung der gewählten Winkelfunktion sind:

$$\dot{\varphi}(t) = \lambda \cdot \varphi(t) \tag{12}$$

$$\ddot{\varphi}(t) = \lambda^2 \cdot \varphi(t) \tag{13}$$

Nun werden die Terme für die Winkelfunktion $\varphi(t)$, deren erste Ableitung $\varphi(t)$ sowie deren zweite Ableitung $\dot{\varphi}(t)$ in (10) eingesetzt und man erhält so:

$$\left(\lambda^2 + \frac{\beta}{m \cdot \ell} \cdot \lambda - \frac{m \cdot g - \alpha}{m \cdot \ell} \right) \cdot \varphi(0) \cdot e^{\lambda \cdot t} = 0 \tag{14}$$

Bekanntlich hat die Exponentialfunktion $e^{\lambda \cdot t}$ die Eigenschaft, dass diese nie den Wert 0 erreicht. Ebenso trifft man die Annahme, dass der Segway aus einer Position $\varphi(0) \neq 0$ in die instabile Ruhelage geregelt werden soll. Somit muss die folgende Gleichung erfüllt sein, damit die gewählte Ansatzfunktion eine Lösung darstellt:

$$\lambda^2 + \frac{\beta}{m \cdot \ell} \cdot \lambda - \frac{m \cdot g - \alpha}{m \cdot \ell} = 0 \tag{15}$$

Die quadratische Funktion in λ besitzt die Nullstellen:

$$\lambda_{1,2} = \frac{-\beta}{2 \cdot m \cdot \ell} \pm \sqrt{\frac{\beta^2}{4 \cdot m^2 \cdot \ell^2} + \frac{m \cdot g - \alpha}{m \cdot \ell}} \tag{16}$$

Eine Lösung der Differenzialgleichung aus (10) ist somit die Funktion:

$$\varphi(t) = \frac{\varphi(0)}{2} \cdot \left(e^{\lambda_1 \cdot t} + e^{\lambda_2 \cdot t} \right) \tag{17}$$

Die Lösung der linearen Differenzialgleichung aus (10) entspricht der Summe zweier Exponentialfunktionen. Da das Ziel darin besteht, dass der Segway die instabile Ruhelage $\varphi = 0$ erreicht, muss folgende Bedingung erfüllt sein:

$$\lambda_{1,2} \in \mathbb{C}_- \tag{18}$$

Damit die Lösung der Differenzialgleichung aus (17) gegen die instabile Ruhelage $\varphi = 0$ konvergiert, müssen somit folgende Bedingungen, abgeleitet aus (16), gelten:

$$\beta > 0 \tag{19}$$

$$\alpha > m \cdot g. \tag{20}$$

Nun haben wir alle Voraussetzungen für eine Simulation und Regelung auf Basis unseres Modells zusammen: Die nichtlineare Differenzialgleichung (7) beschreibt das Verhalten des geregelten dynamischen Systems und (19) und (20) stellen Bedingungen an die Regelungsparameter α und β, für die eine Regelung in die instabile Ruhelage $\varphi = 0$ in unserem vereinfachten Modell erfolgen kann. Das bedeutet, dass für diese Modellierung des Regelungsprozesses mithilfe der PD-Regelung aus (6) eine Regelung in die instabile Ruhelage möglich ist. In Abschn. 3.3 wird nun erläutert, wie numerische Simulationen für den Regelungsprozess generiert werden können.

3.3　Numerische Simulationen in GeoGebra

Im Folgenden wird eine Möglichkeit präsentiert, wie für das nichtlineare System aus (7) ein numerisches Verfahren, genauer das *explizite Euler-Verfahren* (Strehmel, Podhaisky und Weiner 2012, S. 21) verwendet werden kann, um Simulationen mit den Schülerinnen und Schülern in GeoGebra[3] zu erstellen. Da die Gyrosensoren eines Segways im Bereich von Millisekunden Messwerte auslesen, gilt die bekannte Approximation der Ableitung über den Differenzenquotienten:

$$\begin{pmatrix} \dot{\varphi}(t) \\ \ddot{\varphi}(t) \end{pmatrix} = \begin{pmatrix} \dot{\varphi}(t) \\ \frac{g}{\ell} \cdot \sin(\varphi(t)) - \frac{u(t)}{m\ell} \end{pmatrix} \approx \begin{pmatrix} \frac{\varphi(t+h) - \varphi(t)}{h} \\ \frac{\dot{\varphi}(t+h) - \dot{\varphi}(t)}{h} \end{pmatrix} \tag{21}$$

Berücksichtigt man die PD-Regelung aus (6), so lässt sich obige Gleichung umformen zu:

$$\begin{pmatrix} \dot{\varphi}(t) \\ \ddot{\varphi}(t) \end{pmatrix} = \begin{pmatrix} \dot{\varphi}(t) \\ \frac{mg \sin(\varphi(t)) - \alpha\varphi(t) - \beta\dot{\varphi}(t)}{m\ell} \end{pmatrix} \approx \begin{pmatrix} \frac{\varphi(t+h) - \varphi(t)}{h} \\ \frac{\dot{\varphi}(t+h) - \dot{\varphi}(t)}{h} \end{pmatrix} \tag{22}$$

Da die Schrittweite h den Messfrequenzen der Gyrosensoren entspricht, wird nun formal in obiger Gleichung das Approximationszeichen $\approx$ durch ein Gleichheitszeichen $=$ ersetzt. (22) wird anschließend folgendermaßen umgestellt:

$$\begin{pmatrix} \varphi(t+h) \\ \dot{\varphi}(t+h) \end{pmatrix} = \begin{pmatrix} \varphi(t) \\ \dot{\varphi}(t) \end{pmatrix} + h \cdot \begin{pmatrix} \dot{\varphi}(t) \\ \frac{mg \sin(\varphi(t)) - \alpha\varphi(t) - \beta\dot{\varphi}(t)}{m\ell} \end{pmatrix} \tag{23}$$

Führt man obige Gleichung und den Startwert $(\varphi_0, \dot{\varphi}_0)^T = (\varphi(0), \dot{\varphi}(0))^T$ zusammen, so ergibt dies das *explizite Euler-Verfahren* mit Schrittweite h.

Eine Umsetzung des expliziten Euler-Verfahrens wird in folgender Abbildung visualisiert.

---

[3]vgl. Onlineversion der Software https://www.geogebra.org/classic?lang=de (abgerufen am 02.05.2020).

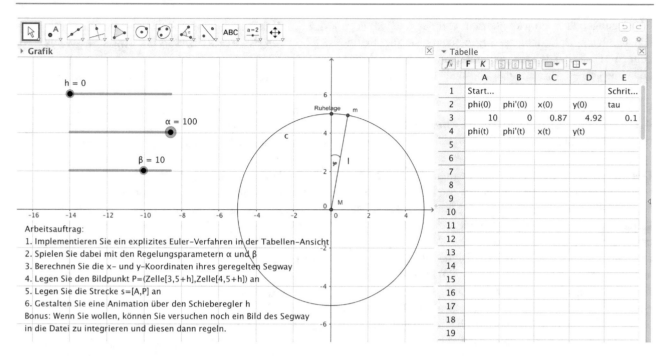

Arbeitsauftrag:
1. Implementieren Sie ein explizites Euler–Verfahren in der Tabellen–Ansicht
2. Spielen Sie dabei mit den Regelungsparametern α und β
3. Berechnen Sie die x– und y–Koordinaten ihres geregelten Segway
4. Legen Sie den Bildpunkt P=(Zelle[3,5+h],Zelle[4,5+h]) an
5. Legen Sie die Strecke s=[A,P] an
6. Gestalten Sie eine Animation über den Schieberegler h
Bonus: Wenn Sie wollen, können Sie versuchen noch ein Bild des Segway
in die Datei zu integrieren und diesen dann regeln.

Abb. 5 Die PD-Regelung in GeoGebra. (©Jean-Marie Lantau 2021)

Abb. 5 zeigt den prototypischen Aufbau einer Simulation des Regelungsprozesses in GeoGebra. Hierfür müssen in den Zellen A5 und B5 die Startwerte aus den Zellen A3 und B3 kopiert werden. In den Zellen A6 und B6 werden anschließend die Vorschriften des expliziten Euler-Verfahrens aus (23) eingetragen. Über die Schieberegler α und β können nun die beiden in (6) eingeführten Parameter der PD-Regelung derart eingestellt werden, dass eine Regelung in die instabile Ruhelage gelingt. Eine Simulation des Regelungsprozess gelingt, indem für den Schieberegler h, welcher die Zeitschrittweite repräsentiert, eine Animation eingestellt wird[4]. So bewegt sich der Punkt D in Abb. 5 in den Punkt B, also in die instabile Ruhelage.

wird auf einen der beiden selbst stabilisierenden Segways zurückgegriffen, deren Bau von Knepper et al. (2014) und Valk (2014) beschrieben wird. In beiden Fällen wird allerdings die um eine integrative Komponente erweiterte PID-Regelung beschrieben, die dauerhafte systematische Abweichungen der Soll-Größe auch im Fall von Störungen vermeidet. Mit solchen realen, aus Lego Mindstorms® konstruierten Segways können die zuvor theoretisch erarbeiteten Modellierungen und Regelungstechniken innerhalb der Schulprojekte validiert und in ihrer Qualität überprüft werden. Gleichzeitig wird durch diesen praktischen Bestandteil die Sinnhaftigkeit der eingangs formulierten Fragestellung auf eine natürliche Art und Weise verdeutlicht.

3.4 Programmierung und Regelung in Lego Mindstorms®

Die Konstruktion und Stabilisierung eines Segways mithilfe von Lego Mindstorms® kann zur Vertiefung des Gelernten in die Projektgestaltung integriert werden. Hierbei können die Schülerinnen und Schüler entweder versuchen, selbstständig einen Lego Mindstorms® Segway zu bauen und anschließend die gezeigte PD-Regelung umzusetzen. Oder es

4 Ein prototypisches MINT-Modellierungsprojekt

Aufbauend auf Abschn. 3 soll nun aufgezeigt werden, wie ein prototypisches MINT-Modellierungsprojekt, wie es beispielsweise in Lantau (2017) und Lantau et al. (2019) beschrieben wird, umgesetzt werden kann. Das Projekt wird für Schülerinnen und Schüler der Jahrgangsstufe 12 konzipiert, umfasst eine Dauer von drei Tagen und ist angelehnt an den Modellierungskreislauf von Blum und Leiss (2005). Neben den einzelnen Phasen der prototypischen Projektumsetzungen werden die Anforderungen an die Lehrkraft in jenen Phasen beschrieben. Zur Darstellung des klassischen Projektablaufs verweisen wir an dieser Stelle auf Ludwig (1998) und möchte den Leserinnen und Lesern vertiefende

---

[4]Die im Beitrag gezeigten GeoGebra-Applet werden auf der Webseite zum Buch zum Download zur Verfügung gestellt. Dabei gibt es eine Variante in Form eines Arbeitsblattes mit Anweisungen für Schülerinnen und Schüler sowie eine lauffähige Version zum Experimentieren.

Überlegungen zum Projektunterricht und der Integration in den regulären Unterricht nahelegen, damit sie die Bedingungen schaffen können, „die mit einigem guten Willen und ohne großen Aufwand möglich sind" (Gudjons 2014).

4.1 Projektstart: Austesten eines Ninebot Mini Street

Das MINT-Modellierungsprojekt beginnt damit, dass zunächst ein echter Segway, beispielsweise in Form eines *Ninebot Mini Street*[5] ausgetestet wird. Dieses Austesten beinhaltet das Fahren des Segways sowie weitere Experimente, unter anderem die Beobachtung des Regelungsprozesses aus einem anfänglichen Zustand. Dieser Start in das Projekt dient als Projektinitiative (Frey 2012). Mit ihr sollen die Schülerinnen und Schüler den Lerngegenstand der folgenden Projektphase aktiv kennen lernen. Die Erfahrungen im Umgang mit dem Ninebot Mini Street haben gezeigt, dass Schülerinnen und Schüler recht schnell die Steuerung des Gerätes erlernen und somit im Idealfall alle teilnehmenden Schülerinnen und Schüler mit dem Gerät fahren sollten. Das Austesten des Ninebot Mini Streets sollte einen zeitlichen Rahmen von 15 bis zu 45 min der Projektarbeit ausmachen. Wir haben selbst für unsere Veranstaltungen einen Segway zur Verfügung gehabt, den wir u. a. zu diesem Zweck angeschafft haben. Nach einer gemeinsamen Startphase, in der jeder, der Lust hat, einmal kurz auf das Gerät steigt und ein paar Meter fährt – begleitet von ersten Fragen und kleinen Diskussionen der Zuschauer-, wurden schnell für die weitere Arbeit kleine Teams gebildet, die dann nacheinander den Segway für eigene Versuche in der Kleingruppe bekommen haben. Da es meist eine Reihe weiterer Kurzeinführungen, etwa die Videoanalyse mit Tablets, gibt, ist eine entsprechende zeitliche Einteilung unter Vermeidung längerer Wartezeiten immer gut möglich gewesen. Fernerhin sollte das Gerät sowie, wenn möglich, ein selbst stabilisierender Lego Mindstorms® prinzipiell den Schülerinnen und Schülern während der gesamten Projektzeit zur Verfügung stehen, um eigene Experimente mit dem Gerät zu jeder Zeit einbauen zu können. Dabei sollten zu Beginn des Projekts die Stabilisierungsprozesse des Ninebot Mini Street und des Lego Mindstorms® Segways verglichen werden, um Gemeinsamkeiten und Unterschiede beobachten zu können.

4.2 Sammlungsphase 1: Fragestellungen an die Funktionsweise eines Segways

Nachdem Austesten eines realen Segways werden die Schülerinnen und Schüler dazu aufgefordert, mögliche Fragestellungen an das Gerät zu stellen, die sie in den Projekttagen bearbeiten wollen. Eine mögliche Auswahl an Fragestellungen durch Schülerinnen und Schüler ist die Folgende:

- Wie stabilisiert sich der Segway?
- Wie funktionieren die Gyrosensoren im Gerät?
- Wie lange ist der zurückgelegte Weg in Abhängigkeit der Anfangsneigung beim Stabilisierungsprozess?
- Wie schnell kann man mit einem Segway einen vorgegebenen Parcours befahren?
- Wie schnell kann ein Kreis mit gegebenem Radius befahren werden?

Die erste Fragestellung zielt auf den Regelungsprozess des Segways ab (vgl. Abschn. 3), dessen weitere Elaborierung in den folgenden Abschnitten dargelegt wird. Die ersten praktischen (Fahr-)versuche des echten Segways erhöhen die Wahrscheinlichkeit, dass die Schülerinnen und Schüler eine Vielzahl an spannenden Fragestellungen an das Gerät entwickeln, die oft erst durch das Austesten entstehen. Die Aufgabe für die Lehrkraft besteht nun darin, den Schülerinnen und Schülern den Raum und die Zeit innerhalb des Projektunterrichts zu geben, sich mit den Fragestellungen beschäftigen zu können. Hierzu ist eine gewisse Gelassenheit und Spontanität notwendig, denn innerhalb eines offenen Projektunterrichts, in dem die Schülerinnen und Schüler im Prinzip forschend lernen, entwickeln sich eine Vielzahl an Problemen, in denen man beratend agieren kann, ohne jedoch in den meisten Fällen schnell eine Lösung präsentieren zu können oder zu müssen. Will man jedoch ein bestimmtes (Lern-)ziel, in diesem Kontext beispielsweise die Erarbeitung der PD-Regelung, verfolgen, so ist auch das Wissen über die physikalischen und mathematischen Hintergründe für Lehrkräfte notwendig. Nun wird gezeigt, wie der weitere Projektverlauf für die erste Fragestellung ablaufen kann.

4.3 Erarbeitungsphase 1: Modellierung der Funktionsweise eines Segways

In einem ersten Arbeitsschritt werden die Schülerinnen und Schüler aufgefordert Kleingruppen mit 3 bis 5 Personen zu bilden, in denen sie ein eigenes Modell für den Regelungsprozess innerhalb von 20 bis 30 min entwickeln. Je nachdem welche physikalischen Vorkenntnisse die Schülerinnen und Schüler besitzen, erarbeiten sie hierbei verschiedene

---

[5]vgl. offizielle Händlerseite: https://www.ninebot-deutschland.de (abgerufen am 04. April 2019)

Ansätze (vgl. Lantau 2017). Eine Auswahl an Modellierungen können dabei die Folgenden sein:

- Entwicklung des inversen Pendels als Modellskizze mit wenigen, bis gar keinen weiteren physikalischen Ansätzen,
- Berücksichtigung des Drehmoments des Motors für den Regelungsprozess, der die Fallbewegung des Segways ausgleichen soll,
- Kalkulationen von kinetischer und potenzieller Energien während des Regelungsprozesses,
- Darlegung von Radial-, Tangential-, und Zentripetalkräften beim inversen Pendel.

Schülerinnen und Schüler werden höchstwahrscheinlich für denselben Regelungsprozess verschiedene physikalische Beschreibungen wählen, besonders wenn mehrere Kleingruppen die Fragestellung unabhängig voneinander bearbeiten. Die Aufgabe der Lehrkraft besteht nun darin die Modellierungen vergleichend zusammenzufassen und jeweils eine Modellkritik durchzuführen, wobei nicht zu vernachlässigen ist, dass die Kreativität der Schülerinnen und Schüler unabhängig von der absoluten Kreativität gelobt werden sollte. Meist ist nicht ein einzelner Ansatz klar besser als andere, sondern jedes einzelne Modell weist besonders starke Ideen auf, die idealer Weise in einem einzigen Modell zusammengefasst werden können. Wir empfehlen beim gemeinsamen Erstellen eines Modells als Zusammenfassung der bisherigen Arbeit auf die *Modellaspekte* zu achten, welche bereits durch die Modellierungen der Schülerinnen und Schüler vorgetragen wurden – beispielsweise die Modellskizze sowie eventuell bereits formulierte Kräfte und Modellparameter.

Dieses gemeinsam zusammengefasste und ggf. ergänzte Modell wird nun bei der Entwicklung einer Regelung als Basis für alle Teilnehmer verwendet. Das kann beispielsweise das inverse Pendel inklusive einer Analyse von Tangentialkräften (vgl. Abschn. 4.4) sein.

4.4 Zwischenfazit 1: Erarbeitung von physikalischen Kräften am inversen Pendel sowie Linearisierung der Differenzialgleichung

Das Modell des inversen Pendels (vgl. Abb. 4) wird verwendet, um anhand dessen die wirkende Tangentialkraft F_t, die Gewichtskraft F_G sowie die Modellparameter M, m und l und die Zustandsvariable φ einzuzeichnen. Anschließend kann über Beziehungen im rechtwinkligen Dreieck sowie über das zweite Newtonsche Axiom die entsprechende nichtlineare, inhomogene Differenzialgleichung (5) durch

die Lehrkraft in einem fragend-entwickelten Unterricht hergeleitet werden. Auch hier sollte den Schülerinnen und Schülern die Bedeutung der als Kraft interpretierten Regelung u verdeutlicht werden. Wichtig ist, dass den Lernenden bewusst gemacht wird, dass die Regelung u, die versucht der Tangentialkraft entgegen zu wirken, mittels eines entsprechenden Drehmoments des Motors realisiert wird. Schließlich kann die Linearisierung der Sinusfunktion für kleine Winkel graphisch an der Tafel oder mithilfe von GeoGebra an einem Whiteboard erfolgen. Die so entstehende lineare, inhomogene Differenzialgleichung zweiter Ordnung entspricht zwar einem mathematischen Modell, beinhaltet jedoch einige vereinfachte Annahmen. Dennoch kann dieses genutzt werden, um den Projektfortgang zu garantieren. Es ist nicht erforderlich, eine tiefere Einführung in die Theorie der Differenzialgleichungen zu geben. Es ist jedoch wichtig, mit Schülerinnen und Schülern darüber zu diskutieren, welche Bedeutung die Terme $\varphi(t)$, $\varphi(t)$, $\dot{\varphi}(t)$ und $\ddot{\varphi}(t)$ haben und wie diese innerhalb einer Differenzialgleichung zusammenhängen. Sobald das Konzept der Ableitung bekannt ist, kann für eine gegebene Funktion leicht nachgeprüft werden, ob sie die Differenzialgleichung erfüllt oder nicht. Ob es sich dann um die einzige mögliche Lösung handelt oder nicht, ist zwar interessant, doch man kann hier durchaus auch von der physikalischen Seite her argumentieren, ohne strikte Beweise heranzuziehen.

4.5 Erarbeitungsphase 2: Mathematische Analyse zweier Regelungsansätzen

Aufbauend auf dem mathematischen Modell aus (5) wird nun in einem fragend-entwickelten Unterricht das Konzept der proportionalen (P-) und der proportional-derivativen (PD-) Regelung erarbeitet. Die Schülerinnen und Schüler erkennen dabei zunächst, dass der Motor des Segways bei größeren Auslenkungen ein größeres Drehmoment aufbringen muss als bei einer kleineren Auslenkung. Ein proportionaler Zusammenhang scheint demnach sinnvoll und die Regelung $u = \alpha \cdot \varphi$ wird mathematisch festgehalten. Eine ähnliche Argumentation gilt für die Winkelgeschwindigkeit, die ebenfalls über Gyrosensoren eines Segways erfasst wird. Diese Phase eines fragend-entwickelnden Unterrichtsgesprächs führt zur proportional-derivativen Regelung aus (6). Es ergibt sich somit die homogene Differenzialgleichung für das geregelte System aus (10). Schließlich ist es nun die Aufgabe der Lehrkraft den Schülerinnen und Schülern das nächste Ziel vorzugeben. Es ist eine Funktion $\varphi(t)$ gesucht, die gemeinsam mit der ersten und zweiten Ableitung (10) löst. Die Schülerinnen und Schüler müssen demnach ihr Vorwissen über Funktionen und deren Ableitungen rekapitulieren.

4.6   Zwischenfazit 2: Mathematische Lösungen für die Regelung des Segways

Hinsichtlich der angesprochenen Diskussion über Funktionen und deren Ableitungen wird in einem fragend-entwickelnden Unterricht der Ansatz über eine Exponentialfunktion (11) als Lösung von (10) festgehalten. Anschließend wird der Ansatz weiter verfolgt und schließlich wird so (14) von den Schülerinnen und Schülern entwickelt. An dieser Stelle kann das mathematische Vorgehen mit den Schülerinnen und Schülern rekapituliert werden. Die Quintessenz dieser Diskussion ist, dass der verfolgte Ansatz aus (11) tatsächlich vielversprechend für die Lösung von (10) ist. Es erfolgt eine weitere Diskussion hinsichtlich dessen, dass eine Exponentialfunktion der Form $\varphi(t) = e^{\lambda \cdot t}$ unabhängig von λ keine Nullstellen besitzt. Somit ist für den weiteren analytischen Lösungsweg (15) zu fokussieren. Das Lösen einer quadratischen Gleichung sollte den Schülerinnen und Schülern keine Schwierigkeit bereiten. Wichtiger jedoch ist die anschließende Diskussion über die Bedeutung von (16):

$$\lambda_{1,2} = \frac{-\beta}{2 \cdot m \cdot \ell} \pm \sqrt{\frac{\beta^2}{4 \cdot m^2 \cdot \ell^2} + \frac{m \cdot g - \alpha}{m \cdot \ell}}$$

Die Aufgabe der Lehrkraft besteht nun darin gemeinsam mit den Schülerinnen und Schülern den bisherigen mathematischen Weg zu rekapitulieren. Als Ergebnis dessen erfolgt die Erkenntnis, dass der Ansatz aus (11) korrekt gewählt wurde und dass nun eine Lösung für (10) mithilfe der Beziehung aus (15) in Form von (17) angegeben werden kann. Als letzten Schritt des analytischen mathematischen Arbeitens erfolgt eine Fokussierung auf das Funktionsverhalten einer Exponentialfunktion in Abhängigkeit der Parameter $\lambda_{1,2}$. Es folgt, dass eine Stabilisierung dann gelingt, wenn die Realteile von $\lambda_{1,2}$ negativ sind. Sofern die Schülerinnen und Schüler komplexe Zahlen noch nicht kennen sollten, reicht es aus, man reelle Lösungen annimmt und argumentiert wird, dass $\lambda_{1,2}$ echt kleiner als 0 sein müssen, damit eine Regelung in die instabile Ruhelage gelingt. Dies führt zu den Bedingungen an α und β in (19) und (20). Anschließend können diese Bedingungen genutzt werden, um in Geogebra eine numerische Simulation zu entwickeln.

4.7   Erarbeitungsphase 3: Erarbeitung des expliziten Euler Verfahrens in GeoGebra

Für die lineare Modellierung kann eine analytische Lösung erarbeitet werden (vgl. Abschn. 4.6), dies gelingt jedoch nicht für die nichtlineare Modellierung (5). Um hierfür dennoch eine mathematische Lösungsstrategie zu generieren, wird ein numerisches Verfahren, das explizite Euler-Verfahren, gemeinsam mit den Schülerinnen und Schülern erar-

beitet. Hierbei wird aus der Differenzialgleichung die Differenzengleichung (23) mit Schrittweite h entwickelt, und in Anlehnung an das Eulersche Polygonzugverfahren kann sehr schön geometrisch und mit der Definition der Ableitung einer Funktion argumentiert werden. Dies erfolgt analog zu den Ausführungen aus Abschn. 3.3 und eine Implementierung mit GeoGebra ist auf natürliche Weise möglich. Dies hat den Vorteil, dass mithilfe von Schiebereglern für die Regelungsparameter α und β der Stabilisierungsprozess optimiert werden kann. Außerdem können die Tabellenwerte für eine Simulation im Graphik-Fenster genutzt werden (vgl. Abb. 5).

4.8   Zwischenfazit 3: Vergleich zwischen analytischer Lösung und Simulation

Die Schieberegler der Regelungsparameter α und β bewirken verschiedene Szenarien für den Regelungsprozess des Segways. Die drei Möglichkeiten für den Stabilisierung des Segways sind (Demtröder 2012):

- gedämpfte Schwingung
- aperiodischer Grenzfall
- Kriechfall

Sofern eine der beiden Bedingungen an die Regelungsparameter verletzt ist, so ist auch in der Simulation entweder eine Oszillation ($\beta = 0$) oder eine Schwingung mit exponentiell ansteigender Amplitude zu beobachten. Die analytisch erarbeiteten Bedingungen sind also für das linearisierte Modell wichtige Einschränkungen an die Schieberegler der Parameter α und β. Diese Bedingungen können als erster Ansatz für eine praktische Regelung eines Lego Mindstorms® Segways verwendet werden.

4.9   Projektende: Abschlusspräsentation der Projekttage

Die Abschlusspräsentation der Schülerinnen und Schüler ist ein sehr wichtiger Bestandteil der Projekttage, denn in dieser reflektieren sie ihren Lernfortschritt in interdisziplinär-vernetzten und teilweise über Schulniveau anzusiedelnden Konzepten. Dabei wird den Schülerinnen und Schülern bewusst, dass für das Verständnis der Funktionsweise eines Segways verschiedene aufeinander aufbauende Konzepte aus diversen MINT-Fächern benötigt werden und die einzelnen Fächer zusammenwirken müssen, um das Phänomen an sich zu begreifen und die Problemfrage aus dem Titel dieses Beitrages beantworten zu können. Dies verdeutlicht die Notwendigkeit des fächerverbindenden MINT-Projektunterrichts für diese authentische Problemstellung aus der Lebenswelt der Schülerinnen und Schüler.

5 Reflexion und Zusammenfassung

Wie eingangs geschildert sind durch den Besuch einer zweitägigen Lehrerfortbildung, deren Konzeption in Lantau (2020) detailliert beschrieben ist, verschiedene MINT-Modellierungsprojekte basierend auf dem Kontext der Funktionsweise eines Segways entstanden. Dabei konnten in einigen Schulprojekten innerhalb des Projektunterrichts übercurriculare Konzepte, wie beispielsweise die PD-Regelung oder der Euler–Lagrange-Formalismus (Nolting 2014) vermittelt werden.

Da die Schulprojekte innerhalb einer qualitativen Studie evaluiert wurden (Lantau 2020), ist es möglich Einschätzungen von Lehrkräften wiederzugeben, die dieses Projekt umgesetzt haben. Die folgende Auswahl kann Hinweise für die Schwerpunktsetzung bei einer eigenen Umsetzung geben.

> Und diesen Motivationsfaktor Segway, den finde ich sehr groß. Ich denke, damit kann man wirklich auch Schüler motivieren, die an sich nicht so interessiert sind an großen mathematischen Leistungen. So sind sie einfach mal dabei und staunen dann vielleicht, was man alles machen könnte. Im Idealfall suchen und finden sie eine Teilfragestellung, mit der sie etwas anfangen und zu deren Lösung sie beitragen können.

> Und da konnte ich auch auf eure Einschätzung vertrauen und das Projekt wirklich bzgl. des Verlaufs und des Erfolgs in die Hände, in die Verantwortung der Schüler geben.

> Die Schülermotivation ist auf jeden Fall etwas ganz Großes, was ich nie so erwartet hätte. Ich glaube, das ist auch das große Plus hier. Man sieht wirklich, was Schüler leisten, wenn sie Freiraum haben und motiviert sind.

Mit diesem Beitrag konnten wir die Leserinnen und Leser im Idealfall davon überzeugen, dass die Frage nach der Funktionsweise eines Segways sich hervorragend eignet, um

1. einen interdisziplinären und fächerverbindenden MINT-Projektunterricht zu konzipieren,
2. Schülerinnen und Schülern mathematische Konzepte auf universitärem Niveau näher bringen zu können und
3. aufzuzeigen, dass die einzelnen MINT-Fächer vernetzt und nicht isoliert bewirken, dass für authentische und reale Problemstellungen Lösungsansätze entwickelt werden können.

Insgesamt möchten wir dazu ermutigen, eine Fragestellung aus dem Kontext der Funktionsweise eines Segways in Form eines Projektunterrichts Schülerinnen und Schüler umzusetzen.

Danksagung Einige der im Beitrag beschriebenen Schulprojekte wurden im Rahmen des vom Europäischen Sozialfonds (ESF) des Landes Rheinland-Pfalz finanziell unterstützten Projekts Schu-MaMoMINT durchgeführt. Die in diesem Beitrag angesprochenen Fortbildungsveranstaltungen für Lehrkräfte wurden konzipiert im Rahmen des Projekts *U.EDU*. Das Vorhaben *U.EDU: Unified Education – Medienbildung entlang der Lehrerbildungskette* (Förderkennzeichen: 01JA1616) wird im Rahmen der gemeinsamen „Qualitätsoffensive Lehrerbildung" von Bund und Ländern aus Mitteln des Bundesministeriums für Bildung und Forschung gefördert. Wir bedanken uns bei allen an diesen Umsetzungen beteiligten Mitgliedern des KOMMS.

Literatur

Blum, W., & Leiss, D. (2005). Modellieren im Unterricht mit der Tanken-Aufgabe. *Mathematik Lehren, 128,* 18–21.

Demtröder, W. (2012). *Experimentalphysik 1* (Dritte Aufl.). Berlin, Heidelberg: Springer.

Frey, K. (2012). *Die Projektmethode – „Der Weg zum Bildenden Tun"* (Zwölfte Aufl.). Weinheim: Beltz.

Gudjons, H. (2014). *Handlungsorientiert lehren und lernen: Projektunterricht und Schüleraktivität* (Achte Aufl.). Bad Heilbrunn: Verlag Julius Klinkhardt.

Knepper, M., Eimer, M., Lantau, J.-M., & Derouet, M. (2014). *Praktikumsbericht „Lego Segway",* TU Kaiserslautern, FB Mathematik.

Lantau, J.-M. (2017). Mathematische Modellierung eines Segways mit Umsetzung in der Schule – Eine interdisziplinäre Projektarbeit. Saarbrücken: AV Akademikerverlag.

Lantau, J.-M. (2020). *Die Regelung eines Segways – Ein MINT-Modellierungsprojekt an Schulen.* München: Verlag Dr. Hut.

Lantau, J.-M., Bracke, M., Bock, W., & Capraro, P. (2019). The design of a succesful teacher training to promote interdisciplinary STEM modelling projects. In G. Stillman, G. Kaiser, & E. Lampen (Hrsg.), *Mathematical Modelling and Sense Making. Mathematical Modelling and Sense Making.* New York: Springer.

Ludwig, M. (1998). Projekte im Mathematikunterricht des Gymnasiums. Dissertation. Hildesheim: diVerlag franzbecker.

Nolting, W. (2014). *Grundkurs Theoretische Physik Grundkurs Theoretische Physik* (Neunte Aufl.). Berlin, Heidelberg: Springer.

Sontag, E. (1990). *Mathematical control theory mathematical control theory* (F. John, J. Mardsen, L. Sirovich, M. Golubitsky und W. Jäger, Hrsg.). New York: Springer.

Strehmel, K., Podhaisky, H. & Weiner, R. (2012). *Numerik gewöhnlicher Differentialgleichungen Numerik gewöhnlicher Differentialgleichungen.* Wiesbaden: Vieweg+Teubner Verlag.

Valk, L. (2014). *Lego-EV-3-Roboter: Bauen und Programmieren lernen mit LEGO MINDSTORMS EV3.* München: dpunkt.verlag GmbH.

Choreografien für Musikbrunnen

Martin Bracke und Patrick Capraro

Zusammenfassung

Dieser Beitrag beschreibt verschiedene Möglichkeiten, die Frage nach dem automatischen Erstellen einer Choreografie für Musikbrunnen mit Hilfe einer mathematischen Modellierung zu beantworten. Die Möglichkeiten für eine Umsetzung erstrecken sich dabei von einem kurzen Projekt in der Mittelstufe, welches große Anteile in der Mathematik hat bis hin zu Langzeitprojekten, die sich mit den physikalischen Hintergründen, einer Umsetzung mit Hilfe des Computers und in der höchsten Ausbaustufe sogar einer technischen Realisierung befassen. Im Beitrag werden verschiedene Varianten beschrieben, durch Erfahrungen aus der Praxis ergänzt und Erweiterungsmöglichkeiten aufgezeigt. Insgesamt soll die Leserschaft damit in die Lage versetzt werden, passend zu den individuellen lokalen Gegebenheiten wie Zeitrahmen, Lernstand der Zielgruppe und Möglichkeiten zur interdisziplinären Kooperation ein eigenes Projekt zu konzipieren und praktisch durchzuführen.

Elektronisches Zusatzmaterial Die elektronische Version dieses Kapitels enthält Zusatzmaterial, das berechtigten Benutzern zur Verfügung steht. https://doi.org/10.1007/978-3-658-33012-5_7

M. Bracke (✉) · P. Capraro
Kompetenzzentrum für mathematische Modellierung in MINT-Projekten in der Schule, Technische Universität Kaiserslautern, Kaiserslautern, Deutschland
E-Mail: bracke@mathematik.uni-kl.de

P. Capraro
E-Mail: capraro@mathematik.uni-kl.de

1 Einleitung

Anlass zu dem in diesem Beitrag beschriebenen Projekt bietet die folgende Situation: In Seattle gibt es seit der Weltausstellung im Jahr 1962 die *International Fountain,* einen von den japanischen Architekten Kazuyuki Matsushita und Hideki Shimizu geplanten Brunnen (s. Abb. 1). Dieser Brunnen hat eine Vielzahl einzelner Düsen, die individuell oder in kleinen Gruppen angesteuert werden können. Eine Besonderheit dieses Brunnens ist, dass passend zu verschiedenen Musikstücken die Wasserdüsen nach einer für die jeweilige Musik entwickelten Choreografie angesteuert werden. Dem Publikum wird ein beeindruckendes Schauspiel geboten, bei dem Aussendung und Verlauf der Wasserstrahlen *im Gleichklang mit der Musik* sind.[1] Allerdings wird die jeweilige Steuerung der Wasserdüsen für jedes einzelne Musikstück per Hand in sehr aufwändiger Art und Weise entwickelt und so lange angepasst, bis sich die gewünschte Choreografie ergibt. Wegen des aufwändigen Verfahrens gibt es nur wenige Musikstücke, die in eine Choreografie speziell für diesen Brunnen umgesetzt wurden.

Ein ähnliches Konzept lässt sich auch anderenorts finden, so z. B. in Hamburg, wo es regelmäßig Wasserlichtkonzerte im Park *Planten un Blomen* gibt, bei denen ein aufwändig arrangiertes Wasser- und Lichtspiel zu passender Musik zu bewundern ist. Dort steuern bzw. spielen zwei Künstler/Künstlerinnen passend zur parallel abgespielten Musik eine Lichtorgel bzw. das Wasserspiel.[2] Falls es in Ihrer Nähe solche Konzerte in Kombination mit Licht- und Wasserspielen gibt, wäre damit die ideale Motivation und erste Informationsquelle für das im weiteren Verlauf

---

[1] vgl. z. B. https://youtu.be/QneeNTuQAWQ oder https://youtu.be/AXIBOUrp1wo

[2] vgl. z. B. https://youtu.be/muqhQfEAdd0

Abb. 1 International Foutain in Seattle (USA). (©Joe Mabel 2008, CC-BY-SA 3.0 license)

beschriebene Projekt gegeben – doch keine Sorge: Es geht auch ohne![3]

Bei näherer Betrachtung solcher Events können wir uns die folgende Frage stellen: Lässt sich der hohe Aufwand, zu gegebener Musik ein „passendes" Arrangement von Wasser- und/oder Lichtspiel zu kreieren, mit Unterstützung eines Computers vereinfachen? Oder können wir mit Hilfe des Computers gar völlig automatisch eine schöne Choreografie erstellen? Und was haben diese Fragen mit mathematischer Modellierung zu tun?

Bei der Beantwortung werden wir schrittweise vorgehen und uns im Verlauf dieses Beitrags auf verschiedenen Komplexitätsstufen – meist unmittelbar verbunden mit dem Anspruch der verwendeten mathematischen Konzepte und Werkzeuge – Antworten in verschiedenen Variationen nähern. Dabei soll skizziert werden, wie ein entsprechendes Modellierungsprojekt im Mathematikunterricht – sehr gerne auch in fächerübergreifender Kooperation – geplant und umgesetzt werden kann. Wichtig wird dabei neben der Zielgruppe auch der zur Verfügung stehende Zeitrahmen sowie

der beabsichtigte Fokus auf bestimmte Teilaspekte des Projekts sein. Auf Basis einer geeigneten mathematischen Modellierung können unterschiedliche Schwerpunkte gesetzt werden, wobei die beteiligten Schulfächer prinzipiell Mathematik, Physik, Informatik und Musik sind. Im Idealfall werden sogar alle diese Fächer in einem gemeinsamen Projekt miteinander vernetzt. Daher bieten wir an vielen Stellen Ideen zu Umsetzungen an, die auch ohne spezielle Vorkenntnisse oder (zeit-)aufwändige Arbeit interessante Ergebnisse und Erkenntnisse ermöglichen.

Im nächsten Abschnitt nehmen wir eine mathematische Einordnung der Ausgangsfragestellung vor und sammeln einige Bemerkungen zur didaktischen Relevanz. Anschließend wird eine grundlegende Idee für eine mathematische Modellierung vorgestellt, die zur Beantwortung der zuvor formulierten zentralen Frage dienen kann. Auf dieser Grundlage wird es möglich sein, die Verbindung zu den angesprochenen Fächern zu erkennen und den Bedarf für eine Reihe von Konzepten und Werkzeugen zu motivieren. Die dabei aus unserer Sicht mögliche Abstufung im Detailgrad der Modellierung und inhaltlichen Umsetzung stellen wir in einer tabellarischen Übersicht dar. In Abschn. 4 beschreiben wir eine sehr stark vereinfachte Modellierung, die sich bereits in der Mittelstufe umsetzen lässt. Damit möchten wir verdeutlichen, dass man sich selbst bei geringem Zeitbudget und mit sehr wenigen Vorkenntnissen in der Mathematik sowie den weiteren beteiligten Gebieten (Musik, Physik, Informatik) dieser Thematik auf interessante Art und Weise nähern kann. Dazu nutzen wir so oft es geht einen *Black-Box-Ansatz,* bei dem komplexe Inhalte für die Lernenden ausgeblendet werden, so dass sie sich auf wesentliche Aspekte des Modells und einfache mathematische Hintergründe konzentrieren können.

Weil zunächst sehr viele vereinfachende Annahmen getroffen wurden und Teillösungen in Form von Black-Box-Modellen einfach benutzt werden, ist natürlich viel Raum zur individuellen Verfeinerung und Spezialisierung vorhanden. In Abschn. 5 stellen wir exemplarisch eine Reihe solcher verfeinerter Modelle vor, die im Rahmen verschiedener Umsetzungen mit Schülerinnen und Schülern realisiert wurden. Dazu wird auch ein Blick auf die jeweils benötigten Werkzeuge aus der Mathematik und Informatik geworfen. Das soll einen guten Überblick über die vielfältigen Möglichkeiten dieses Projekts bieten und als Anregung für eigene Umsetzungen in einem schulischen Kontext dienen. In Abschn. 6 haben wir mathematische Grundlagen der Akustik in kompakter Form zusammengestellt, die für eine vertiefte Bearbeitung bzw. Betreuung im Rahmen eines Oberstufenprojekts sehr hilfreich sein können. Es folgen ein kurzer Abschnitt über die Herausforderungen durch Fehlvorstellungen von Schülerinnen und Schülern zur Leistungsfähigkeit von Computern im Rahmen der Problemlösung sowie einige Anregungen zur technischen Umsetzung

---

[3]Die ursprüngliche Idee, aus der einige der von den Autoren durchgeführten Modellierungsprojekte entstanden sind, stammt von Christof Wiedemair, der bei der Mathematischen Modellierungswoche 2018 in Tramin/Südtirol ein Problem zu dieser Thematik gestellt und betreut hat.

der erarbeiteten Ergebnisse – natürlich weniger aufwändig als beim Originalbrunnen – etwa mit einer selbstgebauten Lichtorgel. Insgesamt haben die Leserinnen und Leser dieses Beitrags damit die Wahl einer ganzen Spannbreite von eigenen Projektumsetzungen: Es kann mit moderatem Zeitbedarf bereits in der Mittelstufe gearbeitet werden, während am anderen Ende sicher auch ein Seminarkurs in der gymnasialen Oberstufe leicht mit genug Input versorgt werden kann. Wir möchten an dieser Stelle betonen, dass es uns bei den in diesem Beitrag beschriebenen Projektideen nicht um die Vermittlung ganz bestimmter (mathematisch komplexer bzw. anspruchsvoller) Inhalte geht. Ziel ist vielmehr die Lösung eines komplexen Anwenderproblems mit Methoden der mathematischen Modellierung. Dabei ist die Komplexität der verwendeten mathematischen Werkzeuge nicht festgelegt – und sie ist auch kein Kriterium für die Güte einer Projektumsetzung! –, sondern kann von der durchführenden Lehrkraft gewählt und an die vorhandenen Kompetenzen der eigenen Lerngruppe sowie organisatorische Vorgaben angepasst werden (vgl. auch Bock und Bracke 2015).

2 Mathematische Einordnung und Bemerkungen zur didaktischen Relevanz

Bevor wir in die konkrete Beschreibung des vorgestellten Projektes einsteigen, möchten wir zwei Dinge tun: Zum einen soll eine ganz kurze Einordnung der Fragestellung aus Forschungsperspektive erfolgen, zum anderen wollen wir die didaktische Relevanz aufzeigen, die die Umsetzung eines Projekts im vorgeschlagenen Themenumfeld bietet.

Aus mathematischer Sicht gibt es interessante und direkte Anknüpfungspunkte zu aktiven Forschungsgebieten, die wir stichpunktartig anhand von zwei prominenten Beispielen zusammenfassen:

- **Analyse und Verarbeitung von Signalen:** Die Analyse von Audiosignalen, beispielsweise durch die sehr verbreitete *Fourieranalyse,* ist mathematisch gut beschrieben und schon lange bekannt. Trotzdem ist die in unserem speziellen Fall erforderliche schnelle Verarbeitung – evtl. sogar in Echtzeit, s. u. – eine besondere Herausforderung, welche insbesondere bzgl. der technischen Umsetzung in Form von digitalen Signalprozessoren in aktueller Forschung adressiert wird.
- **Automatische notenbasierte Verarbeitung von Musik in Audioform:** Ein recht neues Forschungsgebiet beschäftigt sich damit, wie komplexe Audiosignale – etwa die Aufführung eines klassischen Symphonieorchesters oder ein moderner Popsong – automatisch in sinnvoll voneinander zu trennende Einzelspuren aufgeteilt werden können, die sich dann durch eine notenbasierte

Partitur darstellen lassen. Der Wunsch nach einer solchen Transformation rührt daher, dass auf der Grundlage von tatsächlich vorkommenden Noten (im Wesentlichen dargestellt durch Tonhöhe, Tonlänge und Lautstärke) sehr viel einfacher bestimmte Manipulationen eines Audiosignals möglich sind. Nach einer entsprechenden Manipulation findet oft wieder eine Rücktransformation in ein entsprechend modifiziertes Audiosignal statt. Eine sehr prominente Anwendung ist das sogenannte *Auto Tune* für Gesang, welches idealer Weise in Echtzeit berechnet und durchgeführt werden kann, so dass es vom Zuhörer nicht bemerkt wird. Eine gute Übersicht zu aktuellen Fragestellungen und Anwendungen bietet der Artikel von Benetos et al. (2019).

Dazu kommt, wenn wir eine umfassende Lösung der ursprünglichen Aufgabenstellung anstreben, ein weiteres aktives Forschungsgebiet, welches in den Grenzbereich zwischen Mathematik und Informatik fällt – man kann es gut mit *Scientific Computing* überschreiben. Selbst wenn wir aus den beiden vorher genannten Gebieten eine Vorstellung davon haben, wie wir aus Musik in Form von Audiodateien oder (analogen/digitalen) Livesignalen geeignete Reaktionen eines Musikbrunnens generieren können, die beim Betrachter das Gefühl des „Einklangs von Musik und Bewegung" erzeugen, müssen die entsprechenden Berechnungen zur Steuerung eines Brunnens live, also in Echtzeit, erfolgen. Neben der Möglichkeit, bei bekannter Musik die entsprechende Steuerung offline schon im Voraus zu berechnen wäre es natürlich spektakulär, wenn auch zu live gespielter Musik eine passende Reaktion des Brunnens in Echtzeit berechnet und technisch umgesetzt werden könnte. Da hierbei eine Latenz zwischen Musik und den visuellen Ereignissen sich bereits ab 10 ms störend bemerkbar machen kann, müssen die entsprechenden Berechnungen extrem schnell ablaufen, was das Entwickeln von speziellen Algorithmen erforderlich macht.

Des Weiteren ist die mathematische Modellierung der Ausgangsfragestellung inklusive der zugehörigen Simulation mit realistischer Darstellung und in Echtzeit an sich eine Aufgabe, die selbst professionelle Vertreter der mathematischen Modellierung vor eine echte Herausforderung stellt.

Hinsichtlich der didaktischen Relevanz der vorgeschlagenen Thematik streben wir hier in keinster Weise eine umfassende Analyse an – eine solche würde aufgrund der inhaltlichen Variationsmöglichkeiten sowie der Anpassbarkeit auf ein sehr breites Spektrum von Zielgruppen – die zumindest von uns proklamiert wird – leicht die Dimension einer universitären Abschlussarbeit annehmen. Daher möchten wir uns auf einige unserer Ansicht nach wichtige Aspekte fokussieren. In erster Linie ist die von uns vorgeschlagene Umsetzung als in den Unterricht integrierte Projektarbeit mit starker Handlungsorientierung gedacht, die an sich schon einen hohen Wert besitzt (Gudjons 2014). Eine zudem adressierte Kompetenz ist die der mathematischen Modellierung, welche in allen Lehrplänen für die verschiedenen Schulformen ihren festen Platz hat. Ohne Mühe gelingt ein fächerverbindender Unterricht, die entsprechende Forderung zur Behandlung interdisziplinärer MINT-Inhalte und -Projekte ist seit einiger Zeit Gegenstand der öffentlichen und fachlichen Diskussion. Hierbei ist in diesem Projekt eine besondere Vielfalt an Kooperationsmöglichkeiten gegeben, die sich von der Mathematik – die wir als Mathematiker naturgemäß in einer zentralen und ordnenden Rolle sehen – über die Musik, Physik, Informatik und Technik erstreckt.

Bei den möglichen mathematischen Inhalten finden sich so elementare Dinge wie das Erheben, Analysieren und Darstellen von Daten genauso wie der Themenkomplex einer sinnvollen Genauigkeit und Näherung bei Repräsentation von Daten durch Zahlen. Statistische Konzepte, angefangen von Mittelwert über Messfehler bis hin zu komplexeren Maßen wie Standardabweichung oder Varianz können einbezogen werden. Auch die Nutzung digitaler Medien, etwa zur Audioanalyse oder Darstellung und Verarbeitung selbst erzeugter Daten, ist eine gewinnbringende Facette einer Umsetzung. Aufgrund der dahinterliegenden, oben bereits angesprochenen hoch komplexen wissenschaftlichen Konzepte ist eine Erweiterung des Schwierigkeitsgrades für höhere Klassenstufen und längere Projektdauer nahezu beliebig möglich. Schließlich bietet unserer Erfahrung nach die Möglichkeit, dass Schülerinnen und Schüler ihre eigenen Daten erzeugen und dabei auch kreativ sein können, eine Chance für nachhaltige Erinnerung und Lerneffekt – nicht zu vergessen die entsprechende Motivation bei der Bearbeitung des Projekts, welches von den Lernenden mitgestaltet werden kann. Diese Beobachtung wird unterstrichen durch aktuelle fachdidaktische Forschung, in der eine Kombination aus forschendem Lernen mit einer nachgeschalteten kurzen und adaptiven Instruktion einen Vorteil gegenüber klassischen instruktiven Lehrmethoden hinsichtlich der Nachhaltigkeit der gelernten Inhalte andeutet (vgl. Lesch 2020).

3   Überlegungen zu einer grundlegenden Modellierung

In diesem Abschnitt möchten wir die Eckpfeiler einer grundlegenden Modellierung vorschlagen, die zum einen Bezüge zu anderen Fächern berücksichtigt und zum anderen als Basis für verschiedene Umsetzungen des Projekts, angepasst an Zielgruppe und Vorkenntnisse, dienen kann. Wie bei sehr vielen mathematischen Modellen gibt es auch in diesem Fall kein *richtiges* oder *das* Modell, sondern wir haben viele Freiheiten. Vor dem Treffen geeigneter Annah-

men ist es daher sinnvoll, sich Gedanken über die angestrebten Ziele zu machen: Wir können realistischerweise in einem Schulprojekt keine Lösung erwarten, bei der ein beliebiges Musikstück, z. B. in Form einer MP3-Datei, vom Computer ohne weitere Angaben des Anwenders verarbeitet wird. Oder dass ein Satz von Anweisungen generiert wird, der den in der Einleitung erwähnten Brunnen in Seattle derart steuert, dass die resultierende Choreografie wie gewünscht zur Musik passt. Diese Erkenntnis mag Schülerinnen und Schüler zunächst enttäuschen, doch das gemeinsame Finden von Gründen für diese Behauptung ist aus unserer Sicht durchaus lohnenswert, wenn man die entsprechende Zeit aufwenden kann. Warum lässt sich das Ziel nicht umsetzen? Es gibt mindestens die folgenden Teilaspekte, die den Rahmen eines üblichen Schülerprojekts mit großer Sicherheit sprengen:

1. **Übersetzung Musik → geeignete formale Beschreibung:** Die Wahl des Musikstücks wird nicht beliebig sein können, weil alleine das automatische Übersetzen einer digitalen Audiodatei – beispielsweise für ein klassisches Orchesterwerk – in die zugehörige Partitur zur Zeit noch Forschungsgegenstand ist (vgl. Abschn. 2). Auch ein durchschnittlicher Popsong mit drei bis zehn verschiedenen Spuren (Gesang, Instrumente, Schlagzeug) überfordert die meisten vollautomatischen (erschwinglichen) Lösungen.

2. **Extraktion musikalischer Features:** Aus einer komplexen Partitur werden wir selbst bei Vorliegen in einem geeigneten digitalen Format (d. h. bei Ignorieren aller Probleme in Schritt 1) nicht ohne fundiertes Wissen in Musiktheorie oder viel praktische Erfahrung einen möglichst umfassenden Satz sinnvoller musikalischer Features extrahieren können. Außerdem muss untersucht und gewährleistet sein, dass zu den ausgewählten musikalischen Features auch eine passende Umsetzung im Sinne einer Aktion des Brunnens möglich ist.

3. **Reaktion des Brunnens:** Zu einer vollständigen Umsetzung eines Modellierungsprojekts würde gehören, dass am Ende entweder der reale Brunnen in durch das Modell vorgegebener Weise passend zur ausgewählten Musik gesteuert oder dass seine Reaktion durch eine Simulation hinreichend realitätsnah visualisiert wird. Der reale Brunnen steht im Normalfall nicht zur Verfügung und für eine Simulation müssen die vom Brunnen ausführbaren Aktionen zunächst auf Basis der technisch realisierbaren Möglichkeiten definiert werden – das wird beim realen Brunnen mit knapp 300 Düsen und wählbaren Düsengruppen bei der Anzahl freier Parameter (zeitabhängiger Wasserdruck für jede Düse/Düsengruppe, dabei Begrenzung durch die maximale Geschwindigkeit von Änderungen) kaum im angestrebten Schülerprojekt möglich sein. In einem Modellierungsseminar an der TU

Kaiserslautern wurde von einer Seminargruppe im Masterstudium mit Hilfe der wissenschaftlich-technischen Softwareumgebung MATLAB eine Simulation implementiert, um Wasserstrahlen(bündel) von insgesamt 32 Düsen des Brunnens als dreidimensionale Animation zu visualisieren. Als physikalisches Modell wurde dabei der schiefe Wurf unter Berücksichtigung des Luftwiderstands verwendet. Selbst mit den angenommenen Vereinfachungen und geringer Anzahl von Düsen dürfte eine derartige Umsetzung nur unter Einbeziehung von Jahresarbeiten oder Jugend-Forscht-Projekten realisierbar sein und eignet sich damit nicht für eine Umsetzung im Projekt-bzw. Regelunterricht an einer Schule.

Auch wenn schon jetzt klar ist, dass eine voll umfassende Lösung in einem Schülerprojekt nicht erreichbar ist, kann die Diskussion der angesprochenen Aspekte sehr förderlich sein, um die eigenen Grenzen und technischen Herausforderungen besser zu verstehen. Wenn man sich die in der Einleitung verlinkten Beispiele vorhandener Choreografien der Brunnen in Seattle und Hamburg ansieht, bekommt man auf jeden Fall auch einen positiven Impuls: Es ist zu sehen, dass selbst in diesen professionellen Umsetzungen noch deutlich Luft nach oben ist und die eigenen Ergebnisse in diesem Licht sogar schon richtig gut sein können!

Wir schlagen für unser Grundmodell die folgenden vereinfachenden Annahmen vor, wobei wir uns auf die zuvor thematisierten Teilaspekte beziehen:

1. **Übersetzung Musik → geeignete formale Beschreibung:** Die zentrale Frage ist, welche Aspekte von Musik wir berücksichtigen möchten bzw. können. Im einfachsten Fall können wir mit rhythmischen Audiosignalen arbeiten, bei denen wir nur den Zeitpunkt des Auftretens berücksichtigen. Erzeugen kann man solche Signale leicht selbst, indem man mit der Hand einen Rhythmus auf dem Tisch klopft und dies z. B. mit einem Smartphone aufnimmt. Im nächsten Abschnitt werden wir aufzeigen, wie wir aus einer solchen Aufnahme zu einer abstrakten mathematischen Beschreibung gelangen können, was wahlweise komplett manuell oder unter Zuhilfenahme der frei verfügbaren Audiosoftware *Audacity* geschehen kann. In komplexeren Varianten des Modells kann auch bei Rhythmen zusätzlich die Frequenz hinzugenommen werden. Eine weitere Verallgemeinerung wäre das Arbeiten mit einstimmigen, einfachen Melodien, und nach oben hin sind der Komplexität hier keine Grenzen gesetzt.

2. **Extraktion musikalischer Features:** Sobald wir eine abstrakte Beschreibung unserer „Musik" (die auch ein einfacher Rhythmus sein kann, siehe 1.) vorliegen haben, stellt sich als nächstes die Frage, auf welche Merkmale der Brunnen reagieren soll. Eine Möglichkeit wäre es, jedem Ereignis (d. h. Rhythmusschlag) zeitlich synchron eine Reaktion des Brunnens zuzuordnen – dabei kommt es natürlich darauf an, wie wir im nächsten Schritt die zur Verfügung stehenden Aktionen festlegen. Als Erweiterung kann man die Tonhöhe oder Klangfarbe eines Rhythmusschlags berücksichtigen, beispielsweise indem verschiedene Töne/Klänge unterschiedlichen Aktionen des Brunnens zugeordnet werden. Noch einen Schritt weiter könnten wir mehrere Features auf der Ebene der Daten zu einem Gesamtereignis zusammenfassen: Eine aufsteigende Folge von Tönen könnte in passender Weise einer Wasserfontäne mit wachsender Höhe zugeordnet werden – spannend: Was heißt in diesem Zusammenhang *passend*?

3. **Reaktion des Brunnens:** Haben wir uns in unserem Modell bei den Punkten 1. und 2. festgelegt, so stellt sich natürlich die Frage, wie abschließend die Zuordnung zu den Reaktionsmöglichkeiten des Brunnens sowie eine entsprechenden Visualisierung erfolgen können. Den realen Brunnen werden wir ziemlich sicher nicht zur Verfügung haben und ein leicht zu beschaffendes Brunnenmodell mit einfachen Möglichkeiten der Steuerung ist uns nicht bekannt (Alternativen zum Selbstbauen werden wir später vorschlagen). Eine Variante zur Visualisierung ist die Nutzung einer einfachen Lichtorgel: Diese kann aus einer oder mehreren Lampen bestehen mit der Möglichkeit, sie zu definierten Zeitpunkten einzeln an- und auszuschalten. Auch hier wird man um den Selbstbau als kleines Technikprojekt kaum herumkommen, ohne viel Geld zu investieren. Was sich in unseren Umsetzungen bewährt hat ist die Nutzung eines Computerprogramms, welches durch verschiedene Farbfelder, die ein- und ausgeschaltet werden können, praktisch die Lichtorgel simuliert. Im Rahmen eines Informatikprojekts kann so etwas selbst realisiert werden, doch es ist an dieser Stelle ebenso möglich, den Schülerinnen und Schülern ein solches Programm mit einfacher Schnittstelle – etwa den Input über eine einfach strukturierte Textdatei – zur Verfügung zu stellen.

Im nächsten Abschnitt werden wir auf Basis der getroffenen Annahmen eine Umsetzung in Form eines Modellierungsprojekts für die Mittelstufe vorstellen. Indem verschiedene Aspekte stärker fokussiert bzw. durch Bereitstellung von Materialien und Softwaretools aus dem Mittelpunkt genommen werden, können Zeitrahmen, fachlicher Fokus und inhaltlicher Anspruch sehr fein reguliert werden.

4 Umsetzungsvorschlag für die Mittelstufe

In diesem Abschnitt machen wir eine Reihe von Vorschlägen für eine Umsetzung des Projekts *Musikbrunnen* in der Mittelstufe. Wie schon angedeutet, werden wir dazu an verschiedenen Stellen Vereinfachungen vornehmen bzw. Abstriche bei den ursprünglichen Zielvorgaben machen. Bei der Konzeption einer Umsetzung in Form von Projektunterricht möchten wir gerne verweisen auf die allgemeinen Ausführungen in Gudjons (2014). Dabei sei bemerkt, dass das Einlassen auf mathematische Modellierung einer Lehrkraft zwei Aufgaben abverlangt, die unter Umständen schwer miteinander vereinbar sind: Vorab müssen mögliche Lösungen auf ihre fachliche Angemessenheit bzgl. der gewählten Klassenstufe und auf den Entwicklungsstand der Schülerinnen und Schüler geprüft werden. Anderseits sollte sie sich an den vermuteten Motiven und Ideen der Lernenden orientieren und so viele Handlungsspielräume wie möglich zur Verwirklichung deren eigener Ideen bieten. Es ist also das Ziel, Lehrziele und artikulierte Handlungsziele miteinander zu vereinbaren, was im handlungsorientierten Unterricht auf zweierlei Art möglich ist: „Entweder man schafft es, die Schüler dazu zu bringen, sich die Lehrziele als Handlungsziele zu eigen zu machen (was umso eher gelingen dürfte, je stärker die Unterrichtssituation für die Schüler bedeutsame Probleme/Themenstellungen/Aufgaben enthält), oder aber es wird Raum gegeben, Interessenunterschiede anzusprechen, Gegensätze auszutragen und gemeinsame Handlungsziele auszuarbeiten und zu verfolgen." (Gudjons 2014).

Die erste signifikante Vereinfachung auf diesem Weg ist, dass wir anstelle eines Popsongs in Form einer MP3-Datei einen mehr oder weniger einfachen Rhythmus als Ausgangsmaterial verwenden.[4] Dies hat den Vorteil, dass wir zum einen die erforderliche Audiodatei sehr leicht selbst als Aufnahme eines mit der Hand auf einer Tischplatte geklopften Rhythmus mit dem Smartphone generieren können. Die Schülerinnen und Schüler können das auch selbst tun – und werden vermutlich dabei kreativ werden und Freude daran finden. Für den Auftakt möchten wir die folgenden groben Hinweise geben:

- Länge des geklopften Rhythmusstücks: ca. 15–30 s
- Hintergrundgeräusche möglichst reduzieren, d. h. Mikrofon sehr nahe am Tisch oder Aufnahmen als Hausaufgabe aufgeben
- zu Beginn nur einen oder sehr wenige *Klänge* erzeugen

- eine kurze Einführung in das Erstellen eigener Aufnahmen geben oder eine fertige Audiodatei zur Verfügung stellen
- vor Beginn der Arbeit mit der freien Audiosoftware *Audacity*[5] eine kurze Einführung in die Features der Software geben, die genutzt werden sollen

Für das folgende Beispiel haben wir einen einfachen Rhythmus auf einer Cajon geschlagen, doch man braucht selbstverständlich kein professionelles Musikinstrument für das Projekt. Vor Beginn der Aufnahmen sollte geklärt werden, dass die Ergebnisse in einem der Formate *.wav, .mp3, .m4a* exportiert und auf den zur weiteren Verarbeitung verwendeten Computer exportiert werden können. Die Beispiele *Cajon.m4a* und *Cajon 2.m4a,* welche wie schon erwähnt auf der Webseite zum Buch zum Download zur Verfügung stehen, können direkt zum Experimentieren verwendet werden. Es wurde hier kein Rhythmus „nach Noten" eingespielt und das Timing ist alles andere als *tight,* doch gerade daraus kann man in der Analyse später ein paar kleine Untersuchungen ableiten, die interessant sind und in die Materie einführen können.

Wir haben für die Analyse die sehr gute, vom Funktionsumfang mächtige und freie Audio-Software *Audacity* benutzt, die für alle gängigen Betriebssysteme erhältlich ist. Zudem empfehlen wir die Installation der Bibliotheken *FFmpeg,* deren Installation ebenfalls beschrieben wird[6] – andernfalls können nur .wav-Dateien geöffnet und abgespeichert werden. Diese haben einen deutlich größeren Speicherbedarf und müssen zum anderen überhaupt erst einmal erzeugt werden, wenn die Aufnahme-App eines Smartphones dieses Format nicht anbietet.

Nach dem Öffnen des selbst aufgenommenen „Musikstücks" in Audacity sehen wir die Wellenform, also den zeitlichen Verlauf der Amplitude der Aufnahme, was wie in Abb. 2 aussehen kann. Smartphone-Aufnahmen haben oft nur eine Audiospur, sind also Monoaufnahmen. Hat man eine Stereoaufnahme vorliegen, empfiehlt sich die Umwandlung in eine Monospur: Links neben der Wellenform findet sich in dem kleinen rechteckigen Feld mit Informationen zur Audiodatei neben dem Dateinamen ein schwarzes Dreieck, dessen Spitze nach unten weist. Dahinter verbirgt sich ein Ausklappmenü, in dem man *Stereo zu Mono aufteilen* wählt, dann eine der beiden Spuren durch Anklicken auswählt und anschließend im Menü *Spuren* von Audacity diese mit *Spuren entfernen* löscht. Im nächsten Schritt geht es darum, die *Features* des Stücks herauszufinden, auf die man später in geeigneter Form mit dem Brunnen oder einer anderen passenden Ausgabemöglichkeit reagieren möchte.

---

[4] vgl. Beispielaufnahmen auf der Webseite von Springer zu diesem Buch

[5] https://www.audacity.de

[6] https://www.audacity.de/empfehlungen/

Ausklappmenu für Umwandlung in Mono

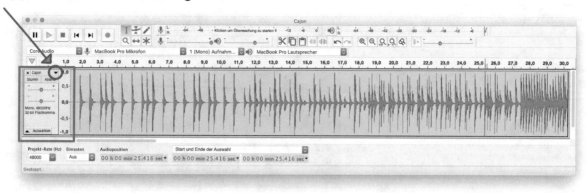

Abb. 2 Wellenform der ersten 30 s eines einfachen Rhythmus. (©Martin Bracke 2021)

Dazu muss zunächst klar sein, wie die Wellenform mit dem Audiosignal zusammenhängt. Da beim Anhören ein senkrechter Strich als Markierung mit der Zeit durch das Diagramm läuft, braucht man an dieser Stelle keine aufwändigen oder komplizierten Erklärungen, die Schülerinnen und Schüler werden das intuitiv verstehen und nutzen können. Natürlich können die Hintergründe je nach Zeitbedarf, Verknüpfungsmöglichkeit zur Physik und Interesse der Lerngruppe thematisiert werden.

Die nächste Aufgabe für die Schülerinnen und Schüler besteht nun darin, die Zeitpunkte der einzelnen Rhythmusschläge zu ermitteln und diese zu notieren oder – noch besser – in einer Tabellenkalkulation festzuhalten. An diesem Punkt gibt es wiederum Vertiefungsmöglichkeiten: Schülerinnen und Schüler können jeweils ihr eigenes Stück bearbeiten und Zeiten ermitteln. Man kann aber auch ein längeres Stück durch menschliches *Parallelprocessing* verarbeiten, indem das gesamte Stück in mehrere kleine Zeitintervalle unterteilt wird, die dann am besten jeweils von mehreren Schülerinnen und Schülern unabhängig voneinander bearbeitet werden. So bekommt man nämlich mehrere Datensätze und kann nach Wunsch die Konzepte *Messfehler/-genauigkeit, Mittelwert* und *Median* thematisieren, wie im Folgenden näher erläutert wird. Es bieten sich dabei Paare an, bei denen jeweils ein Teammitglied Zeitpunkte in Audacity abliest und das andere die Werte auf Papier oder in der Tabellenkalkulation festhält.

Zur Veranschaulichung der Möglichkeiten haben wir in der folgenden Tabelle die gesuchten Zeiten auf mehrere Arten ermittelt[7]:

Wellen-form, M1	1,904	2,460	3,081	3,359	3,723	4,322	4,921	5,456	5,755
Wellen-form, M2	1,925	2,460	3,124	3,402	3,701	4,300	4,878	5,477	5,755
Spekt-rum	1,925	2,460	3,081	3,380	3,701	4,322	4,878	5,456	5,755
Spek-trum, Zoom	1,894	2,458	3,078	3,367	3,692				

Die ersten beiden Zeilen könnten aus den Messungen von zwei Lernenden stammen und man kann an dieser Stelle mehrere Dinge diskutieren:

- Wie viele Nachkommastellen sind für uns sinnvoll?
- Wie genau können wir die Zeitpunkte bestimmen?
- Welche Rolle spielt die Genauigkeit einer individuellen Messung (d. h. eines einzelnen Lernenden) bei Ermittlung der Daten?
- Können wir aus mehreren Messungen ein insgesamt besseres Ergebnis gewinnen?
- Wenn ja, wie?

Die Genauigkeit, mit der die Zahlen festgehalten werden sollten, hängt sicher in erster Linie mit dem Unterscheidungsvermögen des zeitlichen Versatzes von Audiosignal und beispielsweise einem Lichtsignal zusammen, das später als Reaktion auf ausgewählte Features des Musikstücks, erzeugt wird. An dieser Stelle kann man etwas vorgeben, könnte aber auch mit der Auflösung bis zu dem Zeitpunkt am Ende des Projekts warten, an dem die Lernenden die Beobachtung selbst machen und sich damit die Frage beantworten können. Obwohl wir in der Tabelle die von Audacity maximal angegebenen 3 Nachkommastellen festgehalten haben, dürften Hundertstel ausreichend genau sein.

---

[7] Der Zeitpunkt des Ereignisses ist in Sekunden festgehalten

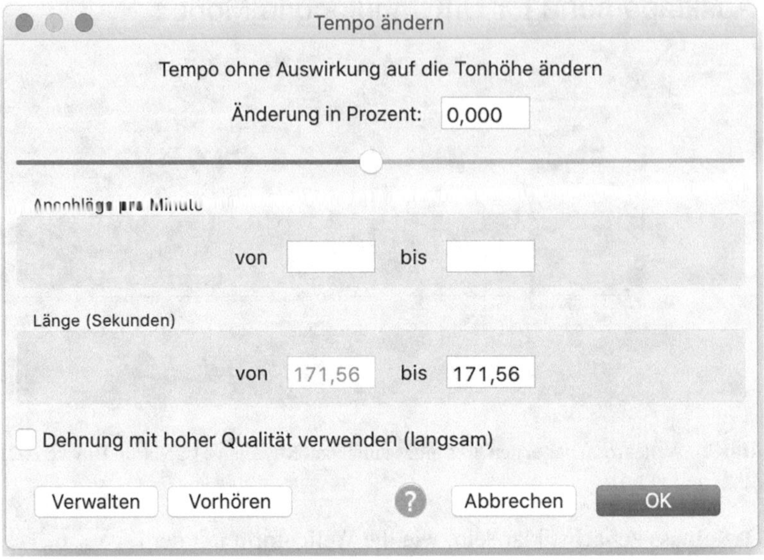

Abb. 3 Verlangsamen ohne Änderung der Tonhöhe. (©Martin Bracke 2021)

Zur Frage, wie die Zeitpunkte möglichst genau ermittelt werden können, gibt es noch einige Tipps: Man könnte die Vermutung haben, dass der gesuchte Zeitpunkt genau dort zu finden ist, wo im Diagramm die Amplitude am größten ist. Diese Stelle ist meist als sehr dünne Linie sichtbar, die man mit dem Audiocursor in Audacity ziemlich genau treffen und anschließend die entsprechende Zeit ablesen kann. Kommt die Frage auf, ob dieses visuelle Merkmal tatsächlich exakt zum Zeitpunkt des akustischen Signals passt, so kann man über zwei verschiedene Methoden das Audiosignal langsamer abspielen: Oben in der Toolbar befindet sich in der rechten Hälfte ein zweite grüner *Playbutton,* neben dem die Abspielgeschwindigkeit verändert werden kann. Hört man sich den Rhythmus auf 40–50 % verlangsamt an, so kann man die Übereinstimmung beider Merkmale ziemlich gut überprüfen. Nachteil bei dieser Methode ist, dass sich beim Verlangsamen mit dieser Option die Tonhöhe verändert und sich damit Audiosignale mitunter sehr lustig anhören. Bei Rhythmusstücken mag das noch recht gut gehen – aber lassen Sie Ihre Lerngruppe nicht mit ihren aktuellen Lieblingshits experimentieren…

Eine Alternative ist das Verlangsamen eines Audiosignals unter Beibehaltung der Tonhöhe (s. Abb. 3): Dies kann über den Punkt *Tempo ändern* im Menü *Effekt* von Audacity gemacht werden. Dabei treten bei sehr großen Änderungen zwar störende Artefakte auf, doch den gewünschten Zweck erfüllt das Werkzeug auf jeden Fall. In höheren Klassen kann man an dieser Stelle eine interessante Frage aufwerfen: Wie hängt die Tempoänderung, die in Prozent angegeben werden muss, mit der neuen Länge des Audiosignals zusammen?

Auf die Möglichkeiten, die Themen Genauigkeit und Mittelwertbildung umzusetzen, möchten wir an dieser Stelle aus Platzgründen nicht eingehen. Es ist aus der Anwendung heraus relativ offensichtlich, welche Möglichkeiten sich abhängig von der Klassenstufe bieten.

Als interessante Variante bei der Ermittlung der Zeitpunkte möchten wir gerne noch die Möglichkeit betrachten, statt der Wellenform das Spektrum des Audiosignals zu betrachten. Zur Umschaltung wählen wir im bereits früher benutzen Ausklappmenü vorne in der Audiospur den Punkt *Spektrogramm* aus und erhalten eine Darstellung wie in Abb. 4.[8] Diese Darstellungsform erlaubt u. U. eine noch genauere Auswahl der Ereigniszeitpunkte. In Kombination mit einer Vergrößerung (s. Abb. 5) kann man auch über die durch die Farbe codierte Lautstärke sehr schön den genauen Zeitpunkt erkennen und auswählen. Beide Varianten sind in der vorher gezeigten Tabelle zum Vergleich zusätzlich für die ersten Zeitpunkte angewandt worden. Als Abschluss und zur Kontrolle der erzielten Ergebnisse fehlt nun noch eine Möglichkeit, auf die in Form von diskreten Zeitpunkten ermittelten Features eines sehr einfachen Musikstücks zu reagieren. Hier haben wir zwei Möglichkeiten anzubieten, die relativ einfach umzusetzen sind:

- Steuerung von einer oder mehren LEDs mit einem Arduino-Mikrocontroller: Mit sehr geringem finanziellen Aufwand von 10–15 € kann eine Schaltung ohne Verwendung eines Lötkolbens aufgebaut werden, die eine LED zu bestimmten Zeitpunkten ein- und ausschaltet. Die Zeitpunkte können aus der selbst erstellten Exceltabelle in die Steuer-App des Arduino kopiert werden. An-

---

[8]Optional können unter diesem Menüpunkt nach der Umschaltung noch Details für die Umrechnung eingestellt werden, beispielsweise der zu untersuchende Frequenzbereich oder die Art der Darstellung (linear oder logarithmisch)

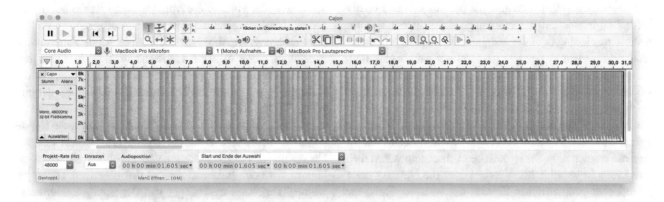

Abb. 4 Spektrogramm der ersten 30 s eines einfachen Rhythmus. (©Martin Bracke 2021)

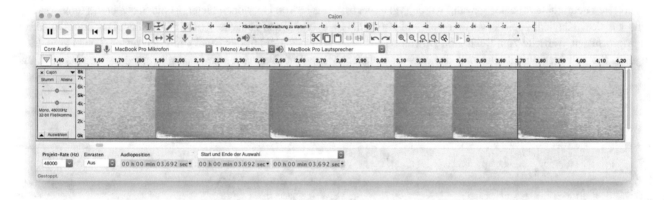

Abb. 5 Zoom in die ersten 4 s des Spektrogramms. (©Martin Bracke 2021)

schließend besteht eine kleine Herausforderung darin, Musik und Steuerung der LEDs so zu starten, dass beides synchron abläuft, da dieses nicht ohne größeren Aufwand automatisierbar ist.

- Mit einem einfachen Python-Programm können synchron zur Musik farbige geometrische Figuren auf dem Computerbildschirm ein- und ausgeschaltet werden. Auch hier dienen die zuvor ermittelten Zeitpunkte als Eingangsdaten, das Programm kann der Lerngruppe zur Verfügung gestellt werden.

Auch wenn beide Varianten nicht mit einem echten Brunnen vergleichbar sind, bei dem sich Wasserhöhen mehrerer Düsen synchron zur Musik verändern, kann doch das Ergebnis der vorherigen Schritte sehr schön visualisiert werden, so dass auch Rückschlüsse auf die Qualität der getroffenen Annahmen und Vereinfachungen gezogen werden können. Entsprechende Hinweise zur Umsetzung finden sich weiter hinten in Abschn. 8.

Zum Schluss dieses Projektvorschlags für die Mittelstufe möchten wir darauf hinweisen, dass es viele spannende

Abb. 6 Einstimmige Version von *Die Gedanken sind frei*. (Quelle: Zillmann 2020)

Erweiterungsmöglichkeiten gibt, die bei entsprechend verfügbarer Zeit, interessierten Schülerinnen und Schülern, zur Binnendifferenzierung oder der Möglichkeit zum fächerübergreifenden Unterricht in Betracht gezogen werden können. Beim Ausgangsmaterial können beispielsweise einstimmige Musikstücke – gesungen, gepfiffen oder auf einem Instrument gespielt und wie zuvor mit dem Smartphone aufgenommen – das Spektrum sinnvoller Features sehr erweitern. Man kann so auf Tondauer, Tonhöhe oder sogar zusammenhängende Ereignisse reagieren. In der technischen Umsetzung wären mehrere LEDs in verschiedenen Farben oder die Nutzung unterschiedlicher geometrischer Figuren mit variabler Farbe und Helligkeit bei Verwendung eines Python-Programms Erweiterungen, die sich anbieten. Als konkretes Beispiel haben wir hier das alte deutsche Volkslied *Die Gedanken sind frei* ausgewählt, das von Hörerinnen und Hörern des MDR 2011 zum beliebtesten deutschen Volkslied gewählt wurde (vgl. Abb. 6): Eine auf dem Klavier gespielte Version steht auf der bereits angesprochenen Webseite zum Buch zum Download zur Verfügung. Sie soll hier nur als Beispiel dienen – komplexere

Varianten oder eine andere Musikauswahl stehen bei der eigenen Umsetzung natürlich in nahezu unbegrenzter Vielfalt zur Verfügung. In Abb. 7 ist die entsprechende Amplitudendarstellung dieser Aufnahme in Audacity zu sehen. Ohne jetzt hier zu sehr ins Detail gehen zu wollen, kann man aus der Darstellung zumindest die Zeitpunkte des Anschlags der einzelnen Töne recht gut ablesen und auch Aussagen über die relative Lautstärke treffen. Über die Tonhöhe sagt diese Repräsentation nichts aus. Wechseln wir allerdings auch hier zur Darstellung als Spektrogramm wie in Abb. 8 zu sehen, so können wir auch Informationen zu den einzelnen Tönen gewinnen. Das kann unabhängig von der genauen Zuordnung von Tönen schon die Tatsache sein, dass die Tonhöhe zu verschiedenen Zeiten ansteigt oder fällt. Da ein komplexes Instrument wie ein Klavier aber nicht nur reine Sinusschwingungen erzeugt, sondern zu den Grundfrequenzen auch noch eine Reihe von Obertönen bietet, ist die Sache etwas unübersichtlicher als man zunächst annehmen könnte: Der Zoom in Abb. 9 auf den Beginn des Stücks mit den ersten Tönen zum Liedtext *Die Gedanken sind frei,..* gibt einen tieferen Einblick und

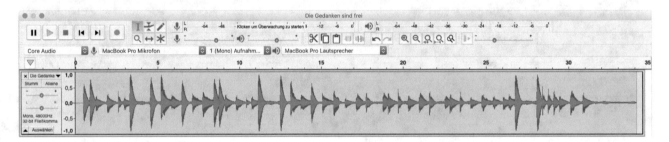

Abb. 7 Wellenform von *Die Gedanken sind frei*. (©Martin Bracke 2021)

Abb. 8 Spektrogramm von *Die Gedanken sind frei*. (©Martin Bracke 2021)

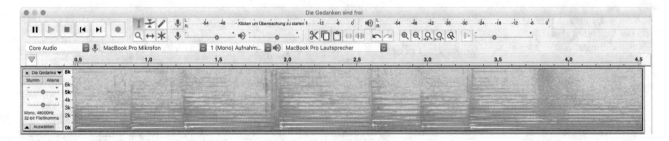

Abb. 9 Spektrogramm des Beginns von *Die Gedanken sind frei*. (©Martin Bracke 2021)

bietet einen Ausblick auf mögliche Vertiefungen wie *Bestimmung der Grundfrequenzen und Frequenzen der Obertöne, Abschätzen der Tonlängen und Pausen usw.*

Ein ebenfalls sehr interessantes Nebenthema, das ein wenig vom ursprünglichen Ziel des Musikbrunnens abweicht, kann die folgende Variation sein: Schülerinnen und Schüler probieren, beim Klopfen ihrer Rhythmen ein möglichst gutes Timing einzuhalten und kontrollieren die Qualität mittels der wie zuvor selbst erstellten Tabellen mit Zeitereignissen. Hier sind vorab durchaus einige Verabredungen auszuhandeln – im Idealfall im Dialog – und die Aufgabe kann einen motivierenden Wettbewerb hervorrufen. Anstatt einen Rhythmus frei nach Gefühl möglichst gut hinzubekommen, kann die Aufgabe auch sein, zu einem abgespielten Musikstück den Takt möglichst *tight* mitzuklopfen und das Resultat im Anschluss auf seine Güte zu untersuchen.

5 Ausgewählte Vertiefungsmöglichkeiten

Bisher wurde das Projekt in mehreren Umsetzungen des KOMMS[9] genauso wie inhaltlich sehr verwandte Modellierungen wie der Bau und Steuerung einer Lichtorgel mit Schülerinnen und Schülern der gymnasialen Oberstufe durchgeführt. Im vorherigen Abschnitt haben wir vorgeschlagen, wie durch Reduktion an verschiedenen Stellen auch Umsetzungen auf Mittelstufenniveau möglich sind. Viele technische Details lassen sich gut verbergen und als Black-Box behandeln. Bei ausreichender Projektzeit oder als Möglichkeit zur Binnendifferenzierung ist es dennoch möglich, auf diese Inhalte einzugehen. Eine Übersicht der bisher durchgeführten Umsetzungen bietet die folgende Tabelle:

Veranstaltung	JGS	Umfang	Fokus
MINT-Austausch	11 & 12	10h	Analyse (Audacity)
Projekttag-LK	12	6h	Schallwellen & Fourieranalyse
Talent School I	10–12	12h	Analyse (Python)
Talent School II Modellierungswoche	10–12 11 & 12	20h 30–35h	Analyse (Python) Bau einer Lichtorgel

Hierbei handelte es sich bis auf den Projekttag eines Mathematik-LKs um Projektarbeit, bei der nur wenig strukturierender Input gegeben wurde und der Fokus auf einer selbstständigen und eigenverantwortlichen Arbeitsform lag.

Inhaltlich reicht die Spanne von einem Schwerpunkt in der Modellierung (Was sind die Features von einem Musikstück?) und Umsetzung mit Hilfe von Audacity und bereitgestellten Python Skripten bis hin zur Fourier-Analyse von Musikstücken mit selbstgeschriebenen Python-Programmen.

Der Projekttag eines Mathematik-LKs der 12. Jahrgangsstufe wurde im Rahmen einer Masterarbeit (s. Meyer 2019) konzipiert und umgesetzt. Hier war der zeitliche Ablauf deutlich straffer mit strukturierten Inputs: Zu Beginn gab es nach der Vorstellung des Themas eine Einführung in die Audioanalyse *(Was ist Musik?, Was sind Schallwellen?, Grundidee Fourieranalyse)* mit Überblick zu den wichtigsten Funktionen der Software Audacity, der sich eine Gruppenarbeitsphase mit abschließender Präsentation anschloss.

5.1 Mathematische und physikalische Vertiefungsmöglichkeiten

Möchte man den mathematischen Anspruch erhöhen, so kann ein Teil der Arbeit, die zuvor manuell bzw. durch Audacity übernommen wurde, selbst in die Hand genommen werden: Wir möchten mit einem selbst geschriebenen Computerprogramm eine Audiodatei automatisch in die angestrebte Exceltabelle überführen. Dazu brauchen wir eine Möglichkeit, aus den in einer Audiodatei enthaltenen Daten die Features zu extrahieren, die wir gerne verwenden möchten: Eintrittszeitpunkt eines Signals, ggf. mit Dauer und Tonhöhe – sofern es sich um einen Ton handelt. An dieser Stelle ergibt sich die Möglichkeit, sehr konkret Verbindungen zur Physik herzustellen und Experimente zur Veranschaulichung durchzuführen. Eine solche Verbindung wurde beispielsweise für eine Unterrichtsreihe im Physikunterricht für Klasse 7 der gymnasialen Mittelstufe geplant und umgesetzt, die ausführlich in der Masterarbeit von Saygushev (2016) dargestellt ist. Das zeigt, dass die Einbeziehung verhältnismäßig komplexer mathematischer Werkzeuge in der Mittelstufe möglich ist und gibt weitere Anregungen für eigene Umsetzungen des Musikbrunnenprojekts in der Mittelstufe.

Wenn wir die mathematischen Hintergründe dabei nicht komplett verbergen möchten oder bei einer computergestützten Umsetzung ein Grundverständnis vermitteln möchten, müssen wir uns mit einer mathematischen Beschreibung für musikalische Ereignisse beschäftigen, ganz konkret mit den Grundlagen der Akustik zur Darstellung von Tönen. Da dies in eigenen Modellierungsprojekten nur ein optionaler Bestandteil ist, werden wir im separaten Abschn. 6 darauf eingehen, der beim Lesen übersprungen werden kann.

---

[9]Das **K**ompetenzzentrum für mathematische **M**odellierung in **M**INT-Projekten in der Schule wurde 2014 als wissenschaftliche Einrichtung der TU Kaiserslautern gegründet und beschäftigt sich u. a. mit der Konzeption und Durchführung von realen Anwendungsprojekten für Schülerinnen und Schüler sowie mit begleitender Forschung.

5.2 Vorbemerkungen zum Einsatz des Computers mit selbst entwickelten Algorithmen

Will man mit realen Daten in Form von Musikstücken arbeiten, ist das Projekt wie zuvor beschrieben per Hand nur sehr mühsam umsetzbar, alleine schon wegen der Datenfülle. Die nötigen Programmierkenntnisse für den Einsatz des Computers sind jedoch überschaubar. Neben den wichtigen Grundlagen (Schleifen, Verzweigungen) muss man viel mit Arrays bzw. Listen arbeiten, die Bereitstellung von Programmfragmenten ist möglich und senkt hier die Einstiegshürde.

Obwohl die Arbeit mit Excel prinzipiell auch mit detaillierteren Modellen als in Abschn. 4 möglich wäre, möchten wir aus den folgenden Gründen davon abraten: Bereits ein Musikstück mit einer Länge von einer Minute und einer Abtastfrequenz von 44.1 kHz (entspricht CD-Qualität) wird als Stereosignal durch gut 5 Mio. Fließkommazahlen beschrieben. Die maximal in Excel nutzbare Anzahl von Zeilen/Spalten liegt mit $2^{20} = 1.048.567$ schon darunter, so dass nur sehr kurze Audioschnipsel analysierbar wären – von der Übersichtlichkeit und Verarbeitungsgeschwindigkeit ganz zu schweigen. Da auch Tools wie die Fourieranalyse in Excel nicht als Standard verfügbar sind und nachinstalliert werden müssten, muss man sich zum einen sehr gut mit Excel auskennen und zum anderen wirklich gute Gründe für den Einsatz haben.

In unseren Schülerprojekten nutzen wir seit mehreren Jahren die Programmiersprache Python. Hier sei die kostenfrei verfügbare Distribution *Anaconda* empfohlen, die für alle gängigen Betriebssysteme verfügbar ist und die benötigten Bibliotheken bereits mitbringt (https://www.anaconda.com). Meist geben wir den Schülerinnen und Schülern einige Programmbeispiele zum Umgang mit Audiodaten direkt an die Hand und erklären beispielhaft mögliche Operationen. Unserer Erfahrung nach haben sich so auch interessierte Lernende ohne Vorkenntnisse schnell in den Code eingefunden und konnten nach kurzer Zeit selbstständig weiterarbeiten. Die Beispiele finden Sie in Abschn. 6.7. Voraussetzung ist dabei allerdings, dass die betreuende Lehrkraft zumindest Grundkenntnisse in Python besitzt, was vor allem bei der mit Sicherheit fälligen Fehlersuche von Vorteil ist.

5.3 Verarbeitung von Wellenformen in Python

Das Musikbrunnenprojekt wurde wie im vorherigen Abschnitt erwähnt während zweier *Talent Schools* der Fraunhofer-Gesellschaft durchgeführt. Bei der ersten Umsetzung handelte es sich um ein außerschulisches Lernangebot für mathematisch begabte und interessierte Mädchen der gymnasialen Oberstufe von Schulen des MINT-EC Netzwerks. Es standen vier Arbeitsphasen zu je drei Stunden zur Verfügung, aufgeteilt auf zwei Tage. Am dritten Tag wurden die Ergebnisse präsentiert.

Die wesentlichen Kriterien, die im Projekt verfolgt wurden, orientierten sich an den Begriffen *Lautstärke* und *Rhythmus*. Da für diese Analyse zunächst kein Frequenzbegriff notwendig war, arbeiteten die Schülerinnen mit den Originaldaten, also den Wellenformen.

Eines der Probleme, die sich herausstellten, lag in der Natur der Daten: Wenn man die Amplitude als Maß für die Lautstärke verwendet, ergibt sich zunächst eine Lautstärke-Zeit-Funktion, deren Werte stark schwanken. Die Schülerinnen entwickelten daher eine Methode, um die Daten zu glätten (siehe Abschn. 5.3.1).

Eine andere Teilgruppe arbeitete an einem Algorithmus, der in der Lage sein sollte, den Rhythmus eines Liedes zu erkennen. Dieses Problem wurde in der vierten Arbeitsphase zum Teil gelöst. Durch geschickte Wahl der Parameter war der Code in der Lage, den Rhythmus eines fest gewählten Liedausschnitts zu erkennen. Es blieb jedoch offen, wie die Herangehensweise für den allgemeinen Fall aussehen müsste (siehe Abschn. 5.3.2).

5.3.1 Glättung der Lautstärke-Zeit-Funktion

Um die Dynamik des Liedstücks erfassen zu können, betrachteten die Schülerinnen zunächst das Amplitudenbild der Daten. Der Grundgedanke bestand darin, die Zeit-Amplituden-Funktion (siehe Abb. 10) zugrundezulegen.

Um die Daten zu glätten, entwickelten die Schülerinnen den folgenden Algorithmus:

1. Betrachte den Betrag der Zeit-Amplituden-Funktion.
2. Suche die lokalen Maxima mit `lokaleMaxima` (s. Listing 1) und schreibe diese in eine Liste `lokmax`.
3. Für jeden Eintrag in `lokmax` bilde, gemeinsam mit den nachfolgenden 180 Einträgen, mithilfe der Funktion `mova` (s. Listing 2) den Mittelwert; schreibe diese Mittelwerte in eine neue Liste `lokmaxDurchschnitt`.
4. Für jeden Eintrag in `lokmaxDurchschnitt` bilde, gemeinsam mit den nachfolgenden 30 Einträgen, mithilfe der Funktion `mova` den Mittelwert; schreibe diese Mittelwerte in eine neue Liste `lokmaxDurchschnitt2`.

Wir erhalten somit ein iteratives Verfahren (mit zwei Iterationsschritten), das in der Lage ist, die Funktion zu glätten (siehe Abb. 11). Die resultierende Lautstärke-Zeit-Funktion sollte schließlich zur Regulierung des Drucks (und somit der Höhe) der Fontäne verwendet werden.

Zum Glättungsverfahren ist zu sagen, dass einer der ersten Arbeitsschritte (das Auffinden der lokalen Maxima in

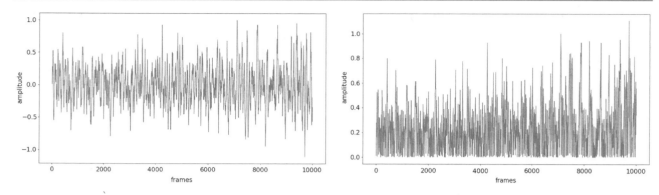

Abb. 10 Links: Ausschnitt aus dem Amplitudenbild; rechts: Beträge der Daten. (©Patrick Capraro 2021)

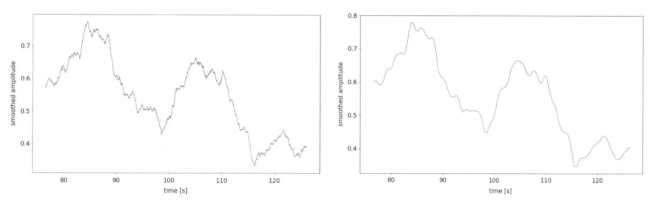

Abb. 11 Erster und zweiter Iterationsschritt des Glättungsalgorithmus. (©Patrick Capraro 2021)

Listing 1) die Zeitskala verändert. Da viele Zwischenwerte aus der Wertetabelle herausfallen, wird das Stück selbstverständlich kürzer. Zudem muss man davon ausgehen, dass die zeitliche Verkürzung nichtlinear ist, da die lokalen Maxima nicht zwangsweise äquidistant sind.

Man kann mit diesem Umstand auf unterschiedliche Art und Weise verfahren. Am einfachsten ist es, wenn man ganz am Ende die Zeitskala linear streckt, um die ursprüngliche Länge des Musikstücks wiederherzustellen. Unter Umständen sind die kleinen Fehler, die man dabei begeht, kaum wahrnehmbar. Will man genauer arbeiten, kann man die Indizes der ermittelten Werte nutzen, die von beiden Funktionen (Listing 1 und 2) stets mitgeführt werden, um die Zeitskala dem Ausgangszustand anzunähern.

5.3.2 Rhythmus extrahieren

Die Grundidee lag darin, Bereiche innerhalb des Liedes zu finden, in denen die Rhythmusinstrumente möglichst ohne Hintergrundgeräusche (z. B. andere Instrumente) klingen (siehe Abb. 12). Es wurde angenommen, dass die lokalen Maxima hier alle ungefähr den gleichen Wert haben und man deutlich *laute* Intervalle und *leise* Intervalle voneinander abgrenzen kann. Die Differenzen der Zeitpunkte, zu

denen die lauten Intervalle beginnen, geben Aufschluss über den Rhythmus.

Die Lösungsstrategie lässt sich folgendermaßen illustrieren:

1. Einen geeigneten Liedausschnitt automatisch lokalisieren (wurde nicht gelöst).
2. Schwellwert S für leise Intervalle festlegen; Hintergrundrauschen soll ignoriert werden, falls es leiser als S ist.
3. Ein plötzlicher Anstieg der Amplitude über den Wert S markiert den Beginn eines lauten Intervalls.
4. Ein lautes Intervall endet, sobald die Amplitude für einen hinreichend langen Zeitraum ΔT unter den Schwellwert S fällt.
5. Gehe zurück zu Punkt 3.

Die beschriebene Idee wird bei einem *geeigneten Liedausschnitt* erfolgreich die Zeitpunkte einzelner Schläge des Rhythmus detektieren. Bislang muss aber ein solcher Ausschnitt per Hand gewählt oder direkt ein sehr einfaches Musik/Rhythmusstück wie in Abschn. 4 als Basis genommen werden. Für eine vollautomatisch Behandlung komplexer Musikstücke bedarf es einer Erweiterung des beschriebenen Modellansatzes.

Listing 1 Die lokalen Maxima werden ermittelt. Man beachte, dass die Zeitachse unter Umständen nichtlinear verändert wird

```
# sucht die lokalen Maxima, speichert sie in einer Liste
# INPUT:   die Audiodaten: list
# OUTPUT: eine Liste von Wertepaaren, bestehend aus
#         den Indizes und den Werten der lokalen Maxima

def lokaleMaxima(liste):
  N=len(liste)
  maxima=[]
  for i in range(1,N-1):
    if liste[i]>liste[i-1] and liste[i]>liste[i+1]:
      maxima.append([i,liste[i]])
  return maxima
```

Listing 2 Durch Mittelwertbildung auf Teilintervallen wird die Funktion geglättet. Bei jeder Iteration wird die Liste an Daten um den Wert anz gekürzt

```
# Iterationsschritt des Glaettungsalgorithmus
# INPUT:   die aus dem ersten Schritt erhaltenen lokalen
#          Maxima: list, Anzahl der Werte fuer
#          Mittelwertbildung: int
# OUTPUT: eine Liste von Wertepaaren, bestehend aus
#         den Indizes und den Mittelwerten

def mova(liste,anz):
  listeNeu=[]
  for i in range(len(liste)-anz):
    t=liste[i][0]
    summe=0
    for j in range(anz):
      summe=summe+liste[i+j][1]
    durchschnitt=summe/anz
    listeNeu.append([t,durchschnitt])
  return listeNeu
```

Abb. 12 Analyse eines Liedausschnitts mit der Software Audacity. (©Martin Bracke 2021)

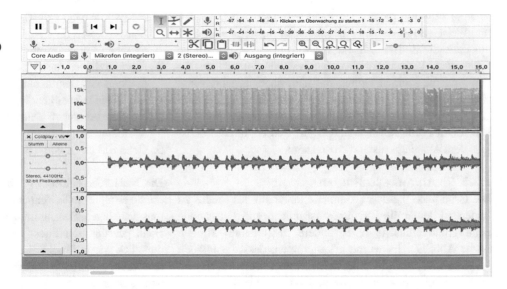

6 Hintergrundwissen: Mathematische Grundlagen der Akustik

Viele relevante Aspekte des Projekts können wie gezeigt ohne Informatikkenntnisse diskutiert werden. Wenn man aber mit realen Daten arbeiten will, kommt man um den Computer nicht herum, allein schon weil die Datenmenge zu groß ist. Das gilt um so mehr, da es sich an einigen Stellen anbietet, fortgeschrittene Rechenmethoden (wie z. B. die Fourieranalyse) anzuwenden.

In diesem Abschnitt wollen wir die mathematischen Grundlagen vorstellen, die vor allem der Projektbetreuende im Auge haben sollte, um die Daten richtig interpretieren zu können. Sobald nicht nur mit Rhythmen sondern auch mit Tönen gearbeitet werden soll, wird die Tonhöhe bzw. Frequenz eines Tons wichtig. Nutzt man für die Umwandlung von Audiodaten in die zuvor thematisierten abstrakten Daten (Zeitpunkt, Tonhöhe) eine Software für Audacity, so ist ein intuitives Verständnis der verwendeten Begriffe vollkommen ausreichend. Wenn man jedoch mit eigenen Programme arbeiten möchte, wird man etwa mit Hilfe der Fouriertransformation einem Signal im Zeitbereich entsprechende Daten im Frequenzbereich zuordnen. Die auf diese Weise berechneten Darstellungen werden als Spektrogramme bezeichnet und sind sehr ähnlich der Darstellung von Musik durch Noten. In Abb. 13 ist eine graphische Darstellung der ersten 30 s des Songs *Wanted (OneRepublic)* zu sehen. Dabei kann man beim Anhören die obere Spektrogrammansicht deutlich einfacher der Musik zuordnen als die untere Wellenform, aus der man im Wesentlichen nur die Lautstärke direkt ablesen kann. Um mit diesen mathematischen Beschreibungen arbeiten und Fehler vermeiden zu können, ist ein grundlegendes Verständnis der mathematischen Hintergründe sehr hilfreich, wie wir in unseren Projekten mit Schülerinnen und Schülern bereits oft erfahren konnten.

Wer sich gerne ausführlicher mit der Fourieranalyse beschäftigen würde, dem empfehlen wir das Buch *Fouriertransformation für Fußgänger* von Tilman Butz (2011). Eine übersichtliche Einführung in die Physik der Musikinstrumente finden Sie im Lehrbuch *Experimentalphysik 1* von Wolfgang Demtröder (2003, Abschn. 11.15).

6.1 Töne und Klänge

Schallwellen lassen sich bekanntermaßen durch trigonometrische Funktionen beschreiben. Doch es gibt unterschiedliche Arten von akustischen Schwingungen. Als *Ton* bezeichnet man eine harmonische Schwingung, die durch eine Sinus- oder Kosinuskurve beschrieben werden kann. Die wichtigen Größen sind hier bekanntlich die Frequenz f und die Amplitude A. Zusätzlich kann es noch zu einer Phasenverschiebung

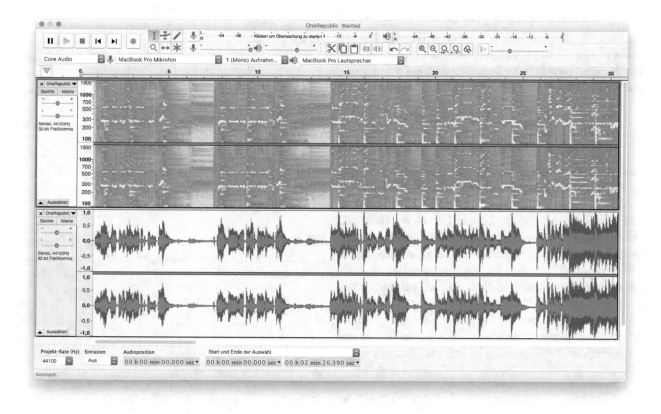

Abb. 13 Spektrum sowie Wellenform eines Popsongs in Audacity. (©Martin Bracke 2021)

φ kommen, die jedoch für die Interpretation keine Rolle spielt, da das menschliche Gehör diese Größe nicht wahrnimmt.

In der Tat kann man das φ komplett unterschlagen, da jede harmonische Schwingung g als eine Summe einer Sinus- und einer Kosinusfunktion in der Form

$$g(t) = A \cos(2\pi ft) + B \sin(2\pi ft) \qquad (1)$$

geschrieben werden kann. Um die Gesamtamplitude und die Phasenverschiebung φ zu erhalten, verwendet man das Additionstheorem

$$A \sin(2\pi ft) + B \cos(2\pi ft) = \sqrt{A^2 + B^2} \cos\left(2\pi ft - \arctan\frac{B}{A}\right) \qquad (2)$$

(siehe Bronstein, Semendjajew, Musiol und Mühlig (2005, Gl. 2.137)). Es ist also egal, ob wir die Schwingung durch einen Sinus, einen Kosinus oder eine Überlagerung der beiden darstellen.

In aller Regel haben wir es jedoch nicht mit Tönen zu tun (diese klingen auch furchtbar – testen Sie das mal mit einem Sinusgenerator in der Physiksammlung Ihrer Schule – oder gerne mit der entsprechenden Funktion in Audacity: Dort findet man im Menü *Erzeugen* den Unterpunkt *Klang,* wo man eine Sinusschwingung, Frequenz und Amplitude auswählen kann (s. Abb. 14)). Die wohlklingenden Geräusche, die uns umgeben, sind Überlagerungen von mehreren Tönen – aber in einer Art und Weise, dass die resultierende Schwingung immer noch periodisch ist. Solche Schwingungen nennen wir *Klänge.*

Wenn sich jedoch zu viele Schwingungen überlagern, dann kann unser Gehör keine Struktur mehr erkennen, wir haben es dann mit einem *Rauschen* zu tun. Wenn dabei Frequenzen von den sehr hohen bis sehr tiefen Bereichen des menschlichen Gehörs[10] vorkommen, dann sprechen wir von *weißem Rauschen.*

6.2   Obertöne und die Fourierreihe

Leute, die ein Instrument spielen, sind oft mit dem Begriff der Obertonreihe vertraut. Mit Instrumenten spielt man einen gewissen Ton (die Grundfrequenz f), jedoch produziert man keine reinen Töne, sondern Klänge. Der Grund dafür ist, dass die Vielfachen von f (die sogenannten Oberfrequenzen) mitschwingen. Da die Intensitäten der verschiedenen Vielfachen von der Beschaffenheit des Instruments abhängen, kann man an deren Amplitudenverhältnissen auch auf die Art des Instruments schließen (siehe Abb. 15).

Wenn diese Obertöne gemeinsam erschallen, erzeugen sie einen angenehmen Klang – das wiederum hat mit den ganzzahligen Verhältnissen zu tun und führt uns in die

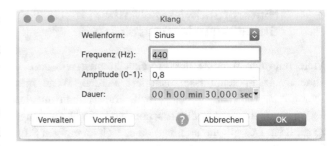

Abb. 14 Erzeugen einer einfachen Sinusschwingung mit Audacity. (©Martin Bracke 2021)

Harmonielehre. Die wahrgenommene Frequenz allerdings wird durch die Obertöne nicht gestört, denn die Grundfrequenz der überlagerten Welle ist immer noch f.

Wir können diese Phänomene jedoch auch mathematisch sehen, wenn wir uns mit dem Konzept der *Fourierreihe* vertraut machen: Jede periodische Funktion g lässt sich – unter bestimmten Voraussetzungen[11] – als unendliche Reihe von Sinus- und Kosinusfunktionen schreiben. Es gilt also

$$g(t) = A_0 + \sum_{n=1}^{\infty} A_n \cos(2\pi nft) + B_n \sin(2\pi nft). \qquad (3)$$

Wir sehen hier, dass wir angenehmen Klängen (nämlich den periodischen Schwingungen) eine Obertonreihe zuordnen können. Beim Rauschen jedoch ist die Grundfrequenz f (der größte gemeinsame Teiler aller vorkommenden Frequenzen) mit großer Sicherheit außerhalb unseres wahrnehmbaren Spektrums.

Die wesentlichen Erkenntnisse für das Projekt, die sich aus der Fourierreihe ableiten lassen – nämlich die äquidistanten Frequenzen – lassen sich sehr gut durch Experimente gewinnen. Schülerinnen und Schüler können selbst Audioaufnahmen erzeugen (oder im Internet suchen) und die Spektren analysieren.

6.3   Die Fourierkoeffizienten und die Fouriertransformation

Mit Hilfe partieller Integration kann man die Orthogonalitätsrelationen für trigonometrische Funktionen beweisen. Diese lauten

$$\int_{-\pi}^{\pi} \cos(nt)\cos(kt)dt = \int_{-\pi}^{\pi} \sin(nt)\sin(kt)dt = \begin{cases} \pi, \ n=k, \\ 0, n \neq k, \end{cases} \qquad (4)$$

---

[10]Das menschliche Gehör deckt ungefähr die Frequenzen von 20 Hz bis 20 kHz ab, wobei das natürlich von Person zu Person und auch je nach Alter stark variiert.

[11]Es gibt verschiedene Formulierungen von Voraussetzungen, die zu verschiedenem Konvergenzverhalten führen. Der Satz gilt beispielsweise, wenn g Lipschitz stetig ist, oder wenn g lokal quadratisch integrierbar ist.

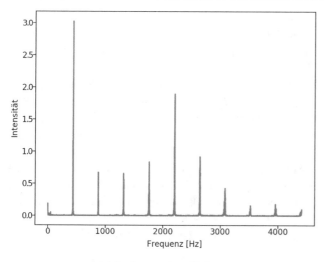

(a) Spektrum einer Violine.

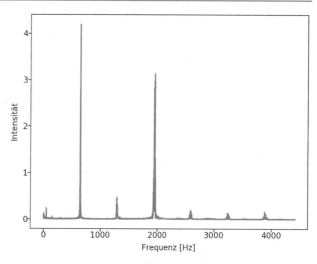

(b) Spektrum einer Flöte.

Abb. 15 Frequenzspektren zweier unterschiedlicher Instrumente. (©Patrick Capraro 2021)

und

$$\int_{-\pi}^{\pi} \cos(nt)\sin(kt)\mathrm{d}t = 0. \qquad (5)$$

Mit einer Skalierung der Zeitvariablen und Gl. (3) erhält man Formeln zur Berechnung der Fourierkoeffizienten

$$A_n = \frac{2}{T}\int_{-\frac{T}{2}}^{\frac{T}{2}} g(t)\cos(2\pi nft)\mathrm{d}t, \; B_n = \frac{2}{T}\int_{-\frac{T}{2}}^{\frac{T}{2}} g(t)\sin(2\pi nft)\mathrm{d}t. \quad (6)$$

Im Grenzübergang von diskreten zu kontinuierlichen Frequenzen erhält man schließlich die Formeln

$$G_c(f) = \int_{-\infty}^{\infty} g(t)\cos(2\pi ft)\mathrm{d}t, \; G_s(f) = \int_{-\infty}^{\infty} g(t)\sin(2\pi ft)\mathrm{d}t \quad (7)$$

für den Kosinus- bzw. den Sinusanteil des Frequenzspektrums. Die Integraltransformationen in Gl. (7) heißen Kosinus- bzw. Sinustransformationen.

Aus dem Additionstheorem in Gl. (2) können wir ableiten, dass wir beide Teilfunktionen zum Spektrum

$$G = \sqrt{G_c^2 + G_s^2} \qquad (8)$$

zusammenfassen können.

6.4 Die Fouriertransformation und die komplexen Zahlen

In der wissenschaftlichen Literatur begegnet man der Fouriertransformation in aller Regel in der komplexen Darstellung

$$G(f) = \int_{-\infty}^{\infty} g(t)\exp(-2\pi ift)\mathrm{d}t, \qquad (9)$$

was sich über $e^{iy} = \cos(y) + i\sin(y) \forall y \in \mathbb{R}$ (Eulerschen Formel) sehr leicht in einen Zusammenhang mit (7) bringen lässt.

Allerdings lässt sich die komplexe Struktur der Fouriertransformation sehr gut verschleiern, indem man die komplexen Zahlen mit $\mathbb{R}^2$ identifiziert und in der Schreibweise 2-Tupel verwendet.

6.5 Die diskrete Fouriertransformation

Die Fouriertransformation bereitet aus zwei Gründen Schwierigkeiten, wenn man mit realen Daten arbeitet, da man

- die Daten nicht für ein unendlich langes Zeitintervall vorliegen hat;
- üblicherweise mit endlich vielen Daten (also einer Wertetabelle von g) arbeitet.

Die Lösung besteht darin, dass man zu der diskreten Fouriertransformation übergeht, die wesentlich schülerfreundlicher ist, als die abschreckenden Integrale in (7). Diese erhält man, indem man das Integral durch eine Summe annähert und den Integrationsbereich durch ein endliches Intervall ersetzt. Ist $g \in \mathbb{R}^n$ der Vektor, der die Daten enthält, so erhält man mit

$$
\begin{aligned}
G_{c,m} &= \sum_{t=1}^{n} g_t \cos\left(\frac{2\pi i}{n}(t-1)(m-1)\right), \\
G_{s,m} &= \sum_{t=1}^{n} g_t \sin\left(\frac{2\pi i}{n}(t-1)(m-1)\right)
\end{aligned}
\tag{10}
$$

das Frequenzspektrum, wobei $m = 1,\ldots, n$ ist. Ähnlich wie in (8) können wir die Daten zusammenfassen und erhalten den Vektor $G \in \mathbb{R}^n$ mit $G_m = \sqrt{G_{c,m}^2 + G_{s,m}^2}$.

Diese Formeln können auch von Schülerinnen und Schülern verstanden werden, die keine Kenntnisse in der Analysis der Oberstufe haben. Daher lässt sich die Fouriertransformation durch eine Reduktion auf ihre diskrete Darstellung auf das Niveau einer höheren Mittelstufenklasse reduzieren.

6.6 Interpretation der Daten

Digitale Audiodaten können, wie wir oben gesehen haben, als Vektor aufgefasst werden. Dabei vernachlässigt man die Werte der Zeitachse, da diese äquidistant sind. Den Zeitschritt ΔT erhält man aus der sogenannten *Abtastrate* A_r (auch *Framerate* oder *Samplingrate*), welche einfach der Kehrwert von ΔT ist und bei den meisten digitalen Audioformaten einen Wert von 44,1 kHz hat.

Wenn man die Frequenzdaten ebenfalls als Wertetabelle auffasst und in einem Koordinatensystem darstellt, hat man zunächst zwei Probleme:

- Die Werte auf der Frequenzachse fehlen;
- Wenn man die Daten plottet, dann bekommt man ein symmetrisches Spektrum.

Theorem 6.1 (Samplingtheorem) *Für Daten $(g_1, \ldots, g_n) \in \mathbb{R}^n$ mit n gerade bzw. ungerade gilt für das Spektrum in (10)*

$$
G_{s,1} = G_{s,\frac{n+2}{2}} = 0 \quad bzw. \quad G_{s,1} = 0 \quad und
$$

$$
G_{c,m} = G_{c,n+2-m}, \; G_{s,m} = -G_{s,n+2-m}, \; m = 2,\ldots, \lfloor\frac{n+1}{2}\rfloor.
\tag{11}
$$

In der komplexen Darstellung $G_m = (G_{c,m}, G_{s,m})$ sind G_m und G_{n+2-m} für $m = 2, \ldots, \lfloor\frac{n+1}{2}\rfloor$ konjugiert komplex zueinander.

Dieser Satz erklärt die Symmetrie und bestätigt, dass die zweite Hälfte der Daten redundant ist. Wir können uns also auf die erste Hälfte beschränken.

Theorem 6.2 *(Nyquistfrequenz). Die größte Frequenz, die in der diskreten Fouriertransformation dargestellt werden kann, ist die Nyquistfrequenz $f_N = \frac{1}{2}A_r$. Diese Frequenz entspricht den Daten in der Mitte des berechneten Spektrums G.*

Mit dieser Aussage haben wir ein Mittel zur Hand, die Skala für die Frequenzachse zu wählen. Das wird im Laufe des Projekts erforderlich, da wir entscheiden müssen, welche Frequenzen bzw. welcher Frequenzbereich zur Definition geeigneter Features betrachtet werden sollen.

6.7 Einfache Umsetzung in Python

Wie wir zuvor gesehen haben, können Audiodaten nach Digitalisierung als Vektoren – wenn auch sehr umfangreiche – interpretiert werden. Damit ist prinzipiell bei nicht zu großer Abtastrate im Rahmen der Digitalisierung sogar eine Verarbeitung der Daten mit einer Tabellenkalkulation denkbar. Allerdings wird bei größeren Datensätzen das Handling schnell sperrig und unübersichtlich, so dass wir es in unseren Projekten bevorzugen, mit kleinen Programmen in der Programmiersprache *Python* zu arbeiten. Dabei können den Schülerinnen und Schülern viele Programmteile zur Verfügung gestellt werden, wenn Zeit oder entsprechende Programmierkenntnisse nicht in ausreichendem Maße vorhanden sind. Durch den interaktiven Charakter der Sprache Python ist unserer Erfahrung nach ein sehr intuitives Arbeiten möglich, bei dem man sich weitgehend auf die mathematischen Inhalte konzentrieren kann.

Die folgenden Vorlagen wurden den Projektteilnehmern zur Verfügung gestellt, um mit Audiodaten zu experimentieren.

Mit `scipy.io` lassen sich wav-Dateien einlesen (siehe Listing 3). Bei Stereodaten erhält man ein zweidimensionales Array. In den beiden Spalten des Datenarrays liegen dann die beiden Kanäle, die man durch Addition zu einem Kanal zusammenführen kann.

Die Funktion `fft` berechnet die Fouriertransformation, so dass wir das Frequenzspektrum erhalten (siehe Listing 4). Wenn wir die Zeitachse geeignet skalieren, können wir die Frequenzen in Hz ablesen.

Achtung bei der Interpretation der Daten. Das Array G enthält komplexe Werte. Mit den Funktionen `np.real()` und `np.imag()` lassen sich komplexe Zahlen in Real- und Imaginärteil zerlegen.

Beim Plotten der Daten wird der Betrag der komplexwertigen Einträge berechnet, um Gl. (8) Rechnung zu tragen.

Listing 3 Audiodatei einlesen

```
from scipy.io import wavfile
import numpy as np

# Audiodatei einlesen:
[abtastrate, audioDaten]=wavfile.read('dance_monkey.wav')
audioDaten=np.array(audioDaten)

# Stereokanaele zusammengefuehren
if(len(audioDaten.shape)==2):
    kanal1=audioDaten[:,0]
    kanal2=audioDaten[:,1]
    audioDaten=kanal1+kanal2

# Amplituden normieren
maxabs=max(abs(audioDaten))
if maxabs != 0:
    audioDatenNorm=audioDaten/maxabs
else:
    audioDatenNorm=audioDaten
```

Listing 4 Frequenzspektrum berechnen und im Diagramm darstellen

```
from scipy.fftpack import fft
from scipy.io import wavfile
import matplotlib.pyplot as plt

# Audiodatei einlesen:
[abtastrate, audioDaten]=wavfile.read('beispiel.wav')

# Fouriertransformation berechnen
G=fft(audioDaten)

# Zeitachse skalieren
zeitpunkte=[i*abtastrate/len(audioDaten) \
            for i in range(len(audioDaten))]

# Frequenzen im Schaubild anzeigen; abs=Betragsfunktion
p=plt.plot(zeitpunkte, abs(G))
plt.show()
```

7 Fehlvorstellungen über Algorithmen und Computer

Dieser kurze, aber aus unserer Sicht für eine praktische Umsetzung des vorgestellten Projekts wichtige Abschnitt möchte etwas aufzeigen, was wir in in unserer Arbeit mit Schülerinnen und Schülern ohne Programmiererfahrung relativ häufig erleben, wenn es um Fragestellungen geht, die eine starke Komponente in der Informatik bzw. im Schreiben eigener Software haben. Es existieren zum Teil sehr deutliche Fehlvorstellungen im Bezug auf das Problemlösen mit Hilfe des Computers. Das bedeutet konkret, dass Schülerinnen und Schüler in ihrer mathematischen Modellierung auf Teilprobleme stoßen und diese formulieren, deren Bearbeitung und Lösung sie nicht als ihre eigene Aufgabe sehen. Stattdessen meinen sie, dass es für diese Teilprobleme bereits fertige Lösungen gibt, die einfach verwendet werden können. Ein Computer kann doch so viel mehr als wir – nur leider gibt es für manche Aufgaben, die wir Menschen scheinbar sehr einfach lösen können, bisher nur sehr komplexe oder sogar noch gar keine Lösungen. Denken wir an „so einfache Aufgaben" wie das Erkennen von handgeschriebenen Ziffern oder die Aufforderung, in den von einer Videokamera gelieferten Bildern Lebewesen zu erkennen und ggf. noch ihren ungefähren Abstand zur Kamera abzuschätzen (so etwas spielt bei der Entwicklung von robusten Lösungen zum autonomen Fahren eine große Rolle). Auch wenn Teilerfolge bei guten bis sehr guten Voraussetzungen an die Daten schon existieren, kann man auch die besten aktuell verfügbaren Konzepte noch aus dem Tritt bringen, wenn z. B. das Videosignal zeitweise verrauscht ist oder durch plötzlichen starken Lichteinfall – hervorgerufen etwa durch eine Spiegelung von Sonnenlicht in einer Glasfassade – eine schwer zu berücksichtigende Störung eintritt.

In unserem Beispiel traten ähnliche Missverständnisse und Überschätzungen der Fähigkeiten von Computern auf, ohne entsprechenden Einsatz des Programmierers ein Problem lösen zu können. Das scheint unserer Beobachtung nach besonders bei Themen aufzutreten, zu denen man einen deutlichen Alltagsbezug und ein intuitives Verständnis hat. Im Beispiel des Musikbrunnens wurde beispielsweise Teillösungen sehr schwammig formuliert und quasi an „den Computer" delegiert: *Der Computer soll den Rhythmus bestimmen.* Die mathematische Denkleistung, die in einen solchen Algorithmus fließen muss, ist oft nicht offensichtlich, da das Potential von Computern überschätzt wird.

In diesem Fall helfen die Denkprozesse des mathematischen Modellierens dabei, die zentrale Rolle des Algorithmus für das Programmieren aufzuzeigen. Um ein Computerprogramm zu entwickeln, muss der Programmierende einerseits die Daten kennen, mit denen er arbeitet, und er muss Schritt für Schritt erklären, welche Rechenoperationen mit den Daten vorgenommen werden.

Als Reaktion auf unrealistische Forderungen an die automatischen verfügbaren Fähigkeiten eines Computers/Computerprogramms hat es sich in unserer Praxis bewährt, als Betreuender explizit in die Rolle des Computers zu schlüpfen und bei Anfragen bzw. Aufforderungen der Lernenden zu sagen, ob man etwas ausführen kann oder nicht. Im gerade beschriebenen Fall der Forderung, der Computer solle den Rhythmus bestimmen, könnte das so aussehen: Wir würden schnell zeigen können, dass eine in Audacity geöffnete Musikdatei als Wellenform oder Spektrogramm dargestellt werden kann, man aber im Programm keine Möglichkeit hat, automatisch die Stellen anzeigen zu lassen, die für den Rhythmus relevant sind. Was macht überhaupt einen Rhythmus aus? Audacity weiß es nicht! Man könnte natürlich wie in Abschn. 4 beschrieben die Zeitpunkte per Hand ermitteln, in eine Tabellenkalkulation übertragen und mit diesen Daten weiter arbeiten. Es ist jedoch klar, dass durch so einen manuellen Schritt eine vollautomatische Lösung für das bearbeitete Problem außer Sichtweite gerät. Wenn man also selbst einen Algorithmus formulieren muss, der den Rhythmus bestimmt, so muss zunächst definiert werden, was den Rhythmus ausmacht und aus welchen Informationen, die in der Audiodatei enthalten sind, das gewünschte Ergebnis – konkret also die Zeiten der einzelnen Rhythmusschläge – bestimmt werden kann und auf welche Weise. Spätestens wenn nicht alleine die Lautstärke als das ausschlaggebende Kriterium erkannt wird, bekommen auch die mathematischen Hintergrundinformationen aus dem vorhergehenden Abschnitt eine große Relevanz und werden als notwendig erkannt.

Ein weiteres, nicht so offensichtliches Beispiel stammt aus einer Bearbeitung, die im Rahmen einer Talent School stattgefunden hat: An einer Stelle entstand das Bedürfnis, aus einer Liste von Zahlen die lokalen Maxima herauszusuchen – es ging dabei in der Arbeit mit Wellenform-Daten um die Bestimmung lokal besonders lauter Passagen. Hier kann man zur Antwort geben, dass in Python die kleinste oder größte Zahl einer Liste inkl. ihrer entsprechenden Position ermittelt werden kann – nicht mehr und nicht weniger. Die Schülerinnen mussten also zunächst den Begriff eines lokalen Extremums für eine Zahlenfolge definieren und anschließend beschreiben, wie sie derartige Stellen für eine vorliegende, sehr lange Zahlenfolge selbst ermitteln würden. Antworten der Art „Das sieht man doch!" gelten dabei selbstverständlich nicht – aber nach einigen Rückfragen wird das Prinzip meist sehr schnell klar und ein erster Algorithmus kann umgangssprachlich formuliert und anschließend mit Hilfe des Betreuenden Schritt für Schritt in ein entsprechendes Computerprogramm überführt werden.

In diesem Sinne kann ein Modellierungsprojekt, das mit realen Daten arbeitet, dabei helfen, diese Fehlvorstellungen über das Problemlösen mit dem Computer zu beseitigen. Dabei wird die Bedeutung des Programmierens für viele in ein neues Licht gerückt. Und oft ist es hilfreich, noch weiter zwischen der Entwicklung und Formulierung von Algorithmen und ihrer Umsetzung in ein eigenes Programm zu differenzieren. Es kann in der Praxis nämlich sein, dass eine der beiden Komponenten nicht selbst erledigt werden muss, weil entweder ein passender Algorithmus aus einem anderen Kontext übertragen und nur noch programmiert werden muss oder nach der Formulierung eines eigenen Algorithmus bestehende Programmbibliotheken verwendet werden können.

8 Erweiterung des Projekts durch eine technische Umsetzung

Wie zuvor an einigen Stellen erwähnt, eignet sich das in diesem Beitrag vorgestellte Modellierungsprojekt in hervorragender Weise dazu, technische Aspekte in nahezu beliebigem Umfang zu integrieren. Dies kann zum einen bei speziellem Interesse oder vorhandenen Fähigkeiten einzelner Schülerinnen und Schüler sinnvoll sein, zum anderen auch bei einer Implementierung in der Oberstufe einer berufsbildenden Schule, bei der der Fokus auf die technische Seite gelegt wird. Dabei kann natürlich – wie schon zuvor thematisiert – das Black-Box-Prinzip angewendet werden, um andere, weniger relevante Aspekte wie beispielsweise die tiefe mathematische Beschreibung aus Abschn. 6 auszuklammern. In diesem Abschnitt stellen wir verschiedene Ansätze für eine solche technische Umsetzung vor. Für den in Abschn. 8.2 skizzierten Bau einer Lichtorgel mit Nutzung eines Arduinos sowie die in Abschn. 8.3 dargestellte Lösung, mit einem Raspberry Pi in Echtzeit Audiodaten zu verarbeiten und mit Lichtsignalen darauf zu reagieren, stellen wir auf der bereits erwähnten Webseite zum vorliegenden Buch eine Handreichung vor, die auch zwei Basisprogramme für die entsprechenden Realisierungen beinhaltet.

8.1 Bau eines Modellbrunnens

Für die technische Umsetzung benötigt man entsprechende Geräte (Wasserpumpe, Ventile,…), die elektronisch gesteuert werden können. Als Ventile können z. B. Magnetventile verwendet werden. Diese können mit einem Arduino-Mikrocontroller oder einem Raspberry Pi geöffnet bzw. geschlossen werden. Der Raspberry Pi bietet sich insofern an, da er eine ausreichende Rechenkapazität hat, um die Datenauswertung (z. B. in Python) direkt durchzuführen und die Ergebnisse direkt für die Steuerung zu verwenden. Da in vielen berufsbildenden Zweigen der Umgang mit einem oder sogar beiden dieser Minicomputer zum Standard gehört, ist der erforderliche Aufwand im Rahmen eines fächerübergreifenden Modellierungsprojekts realistisch.

Die Steuerung der Ventile kann dann über die GPIO-Pins erfolgen, auf die man eine Spannung von bis zu 5 V schalten kann. Üblicherweise schalten die Magnetventile bei einer deutlich höheren Spannung (z. B. 12 V), so dass man unter Umständen Transistoren und eine externe Spannungsquelle braucht, um die Ventile über die Pins des Raspberry Pi zu steuern.

8.2 Visualisierung über eine Lichtorgel

Wie schon zuvor angedeutet kann man anstelle eines realen Brunnens oder Brunnenmodells zur Visualisierung der mit dem eigenen Modell aus der Musik extrahierten Features eine einfache Lichtorgel verwendet werden. Es wird also am Ende eine Lichtorgel passend zur Musik gesteuert. Dieses Projekt wurde bereits im Rahmen der mathematischen Modellierungswoche des KOMMS erfolgreich bearbeitet. Dabei gab es auch eine technische Realisierung. Wenn man lediglich das Ziel hat, ein Modell einer Lichtorgel zu entwerfen, ist der technische Aufwand deutlich geringer, da man mit LEDs arbeiten kann, die mit einer Spannung von ca. 3 V auskommen und daher direkt über die Pins der Geräte gesteuert werden. Transistoren und eine externe Spannungsquelle braucht man dann nur, wenn tatsächlich stärkere Lampen gesteuert werden sollen.

In der Modellierungswoche war der zeitliche Rahmen sehr flexibel, weshalb eine Einführung in die Fourieranalyse in Form von Frontalunterricht entfiel. Die Informationen aus

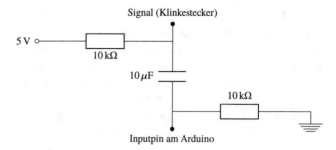

Abb. 16 Offsetschaltung zur Aufnahme eines analogen Audiosignals. (©Patrick Capraro 2021)

Abschn. 6 wurden in geeigneten Situationen eingestreut, zu denen die Schüler entsprechende Fragen formuliert haben.

8.3 Echtzeit-Audiodaten

Statt die Audiodaten aus einer Datei auszulesen, kann man sie auch direkt von einem Audiokabel abgreifen. Hier ist aber ein kleiner Einblick in die Signalverarbeitung hilfreich, weshalb sich eine derartige Umsetzung ebenfalls in berufsbildenden Schulen anbietet, die entsprechende Inhalte bereits thematisiert haben: Will man beispielsweise das Signal an einem Klinkenstecker abgreifen, so hat man in aller Regel ein Stereokabel mit drei Adern – der Masse und den beiden Audiokanälen. Jeder der Audiokanäle führt ein analoges Signal mit Spannungen von ca. −2 V bis 2 V.

Der Raspberry Pi kann nur digitale Signale einlesen, daher benötigt man einen analog–digital-Wandler, um das Signal zu verarbeiten. Der Arduino-Mikrocontroller hingegen kann auch analoge Signale verarbeiten. Hier muss man jedoch berücksichtigen, dass beide Geräte nur positive Spannungen einlesen. Daher muss aus dem Wechselstromsignal ein rein positives Signal erzeugt werden. Das erreicht man über eine Offsetschaltung, die zum dem Signal die Spannung 2,5 V addiert (siehe Abb. 16).

9 Schlussbemerkungen

Ziel dieses Beitrag war es, die große Vielfalt an Umsetzungsmöglichkeiten für die Modellierung eines Musikbrunnens in der Schule aufzuzeigen. Dazu haben wir nach einer starken Vereinfachung der Eingangsdaten und Reduktion der Zielvorgaben aufgezeigt, welche Fragestellungen man in der gymnasialen Mittelstufe im Rahmen des Mathematikunterrichts untersuchen kann. Viele Variationsmöglichkeiten machen die Anpassung an das Niveau verschiedener Klassenstufen, die Wahl des zeitlichen Umfangs sowie fächerübergreifendes Arbeiten möglich. Aufgrund dieses Charakters eignet sich das Projekt auch sehr gut für den binnendifferenzierenden Einsatz. Da wie dargestellt sehr schöne Modellierungen und Ergebnisse im Kontext des Musikbrunnens auf Basis von mathematischen Grundkenntnissen der Inhaltsgebiete *Erzeugen, Erfassen und Analysieren eigener Daten, Darstellungsmöglichkeiten für Daten, Berechnung und Interpretation von Mittelwert (und ggf. weiteren statistischen Kenngrößen)* möglich sind, sind auch Umsetzungen mit Lerngruppen anderer Schulformen sehr gut vorstellbar. Neben den rein mathematischen Kompetenzen werden bei entsprechender Anpassung an die Vorkenntnisse der eigenen Lerngruppe auch die Fähigkeiten in mathematischer Modellierung adressiert und auch die vorgeschlagene Methodik der Projektarbeit, insbesondere im interdisziplinären Umfeld, bietet einen echten Mehrwert (Gudjons 2014).

Eine vertiefende Erweiterung für Schülerinnen und Schüler der gymnasialen Oberstufe sowie ergänzende mathematische Hintergründe für die betreuenden Lehrkräfte lassen auch die Bearbeitung als Langzeitprojekt, etwa innerhalb eines Seminarkurses, möglich erscheinen. Außerdem gibt es einige Hinweise für das Setzen eines technischen Fokus, der sich besonders für berufsbildende Schulen mit einer entsprechenden Ausrichtung anbietet, da sich bei Bedarf komplexe mathematische bzw. physikalische Zusammenhänge sehr gut hinter technischen, direkt erfahrbaren Merkmalen „verstecken lassen". Dies bietet sich in Klassen mit einem Schwerpunkt Elektrotechnik geradezu an und ist geeignet, die Zusammenhänge zwischen der technischen Realisierung und dem entsprechenden theoretischen Hintergrund aufzuzeigen – ebenfalls eine schöne Möglichkeit für fächerübergreifenden Unterricht!

Aus unserer Erfahrung in zahlreichen interdisziplinären Projekten der beschriebenen Art können wir sagen, dass gerade die verschiedenen Anknüpfungsmöglichkeiten des Projekts an Inhalte der Physik, den Musikunterricht und technische Fragestellungen dafür sorgen werden, dass Lernende sich im späteren Verlauf ihrer Schulausbildung an ein derartiges eigenständig durchgeführtes Projekt erinnern, Bezüge

herstellen und evtl. sogar Fragen erneut aufgreifen und vor dem Hintergrund größeren Wissens vertiefen.

Schließlich wünschen wir den Leserinnen und Lesern viele Anregungen für eigene Unterrichtsprojekte, mit denen Sie und Ihre Schülerinnen und Schüler hoffentlich Freude und spannende Herausforderungen haben. Über Fragen und Rückmeldungen in Form von Erfahrungsberichten freuen wir uns sehr!

Danksagung Einige der im Beitrag beschriebenen Schulprojekte wurden im Rahmen des vom Europäischen Sozialfonds (ESF) des Landes Rheinland-Pfalz finanziell unterstützten Projekts Schu-MaMoMINT durchgeführt. Wir bedanken uns bei allen an diesen Umsetzungen beteiligten Mitgliedern des KOMMS.

Literatur

Benetos, E., Dixon, S., Duan, Z., & Ewert, S. (2019). Automatic music transcription: An overview. *IEEE Signal Processing Magazine, 36*(1), 20–30. https://doi.org/10.1109/MSP.2018.2869928.

Bock, W. & Bracke, M. (2015). Angewandte Schulmathematik – Made in Kaiserslautern. In H. Neunzert & D. Prätzel-Wolters (Hrsg.), *Mathematik im Fraunhofer-Institut. Problemgetrieben – Modellbezogen – Lösungsorientiert.* Berlin, Heidelberg: Springer Spektrum.

Bronstein, I., Semendjajew, K., Musiol, G. & Mühlig, H. (2005). *Taschenbuch der Mathematik.* Frankfurt a. M.: Verlag Harri Deutsch.

Butz, T. (2011). *Fouriertransformation für Fußgänger.* Wiesbaden: Vieweg + Teubner.

Demtröder, W. (2003). *Experimentalphysik 1.* Heidelberg: Springer.

Gudjons, H. (2014). *Handlungsorientiert lehren und lernen: Projektunterricht und Schüleraktivität* (Achte Aufl.). Bad Heilbrunn: Verlag Julius Klinkhardt.

Lesch, H. (2020). *Schule der Zukunft – Lernen aus dem Lockdown.* https://www.zdf.de/wissen/leschs-kosmos/lernen-fuer-die-zukunft-100.html.

Meyer, S. (2019). *Modellierung eines Musikbrunnens – Mit Schulumsetzung in der Oberstufe* (Unveröffentlichte Diplomarbeit). TU Kaiserslautern, Fachbereich Mathematik, Kaiserslautern.

Saygushev, D. (2016). *Fourier-Analyse im Unterricht – Ein anwendungsbezogener Zugang mit Umsetzung in der Schule* (Unveröffentlichte Diplomarbeit). TU Kaiserslautern, Fachbereich Mathematik, Kaiserslautern.

Zillmann, R. (2020). *Die Notenschleuder.* Zugriff auf https://www.free-notes.net.

CamCarpets als jahrgangs- und fächerübergreifendes Modellierungsprojekt

Xenia-Rosemarie Reit

Zusammenfassung

CamCarpets bieten sowohl fach- als auch schuljahresübergreifende Projektmöglichkeiten für den Unterricht. Im Physikunterricht der Sekundarstufe 1 zum Thema Strahlenoptik oder im Mathematikunterricht der Sekundarstufe 2, können sie als sinnstiftendes Anwendungsbeispiel der analytischen Geometrie erarbeitet und eindrucksvoll im Großformat von den Schülerinnen und Schülern selbst realisiert werden. Von Seiten der Lehrkraft bedarf es einer guten Vorbereitung und Organisation der Lernumgebung, um eine Grundlage für selbstständiges und zielorientiertes Arbeiten zu schaffen. Im Beitrag werden einerseits das Potenzial des Projektgegenstands „CamCarpets" aus fach- und jahrgangsübergreifender Sicht, als auch projektorganisatorische Umsetzungsaspekte erläutert. Zudem werden Stufungsmöglichkeiten für ein leistungsdifferenziertes Arbeiten aufgezeigt.

CamCarpets sind Werbeteppiche (engl. carpet), die von einer ganz bestimmten Kameraposition aussehen, als seien es aufrechtstehende Werbebanner. Von Sportübertragungen im Fernsehen, insbesondere bei Fußballspielen, sind sie vielen bekannt. Wie in Abb. 1 (links) zu erkennen, liegen sie neben den Toren und vermitteln dem Fernsehzuschauer das Bild eines dreidimensionalen Werbeobjekts. Da Torraumszenen häufiger im Fernsehen zu sehen sind, lohnt Werbung in diesem Bereich. Spätestens die Aufnahme einer *über* die Werbung laufenden Person (Abb. 1, rechts) lässt Zweifel an der Dreidimensionalität des Werbeobjekts aufkommen und motiviert zu einer genaueren Untersuchung des Sachverhalts.

Das Prinzip der CamCarpets beruht auf einer (Zentral-) Projektion, bei der räumliche Objekte ausgehend von einem festen Punkt, dem Augpunkt, zweidimensional dargestellt werden. Bei der Werbung mit CamCarpets wird genau dieses Prinzip andersherum angewandt: ein zweidimensionales CamCarpet-Bild (die eigentliche Bandenwebung) erzeugt beim Betrachter (der Kamera) ein dreidimensionales (mentales) Bild. Dieses dreidimensionale Bild ist aber nur von einer Position aus zu erkennen, befindet man sich an einer anderen Stelle, so sieht man nur ein verzerrtes Bild. In Abb. 2 sieht man den am Boden liegenden verzerrten CamCarpet, der nur von der Kameraposition aus den Anschein eines stehenden dreidimensionalen Buchstabens hat. Entgegen der Darstellung in Abb. 2 ist dieser dreidimensionale Buchstabe nicht real vorhanden, sondern wird aufgrund der Darstellung vom Auge, welches sich im Kamerapunkt befindet, konstruiert. Die Strahlen treffen sich zentral im Kamerapunkt, dem Augpunkt. Würde man den Kamerapunkt verschieben, so würden sich auch die Strahlen und dementsprechend auch der CamCarpet verschieben.

Im Folgenden wird das Modellierungsprojekt *CamCarpets* aus fachlicher und unterrichtspraktischer Perspektive unter jahrgangs- und fächübergreifenden Gesichtspunkten beschrieben. Grundsätzlich lassen sich die Hintergründe der CamCarpets mit analytischer Geometrie erschließen. Verstehen und umsetzen kann man das Prinzip aber auch mit Kenntnissen der Strahlenoptik. Insofern handelt es sich beim Modellierungsprojekt *CamCarpets* um ein sogenanntes Magnetthema, zu dessen Erarbeitung sich fachübergreifendes Arbeiten bzw. die Verknüpfung verschiedener Lerninhalte anbietet (Ludwig 1998, S. 68).

In der Sekundarstufe 2 eignet sich das CamCarpet-Projekt in besonderer Weise, um im oft kalkülhaft und schematisch unterrichteten Themengebiet der analytischen Geometrie (Borneleit et al. 2001) lebensnahe Anwendungen aufzuzeigen und, darüber hinaus, mathematisches Arbeiten in ein eindrucksvolles, von Schülerinnen und Schülern selbst

Elektronisches Zusatzmaterial Die elektronische Version dieses Kapitels enthält Zusatzmaterial, das berechtigten Benutzern zur Verfügung steht. https://doi.org/10.1007/978-3-658-33012-5_8

X.-R. Reit (✉)
Fakultät für Mathematik, Universität Duisburg-Essen, Essen, Deutschland
E-Mail: xenia-rosemarie.reit@uni-due.de

Abb. 1 Links: Aufnahme der CamCarpets in der Commerzbank Arena Frankfurt aus Sicht der Haupttribüne. Rechts: CamCarpet als Werbeteppich erkennbar. (©Eintracht Frankfurt)

Abb. 2 Zentralprojektion des dreidimensional Buchstabens A auf den Boden ausgehend von einer Kameraposition. (©Xenia-Rosemarie Reit 2021)

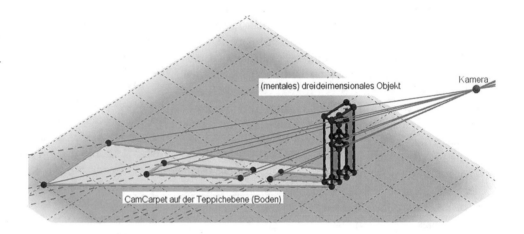

erarbeitetes Produkt münden zu lassen. In der Sekundarstufe 1 bieten CamCarpets einen unterrichtlichen Bezug zur Strahlenoptik in der Physik und können dort auch ohne analytische Berechnungen von den Schülerinnen und Schülern mithilfe von als Geraden verstandene Lichtstrahlen und daraus resultierende Schattenwürfe erarbeitet und selbst realisiert werden.

1   CamCarpets unter dem Modellierungsaspekt

CamCarpets sind reale Objekte aus der Lebenswelt, welche sich mittlerweile sicherlich nicht nur bei Fußballspielen finden lassen. Mit mathematischen Mitteln lassen sich die Hintergründe verstehen, wodurch ein Zusammenhang zwischen Realität und Mathematik entsteht. Beim Modellierungsprojekt CamCarpets wird zu einer Realsituation ein mathematisches Modell entwickelt, welches einerseits benutzt wird, um die ursprüngliche Realsituation zu verstehen

und andererseits, um daraus eine eigene Realsituation, den eigenen Abi18-CamCarpet, zu entwickeln. Vor allem ersteres stellt den Erklärungscharakter eines zu findenden mathematischen Modells heraus (vgl. Henn 2000). Beim Modellierungsprojekt *CamCarpets* steht das Modellieren als Tätigkeit im Vordergrund, „durch die ein mathematisches Modell zu einem Anwendungsproblem aufgestellt und bearbeitet" (Griesel 2005, zitiert nach Greefrath 2010, S. 42) und zusätzlich in die Realität umgesetzt wird. Modellierungsaufgaben werden als Aufgaben verstanden, die einen gewissen Grad an Authentizität aufweisen, verschiedene Lösungswege erlauben und Relevanz haben, wobei die jeweilige Präzisierung und Ausprägung nicht eindeutig definiert ist (Reit 2016, S. 16–18). Beim vorliegenden Modellierungsprojekt handelt es sich aufgrund des vielfältigen Lösungsraums (siehe Abschn. 3.1) aber auch aufgrund der jahrgangsübergreifenden Umsetzungsmöglichkeiten und den damit verbundenen unterschiedlichen Herangehensweisen, um eine offene Aufgabenstruktur, die, wie oben benannt, Anwendung in der Realität findet und einen Lebensweltbezug aufweist.

Strukturieren lässt sich das Modellierungsprojekt anhand des Modellierungskreislaufs von Blum und Leiß (2005) (Abb. 3), der sich inhaltlich auch bei der Beschreibung der Kompetenz „Mathematisches Modellieren" (K3) in den Bildungsstandards im Fach Mathematik für die Allgemeine Hochschulreife (2015) wiederfinden lässt. Eine inhaltlich allgemeine Einbettung des Modellierungsprojekts *CamCarpets* in die Kreislaufstruktur, unter dem Gesichtspunkt einer möglichen Strukturierungshilfe in der Projektvorbereitung, lässt sich folgendermaßen herausarbeiten, wobei auch alternative Wege durchaus möglich sind:

- Realsituation/Situationsmodell:
  Einführung in das Modellierungsprojekt *CamCarpets*, beispielsweise mithilfe von Abb. 1.
- zum Realmodell:
  (Gruppenspezifisches) Aufarbeiten und Plausibilisieren der CamCarpet-Abbildung unter Annahme etwaiger Vereinfachungen (z. B. Zentralprojektion statt Parallelprojektion) und Festlegung eines eigenen CamCarpet-Logos
- zum mathematischen/physikalischen Modell:
  Mathematische/physikalische Durchdringung des Prinzips der Zentralprojektion als Schnittpunktproblem zwischen Gerade und Ebene (Abschn. 3) bzw. des Schattenwurfs (Abschn. 2)
- zum mathematischen Resultat:
  Erarbeitung des zweidimensionalen Projektionslogos, je nach Jahrgangsstufe beispielsweise entweder durch Anwendung innermathematischer Verfahren (z. B. Spurpunktberechnungen, siehe Abschn. 3.1) oder durch Verwendung der Werkzeuge von GeoGebra
- zum realen Resultat
  Umsetzung der im vorigen Schritt bestimmten Projektion auf großformatiges Papier bzw. größerer Flächen (z. B. Schulhof)

Eine Validierung des Modellierungsprojekts erfolgt intuitiv durch das Betrachten des Projektionslogos und daraus ableitbarer etwaiger Fehler bei der Bestimmung der Projektionspunkte bzw. Ungenauigkeiten beim Zeichnen oder grundlegend falscher Annahmen. Eine weitere Möglichkeit der Validierung der dem Modell zugrunde gelegten Annahmen, ist die Erstellung eines CamCarpets für ein reales Stadion, wie es z. B. in der Aufgabe von Gerber (2008) gefordert ist. Ein abschließender Vergleich mit CamCarpets aus der Werbebranche ergänzt den professionellen Blick als realitätsnahe Validierung des Modells. Tatsächlich gibt es bereits seit einigen Jahren Entwicklungen hin zu ansteuerbaren LED-CamCarpets, welche sich schnell an verschiedenste Kamerapositionen anpassen lassen, sodass der 3D-Effekt nicht mehr nur auf eine Kamera begrenzt ist. Diese Innovation befindet sich noch in der Entwicklungsphase.

2 CamCarpets im Physikunterricht der Sekundarstufe 1

In der Sekundarstufe 1 lässt sich das mathematische Prinzip hinter den CamCarpets zwar mit den bis dato erlernten mathematischen Fachinhalten noch nicht analytisch erarbeiten, allerdings kann auch eine qualitative Einsicht im Physikunterricht beim Thema Strahlenoptik zur Erarbeitung eines eigenen CamCarpets ausreichen und zu eindrucksvollen Ergebnissen führen. Zur Erarbeitung eines eigenen CamCarpets finden sich die Schülerinnen und Schüler im Sinne von projektartigem Lernen selbst in Gruppen zusammen, planen ihren CamCarpet vom Logo/Schriftzug bis zum Endergebnis selbst und entscheiden ebenfalls selbst über die Art und Weise der Realisierung.

Abb. 3 Modellierungskreislauf nach Blum und Leiß (2005)

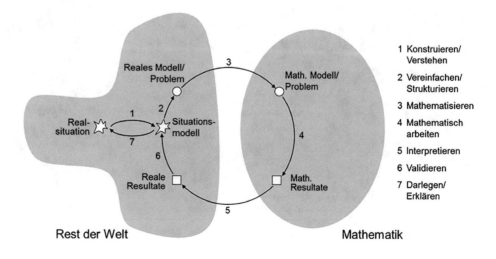

Im Physikunterricht der Sekundarstufe 1 lernt man, dass sich die modellhafte Beschreibung des Lichts als Strahlen eignet, um damit zusammenhängende Phänomene mit ausreichender Genauigkeit zu erklären. Neben herkömmlichen (Schatten-)Experimenten mit gängigen Lichtquellen in der Sekundarstufe 1 (wie z. B. Kerzen oder (Taschen-)Lampen), bieten CamCarpets einen ganz anders gearteten interessanten Zugang zu diesem Modell und eignen sich somit als spannende experimentelle Alternative. Betrachtet man das Prinzip der CamCarpets als Zentralprojektion, werden Strahlen als Geraden durch einen festen Punkt, den Augpunkt als punktförmige Lichtquelle, dargestellt. Beim Thema „Schatten" bieten CamCarpets die Möglichkeit diese physikalischen Inhalte inhaltlich an einem Anwendungsbeispiel zu durchdringen. Ob nun als Projektionsbild, welches mittels einer Lichtquelle auf eine Fläche erzeugt wurde oder CamCarpets als Schatten des im Weg des Lichts stehenden Gegenstands. Zusätzlich lässt sich das Projekt mit oder ohne mathematischen Hintergrund realisieren, je nachdem ob lineare Funktionen bereits unterrichtet wurden. Zwar bewegt man sich in der Sekundarstufe 1 beim Thema „Funktionen" noch nicht im dreidimensionalen Raum, allerdings bietet sich hier in Anknüpfung an lineare Funktionen eine mathematische Herausforderung für leistungsstarke Schülerinnen und Schüler (siehe Abschn. 3.1). Das CamCarpet-Projekt stellt somit verschiedenste Zugänge, je nach Leistungs- und Jahrgangsstufe bereit.

2.1   Unterrichtliche Umsetzung

Zum Einstieg bietet sich eine qualitative Betrachtung des CamCarpet-Prinzips z. B. mit einer Logofigur aus Legosteinen an, deren Schattenwurf betrachtet werden soll (Abb. 4).

Zur Realisierung bedarf es nur weniger Hilfsmittel. Hierbei können auch schon einige Schatten nachgezeichnet und Versuche gestartet werden, das ursprüngliche (Lego-)Logo durch Positionierung der Augen bei der Lichtquelle wiederzuerkennen, wenngleich sich dabei zunächst nur sehr ungenaue Projektionen ergeben. Hierbei wird schnell deutlich, dass das Schattenwurfprinzip Grenzen hat, die die CamCarpets überwinden können: beim Schattenmodell sind i. d. R. nur die Kanten sichtbar, die an lichtdurchlässige Flächen grenzen (vgl. Abb. 4). Andere Kanten, die für den 3D-Eindruck notwendig sind, lassen sich im Schattenmodell nur im Nachhinein ergänzen (bzw. werden „automatisch" vom menschlichen Auge ergänzt) aber nicht direkt projizieren. Die Möglichkeit der farblichen Kontrastierung verschiedener Flächen beim CamCarpet ermöglicht dagegen auch diese scheinbar verdeckten Kanten und Flächen deutlich zu machen. Spätestens jetzt ist die Motivation geweckt, ob und wie genauere Projektionen gezeichnet werden können, sodass das Bild eines täuschend echten 3D-Logos entsteht.

Grundsätzlich kann in der nächsten Arbeitsphase neigungsdifferenziert gearbeitet werden. Ziel des Modellierungsprojekts für alle Gruppen war eine für alle „begehbare" CamCarpet-Darstellung mit folgender Aufgabenstellung:

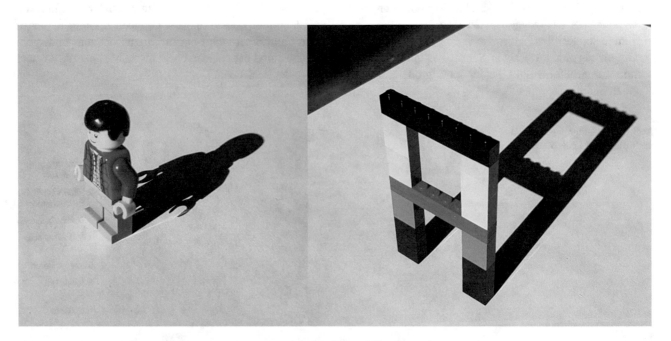

Abb. 4   Schattenwurf zur Einführung in das CamCarpet-Prinzip. (©Dirk Sommerbrodt 2021)

Findet euch in Gruppen à 2–3 Personen zusammen und konstruiert einen CamCarpet. Einigt euch auf ein zu projizierendes Objekt und überlegt zusammen, wie ihr die Projektionspunkte findet (GeoGebra, Schatten, mathematisch mithilfe von Geraden, …).

Folgenden Fragen müssen sich die Schülerinnen und Schüler nun stellen:

- Welcher Schriftzug, welches Logo soll projiziert werden?
- Welche Abmessungen soll der CamCarpet am Ende haben?
- Sollen die Projektionspunkte mit GeoGebra konstruiert oder mathematisch (evtl. anknüpfend an das Thema „Lineare Funktionen" für leistungsstarke Schülerinnen und Schüler) erarbeitet werden?
- Welche Kameraposition ist (mit Blick auf das angestrebte Format der Projektion) sinnvoll?

Je nach Lerngruppe und -ziel kann die so noch recht offene Aufgabenstellung weiter eingeschränkt werden. Zunächst muss das Prinzip hinter den CamCarpets natürlich thematisiert werden.

Kleinformatige (DIN-A4/3) Realisierungen sind mit wenig Aufwand relativ schnell erstellt. Es braucht nur eine eigenen (Smartphone-)Kamera, Stativmaterial aus der Physiksammlung, ggf. GeoGebra zur Konstruktion der Projektionspunkte und eine eigene Logo-Idee. Bei der 2-stündigen Umsetzung in einer 8. Jahrgansstufe ging es

in Gruppenarbeit zunächst darum, sich einen eigenen zu projizierenden Schriftzug bzw. ein Logo zu überlegen. Hierbei sollte die Lehrkraft mit Blick auf für die Projektion geeignete und weniger geeignete Logos beratend zur Seite stehen. Entscheidet man sich für eine Konstruktion der Projektionspunkte mit GeoGebra, muss ein Modell des 3D-Logos in GeoGebra erstellt werden (siehe Abb. 5 beispielhaft für den Buchstaben A). Der Vorteil einer GeoGebra-Konstruktion liegt darin, dass Anpassungen, die evtl. erst später nötig werden, schnell umgesetzt werden können. Erfolgt eine mathematische Berechnung der Projektionspunkte ist es schwierig genau abzuschätzen, wie groß das Projektionsbild bei gewählter Kameraposition und 3D-Buchstabengröße tatsächlich wird, sodass evtl. aufwendige Nachberechnungen die Folge sind.

Möchte man die Position des CamCarpets im Koordinatensystem von GeoGebra variabel gestalten, bietet es sich bei der Erstellung des 3D-Modells an, die Punkte in Abhängigkeit des ersten Punkts zu definieren und Schieberegler zu verwenden. Das macht es möglich das 3D-Modell und so auch die CamCarpet-Projektion, bei Bedarf im Nachhinein ohne erneuten Konstruktionsaufwand einfach zu verschieben. GeoGebra bietet auch im Vergleich zur händischen Berechnung der Punkte den Vorteil, dass die Kameraposition schnell angepasst werden kann. Andererseits ist das mathematische Durchdringen des Prinzips der CamCarpets vor allem für leistungsstärkere Schülerinnen und Schüler eine motivierende Herausforderung.

Nach Erstellung des 3D-Modells und der Festlegung der Kameraposition als Punkte in GeoGebra lassen sich

Abb. 5 Beispielhaftes GeoGebra3D-Modell des Buchstabens *A*, zusammen mit seiner Projektion auf die *xy*-Ebene ausgehend von einem Kamerapunkt *K*. (©Xenia-Rosemarie Reit 2021)

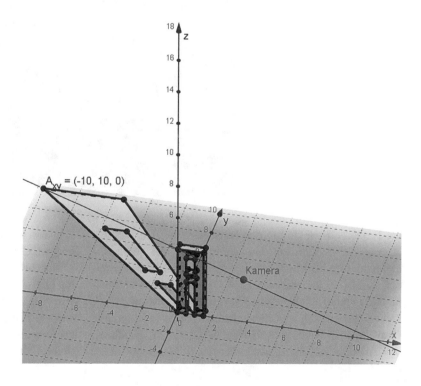

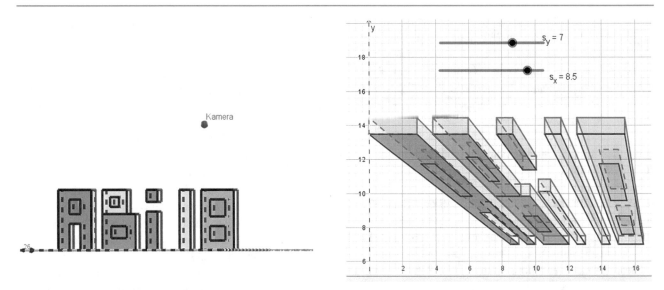

Abb. 6 Gleichzeitige Ansicht des 3D-Modells und der dazugehörigen CamCarpet-Projektion auf die *xy*-Ebene. (©Xenia-Rosemarie Reit 2021)

Abb. 7 Stativaufbau zur Realisierung der korrekten Ausrichtung der Kamera, von der aus der 3D-Effekt beobachtet werden kann. (©Xenia-Rosemarie Reit 2021)

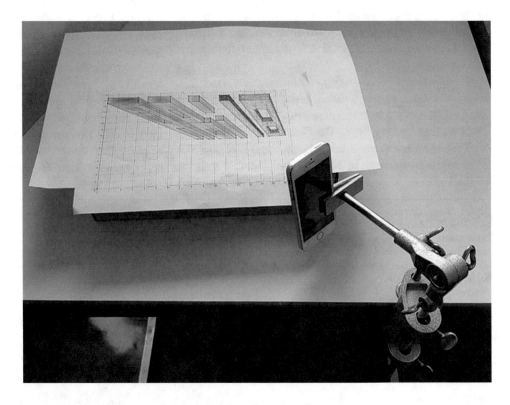

die Projektionspunkte mit den bereitgestellten Werkzeugen „Gerade" und „schneide" als Schnittpunkte, der durch Kamerapunkt und Buchstabenpunkt verlaufenden Geraden mit der *xy*-Ebene, konstruieren (Abb. 5). Da die Projektionspunkte in Abhängigkeit vom Kamerapunkt konstruiert sind, kann dieser einfach verschoben und die daraus resultierende CamCarpet-Projektion beobachtet werden. Die gleichzeitige Anzeige von 3D- und 2D-Fenster in GeoGebra bietet

eine übersichtliche Darstellung von 3D-Logo und dazugehörigem CamCarpet (Abb. 6).

Abschließend erfolgt die Realisierung im Klassenraum auf DIN-A3/4-Papier (oder auch größeren Formaten), indem die Projektionspunkte maßstabsgetreu übertragen werden. Ein Stativaufbau bietet sich an, um die in GeoGebra festgelegte Beobachterposition (Kameraposition) zu fixieren (Abb. 7). Der korrekte Abstand der Kameraposition

Abb. 8 CamCarpet beim Blick durch die korrekt positionierte Kamera von Abb. 7. (©Xenia-Rosemarie Reit 2021)

zur Projektion muss mit Blick auf die in GeoGebra verwendeten Maße ausgemessen werden. Bei korrekter Positionierung der Kamera kann der CamCarpet eindrucksvoll durch die Kamera beobachtet werden (Abb. 8).

3 CamCarpets im Mathematikunterricht der Sekundarstufe 2

In der Sekundarstufe 2 lassen sich CamCarpets, wie in Abschn. 2 beschrieben, nicht nur erstellen, sondern auch auf mathematischer Ebene nachvollziehen und von Grund auf erarbeiten. Sie bieten die Grundlage für ein von den Schülerinnen und Schülern selbst umgesetztes Modellierungsprojekt mit einem beeindruckenden Produktergebnis. Die Schülerinnen und Schüler entscheiden selbst über den von ihnen zu erarbeitenden Schriftzug. Kurz vor dem Abitur ist ein für die Abitur-Zeitung verwendbarer Schriftzug naheliegend und ein zusätzlicher Motivationsfaktor, der das Modellierungsprojekt den Schülerinnen und Schülern zu eigen werden lässt. Bei der Umsetzung des Modellierungsprojekts übernimmt die Lehrkraft die Rolle eines Moderators, der die einzelnen Projektteile und deren Zusammenführung organisatorisch und zeitlich im Auge behält.

Ziel des Modellierungsprojekts in der Sekundarstufe 2 ist die Erstellung eines großformatigen CamCarpet-Schriftzugs auf dem Schulhof (Abb. 9). Die 22 Schülerinnen und Schüler des Mathematik-Grundkurses, die kurz vor dem Abitur stehen, entscheiden sich für „Abi18".

> Ziel: Konstruktion eines großformatigen Abi18-CamCarpets auf dem Schulhof.

Insgesamt stehen 4 Doppelstunden und die Hausaufgabenzeit zur Vorbereitung des CamCarpets zur Verfügung. Bevor mit der Realisierung auf dem Schulhof begonnen werden kann, muss einiges an Vorarbeit geleistet werden. Es muss eine mögliche CamCarpet-Position auf dem Schulhof, inklusive einer Kameraposition gefunden werden, um dann, ausgehend von einem 3D-Modell des Schriftzugs, die Koordinaten der auf die xy-Ebene projizierten Buchstabenpunkte in Abhängigkeit von der Kameraposition zu bestimmen.

Im Folgenden werden die möglichen mathematischen Zugänge zum Konzept der CamCarpets, sowie die

Abb. 9 Großformatiger Abi18-CamCarpet auf dem Schulhof (Buchstabenhöhe ca. 7 m). (©Xenia-Rosemarie Reit 2021)

unterrichtliche Umsetzung als großformatiger Abi18-Cam-Carpet auf dem Schulhof im Detail beschrieben.

3.1   Fachliche Einbettung

Die Mathematik, die hinter den CamCarpets steckt, lässt sich in der analytischen Geometrie verorten. Ob mit Spurpunkten, Projektionsvektoren oder, meist auf Leistungskurs-Niveau, mit Projektionsmatrizen: CamCarpets erlauben leistungsdifferenziertes Arbeiten. Die folgenden Varianten werden beispielhaft für einen Punkt beschrieben, der ausgehend von einer Kameraposition auf die xy-Ebene projiziert werden soll (Abb. 5).

3.1.1 Variante 1: Spurpunkte
Die Kamera befinde sich in $K(5|-5|6)$ und ein Punkt des 3D-Modells sei $A(0|0|4)$ (vgl. Abb. 5). Daraus lässt sich eine Gerade g_{AK} bestimmen, die beide Punkte enthält. $\overrightarrow{OA}$ bildet den Stützvektor und der Vektor $\overrightarrow{AK}$ stellt den Richtungsvektor der Geraden g_{AK} dar.

$$g_{AK} : \overrightarrow{x} = \overrightarrow{OA} + r \cdot \overrightarrow{AK} = \begin{pmatrix} 0 \\ 0 \\ 4 \end{pmatrix} + r \cdot \begin{pmatrix} 5 \\ -5 \\ 2 \end{pmatrix}, r \in \mathbb{R} \tag{Gl. 1}$$

Durch Bestimmung des Spurpunkts S_{xy} der Geraden g_{AK} erhält man den Projektionspunkt von A in der xy-Ebene. Der Spurpunkt hat die z-Koordinate $z = 0$. Die z-Koordinate des allgemeinen Geradenpunkts beträgt $z = 4 + 2r$. In der xy-Ebene gilt also $0 = 4 + 2r$. Dadurch erhält man $r = -2$. Den Spurpunkt S_{xy} erhält man nun durch Einsetzen von $r = -2$ in die Geradengleichung:

$$\overrightarrow{x}_{xy} = \begin{pmatrix} 0 \\ 0 \\ 4 \end{pmatrix} + (-2) \cdot \begin{pmatrix} 5 \\ -5 \\ 2 \end{pmatrix} = \begin{pmatrix} -10 \\ 10 \\ 0 \end{pmatrix} \tag{Gl. 2}$$

Dies führt auf den Spurpunkt $A_{xy}(-10|10|0)$, der gleichzeitig der Projektionspunkt des ursprünglichen Punkts A ist. Analoge Berechnungen mit allen Punkten des 3D-Schriftzugs führen auf die Koordinaten des auf die xy-Ebene projizierten 3D-Modells (vgl. Abb. 5).

3.1.2 Varianten 2: Kamerapunktabhängiger Projektionsvektor
Da viele Projektionspunkte berechnet werden müssen, entdecken die Schülerinnen und Schüler schnell das hinter Variante 1 liegende allgemeine Muster und entwickelten daraus eine effiziente Methode: Nach Herleitung eines allgemeinen, von der Kameraposition abhängigen Projektionsvektors kann dieser durch Einsetzen der zu projizierenden Punkte und des Kamerapunkts zur Berechnung der Projektionspunkte verwendet werden. Die Implementierung

dieses Projektionsvektors in ein Tabellenkalkulationsprogramm, ähnlich wie dies von einer Schülergruppe mit Variante 3 umgesetzt wurde (Abschn. 3.1.3), ermöglicht an dieser Stelle eine effiziente Bestimmung der Projektionspunkte.

Allgemein soll ein Buchstabenpunkt $B(x|y|z)$ mit einer Kamera im Punkt $K(k_1|k_2|k_3)$ in Kamerarichtung $\overrightarrow{v} = \begin{pmatrix} k_1 - x \\ k_2 - y \\ k_3 - z \end{pmatrix}$ auf die xy-Ebene projiziert werden, wodurch der Punkt B_{xy} entsteht. Aus dem allgemeinen Schnittpunktproblem (siehe Variante 1) ergibt sich der Ansatz

$$\overrightarrow{b} + r \cdot \overrightarrow{v} = \overrightarrow{b_{xy}}, r \in \mathbb{R} \tag{Gl. 3}$$

und damit

$$\begin{pmatrix} x \\ y \\ z \end{pmatrix} + r \cdot \begin{pmatrix} v_1 \\ v_2 \\ v_3 \end{pmatrix} = \begin{pmatrix} x_{xy} \\ y_{xy} \\ 0 \end{pmatrix} = \overrightarrow{b_{xy}} \tag{Gl. 4}$$

Die dritte Koordinate von $\overrightarrow{b_{xy}}$ liefert, nach r aufgelöst,

$$r = -\frac{z}{v_3} \tag{Gl. 5}$$

Einsetzen von Gl. 5 in Gl. 4 liefert

$$\begin{aligned} \overrightarrow{b_{xy}} &= \begin{pmatrix} x \\ y \\ z \end{pmatrix} + \left(-\frac{z}{v_3}\right) \cdot \begin{pmatrix} v_1 \\ v_2 \\ v_3 \end{pmatrix} \\ &= \begin{pmatrix} x \\ y \\ z \end{pmatrix} + \begin{pmatrix} -z \cdot \frac{v_1}{v_3} \\ -z \cdot \frac{v_2}{v_3} \\ -z \end{pmatrix} = \begin{pmatrix} x - z \cdot \frac{v_1}{v_3} \\ y - z \cdot \frac{v_2}{v_3} \\ 0 \end{pmatrix} \\ &= \begin{pmatrix} x - z \cdot \frac{k_1 - x}{k_3 - z} \\ y - z \cdot \frac{k_2 - y}{k_3 - z} \\ 0 \end{pmatrix} \end{aligned} \tag{Gl. 6}$$

Der gesuchte Spurpunkt hat also die allgemeinen Koordinaten $(x - z \cdot \frac{k_1-x}{k_3-z} | y - z \cdot \frac{k_2-y}{k_3-z} | 0)$, wobei $(x|y|z)$ die Koordinaten des zu projizierenden Punkts und $(k_1|k_2|k_3)$ die Koordinaten des Kamerapunkts darstellen.

Setzt man hier den zu projizierenden Punkt $A(0|0|4)$ und den Kamerapunkt $K(5|-5|6)$ aus Variante 1 ein, erhält man den Projektionspunkt A_{xy} von A

$$\overrightarrow{a_{xy}} = \begin{pmatrix} 0 - 4 \cdot \frac{5}{2} \\ 0 - 4 \cdot \frac{-5}{2} \\ 0 \end{pmatrix} = \begin{pmatrix} -10 \\ 10 \\ 0 \end{pmatrix} \tag{Gl. 7}$$

und somit das gleiche Ergebnis wie mit Variante 1.

3.1.3 Variante 3: Kamerapunktabhängige Projektionsmatrix
Auf einem höheren Leistungsniveau kann zur Berechnung der Projektionspunkte ausgehend von Gl. 6 noch eine vom

Kamerapunkt abhängige Projektionsmatrix hergeleitet werden, die, gleichberechtigt zu Variante 2, für die Berechnung der Spurpunkte (Projektionspunkte) verwendet werden kann.

Unter Verwendung der Matrixschreibweise kann Gl. 6 folgendermaßen umgeschrieben werden

$$\vec{b}_{xy} = \begin{pmatrix} x - z \cdot \frac{k_1 - x}{k_3 - z} \\ y - z \cdot \frac{k_2 - y}{k_3 - z} \\ 0 \end{pmatrix} = \begin{pmatrix} 1 & 0 & -\frac{k_1 - x}{k_3 - z} \\ 0 & 1 & -\frac{k_2 - y}{k_3 - z} \\ 0 & 0 & 0 \end{pmatrix} \cdot \begin{pmatrix} x \\ y \\ z \end{pmatrix} = P \cdot \vec{b}$$

(Gl. 8)

wobei P die gesuchte Projektionsmatrix ist, die einen beliebigen Punkt B abhängig von der Kameraposition in die xy-Ebene abbildet.

Für den Fall des anfänglich betrachteten Punkts $A(0|0|4)$ und der Kameraposition in $K(5|-5|6)$ ergibt sich also folgende, von der Kameraposition abhängige, Projektionsmatrix für den Punkt A

$$P_A = \begin{pmatrix} 1 & 0 & -\frac{5}{2} \\ 0 & 1 & \frac{5}{2} \\ 0 & 0 & 0 \end{pmatrix}$$

(Gl. 9)

Einsetzen in Gl. 8 ergibt

$$\vec{a}_{xy} = P_A \cdot \vec{a} = \begin{pmatrix} 1 & 0 & -\frac{5}{2} \\ 0 & 1 & \frac{5}{2} \\ 0 & 0 & 0 \end{pmatrix} \cdot \begin{pmatrix} 0 \\ 0 \\ 4 \end{pmatrix} = \begin{pmatrix} -10 \\ 10 \\ 0 \end{pmatrix}$$

(Gl. 10)

also $A_{xy}(-10|10|0)$ und damit denselben Spurpunkt wie mit dem Projektionsvektor in Gl. 7 und zuvor mit Variante 1 berechnet.

Da es sich bei dem Projektionsvektor und der Projektionsmatrix nicht um einen allgemeinen Ausdruck handelt, sondern beides vom Kamerapunkt abhängig ist, muss auch bei diesen Varianten bei jedem Projektionspunkt eine Rechnung erfolgen. Um sich die Arbeit hierbei zu erleichtern nutzt eine Schülergruppe bei Variante 3 ein Tabellenkalkulationsprogramm, in das die Projektionsmatrix implementiert wird (Abb. 10). Nach Eingabe des zu projizierenden Punkts (Zellenbereich B4:B6 in Abb. 10), berechnete das Excel-Sheet den dazugehörigen Projektionspunkt automatisiert in Abhängigkeit eines festen Kamerapunkts (Zellenbereich B1:D1 in Abb. 10). Zur Berechnung der Koordinaten des Richtungsvektors und der Projektionsmatrix P, sind die entsprechenden Formeln aus Variante 3 hinterlegt. Bei Verwendung von Excel ist zu beachten, dass zur Berechnung des Matrix-Vektor-Produkts ($P \cdot \vec{b}$) mit dem Befehl *mmult* (Matrixmultiplikation), dieser als Matrixformel eingegeben werden muss. Dazu markiert man den Bereich, in dem das Ergebnis der Matrixmultiplikation am Ende stehen wird (Zellenbereich B15:B17 in Abb. 10), gibt anschließend die Formel ein (siehe Bemerkung in Zelle E15 ohne {}-Umklammerung in Abb. 10) und schließt die Eingabe mit *Strg + Shift + Enter* ab.

	A	B	C	D	E	F	G
1	**Kamerapunkt**	5	-5	6	feste Kameraposition		
2							
3			Buchstabenpunkt				
4	x	0	Koordinaten des zu				
5	y	0	projizierenden Punkts hier				
6	z	4	eingeben				
7	Richtungsvektor	u_1	u_2	u_3	Richtungsvektor von Kamerpunkt zu		
8		-5	5	-2	Buchstabenpunkt		
9							
10		1	0	-2,5	1	0	-u1/u3
11	Projektionsmatrix P	0	1	2,5	0	1	-u2/u3
12		0	0	0	0	0	0
13							
14							
15	P·b	-10			Matrixmultiplikation		
16	Projektionspunkt	10	Berechnete Koordinaten		{=mmult(B10:D12;B8:D8)}		
17		0	des Projektionspunkts		{}-Umrandung nicht mit eingeben!		

Abb. 10 Excel-Sheet einer Schülergruppe zur automatisierten Berechnung von Projektionspunkten nach Variante 3. (©Xenia-Rosemarie Reit 2021)

3.1.4 Unterrichtliche Umsetzung

Für die Vorbereitung und Umsetzung des CamCarpet-Modellierungsprojekt auf dem Schulhof werden acht Unterrichtsstunden und ein Schultag verwendet. Eine großformatige Realisierung auf dem Schulhof erfordert organisatorische Vorüberlegungen, belohnt aber mit einem eindrucksvollen Ergebnis für die ganze Schule.

Wichtige Fragen:
- Welcher Schriftzug soll realisiert werden?
- Wo kann dieser realisiert werden?
- Wo kann die Kamera (der Augpunkt) stehen?
- Eignet sich der Untergrund?
- Wie/mit was wird der Schriftzug aufgemalt?
- Wie lässt sich ein Modell des 3D-Schriftzugs und dessen Projektion erstellen?
- Wie lassen sich die berechneten Projektionspunkte auf der Schulhoffläche wiederfinden?

Zunächst wird mit der gesamten Klasse überlegt, welcher Schriftzug realisiert werden soll (vgl. Realmodell in Abb. 3). Dabei muss natürlich die auf dem Schulgelände zur Verfügung stehende Fläche berücksichtigt werden. Je größer die einzelnen Buchstaben werden, desto eindrucksvoller das Ergebnis aber große Buchstaben bedeuten auch mehr Zeichen- und Materialaufwand.

Steht der Schriftzug fest, muss das Schulgelände erkundet werden. Dies umfasst neben dem Ausmessen einer geeigneten Fläche auch die Berücksichtigung einer möglichen Kameraposition. Die Fläche sollte, neben ausreichend Platz, auch einen möglichst ebenen und farblich wie auch strukturell homogenen Untergrund aufweisen, damit der spätere 3D-Eindruck nicht durch Flecken, Muster o. ä. getrübt wird. Natürlich muss der Untergrund bemalbar sein, Gras- oder Kiesflächen eignen sich nicht. Zusätzlich muss eruiert werden, mit was der Boden bemalt werden soll. Dabei gilt es zu überlegen (und bei der Schulleitung nachzufragen) ob der Schriftzug dauerhaft oder nur kurzzeitig auf dem Schulhof zu sehen sein soll. Im Falle eines kurzzeitigen Schriftzugs eignet sich, auch wegen der preiswerten und einfachen Beschaffungsmöglichkeit, Straßenmalkreide (auch Sprühkreide kann in Betracht kommen). Die Position des Augpunkts (Kameraposition), von der aus der CamCarpet betrachtet werden kann, sollte so gewählt werden, dass sie einem breiten Publikum zugänglich ist, um womöglich der ganzen Schulgemeinde Zugang zum Kunstwerk zu ermöglichen. Zu frontal sollte die Kamera aufgrund des dann fehlenden 3D-Eindrucks nicht platziert werden. Diesbezüglich muss vorab gut überlegt werden – und dabei kann GeoGebra3D helfen – welche Perspektive auf den CamCarpet einen guten 3D-Eindruck vermittelt. Perspektiven, die Flächen von Buchstaben verschwinden lassen, welche für den 3D-Eindruck verantwortlich sind, sollten vermieden werden. Eine tiefe Kameraposition vergrößert die zu zeichnenden Buchstaben unter Umständen enorm, sodass sehr viel Straßenmalkreide benötigt wird. Diese Problematiken können nebenbei eine weitere Spielwiese der CamCarpets eröffnen (z. B. „Lässt sich die Qualität des CamCarpet-Produkts beschreiben oder gar quantifizieren?"), die bei der hier beschriebenen Umsetzung allerdings nicht thematisiert wurde. Mit GeoGebra3D lassen sich diese Überlegungen später sehr einfach nachvollziehen, da 2D- und 3D-Fenster gleichzeitig nebeneinander angezeigt werden können (Abb. 6).

Die Erkundung des Schulhofs erfolgt in Gruppen und die Diskussion der genannten Aspekte darauffolgend im Plenum, sodass sich in Abwägung der Vor- und Nachteile verschiedener Flächen, eine Fläche als für die Umsetzung optimal herausstellt. Die Fläche wird ausgemessen, die Höhe der möglichen Kameraposition gemessen und der Ursprung des Koordinatensystems festgelegt.

Daran anschließend werden Gruppen gebildet. Jede Gruppe ist für die 2D-Projektion eines Buchstabens bzw. einer Ziffer verantwortlich. Damit alle Gruppen vom selben 3D-Modell ausgehen, wird das 3D-Modell nach vorheriger Absprache von einer Gruppe mit GeoGebra erstellt und die Koordinaten der Eckpunkte an die Gruppen weitergegeben (vgl. Mathematisches Modell bzw. Mathematisches Resultat in Abb. 3). Vorgabe für die Gruppen ist, dass mindestens ein Projektionspunkt per Hand berechnet werden soll, um die zugrundeliegenden mathematischen Hintergründe zu verstehen. Die Bestimmung der weiteren Projektionspunkte, ob per Hand, GeoGebra (für eine beispielhafte Erklärung einer GeoGebra-Implementierung siehe Best (2005)), Tabellenkalkulationsprogramm oder sonstiges, steht den Schülerinnen und Schülern frei. Eine Gruppe stellt, wie in Variante 3 (Abschn. 3.1.3) erläutert, eine Projektionsmatrix auf und schreibt sich für die weiteren Berechnungen ein Excel-Sheet, andere nutzen die Werkzeuge von GeoGebra. Hierbei erweist sich eine variable GeoGebra-Konstruktion als besonders vorteilhaft, da etwaige Anpassungen schnell, ohne erneute Konstruktion, vorgenommen werden können. Dazu hat die GeoGebra-Gruppe zunächst sowohl die Höhe und Länge, als auch die Breite und den Abstand zwischen den 3D-Zeichen variabel gestaltet, indem sie die Koordinaten der Buchstabenpunkte des GeoGebra3D-Modells in Abhängigkeit anderer Buchstabenpunkte definierte. Hat man hierbei konsequent gearbeitet, ist der Schriftzug zugstabil und kann je nach Positionierung des Augpunkts (der Kamera) formerhaltend vergrößert, verkleinert und verschoben werden. Andere Gruppen wiederum verwenden das Muster hinter der händischen Spurpunktberechnung, ähnlich wie in Variante 2 (Abschn. 3.1.2), und setzen die zu projizierenden Koordinaten an geeigneter Stelle (dem Projektionsvektor, siehe Gl. 6) ein, um die übrigen Projektionspunkte mit Stift und Papier zu berechnen. Bei dem in Abb. 9 gezeigten CamCarpet sind die Projektionsbuchstaben ca. $3m \times 7m$ groß, wobei die Kamera in einer Höhe von ca. $5{,}6\,m$ positioniert ist.

Sind alle Buchstabenkoordinaten bestimmt, geht es an die Realisierung auf dem Schulhof (vgl. Reales Resultat bzw. Realsituation in Abb. 3). Bevor die Koordinaten eingezeichnet werden können, muss ein Koordinatensystem auf dem Schulhof platziert werden. Dabei stellt sich die Rechtwinkligkeit von x- und y-Achse eines für den CamCarpet ausreichend großen Koordinatensystems auf „unkariertem" Untergrund als echte Herausforderung dar. Nach einiger Überlegung entscheiden sich die Schülerinnen und Schüler für den Einsatz eines Maurerdreiecks (3-4-5-Dreieck, Zwölfknotenschnur) und wenden ihre Kenntnisse über den Satz des Pythagoras (bzw. dessen Umkehrung) und Pythagoreische Tripel aus der Sekundarstufe 1 an: Spannt man eine Schnur mit den Kantenlängen 3:4:5 auf, ergibt sich zwischen den beiden kürzeren Seiten ein rechter Winkel. Damit lässt sich ein rechter Winkel mit ausreichender Genauigkeit konstruieren.

Ein weiteres Problem besteht im ausreichend exakten Einzeichnen der Buchstabenkoordinaten auf die $18m \times 15m$ große Fläche. Die Schülerinnen und Schüler brauchen ein Karomuster, welches einerseits erlaubt, die Koordinaten ausreichend genau einzuzeichnen aber andererseits sicherstellt, dass das Karomuster im späteren Bild nicht sichtbar ist, um den 3D-Eindruck nicht zu stören. Auch hier bringt die Diskussion eine effiziente Lösung hervor. Die Verwendung einer Schlagschnur (Markierschnur) ausgehend vom Koordinatensystem-Rechteck stellt das gewünschte und zugleich nur leicht sichtbare Karomuster her. In einem gewöhnlichen Baumarkt erhältlich, besteht eine Schlagschnur aus einem mit farbiger Kreide (i. A. rot oder blau) gefüllten Gehäuse, in dem die Schnur aufgewickelt ist (Abb. 11). Zum Auftragen einer geraden Linie werden die Enden der Schnur an die entsprechende $1m$-Markierungen gehalten und straff gespannt. Nun zieht man die Schnur ein Stück vom Boden weg und lässt sie los, wodurch sie auf den Boden schlägt und der anhaftende Kreidestaub eine gerade Linie markiert. So entstehen $1m \times 1m$ große Karos, was eine ausreichend genaue Skalierung darstellt.

Mit den oben beschriebenen Vorbereitungen, kann das Einzeichnen der Buchstabenpunkte beginnen. Um die Entstehung des CamCarpets zu dokumentieren, wird bereits jetzt eine Kamera in der zuvor festgelegten Kameraposition aufgestellt, die alle 30 s ein Bild des Geschehens aufnimmt. Daraus lässt sich im Nachhinein ein eindrucksvolles Entstehungsvideo zusammenfügen. Jede Buchstabengruppe zeichnet ihren Buchstaben mit Straßenmalkreide ein. Dabei ist zu bedenken, dass ein guter Kontrast zwischen Front- und Seitenflächen der Buchstaben gewählt wird (Abb. 9), um die entsprechenden Flächen deutlich voneinander unterschei-

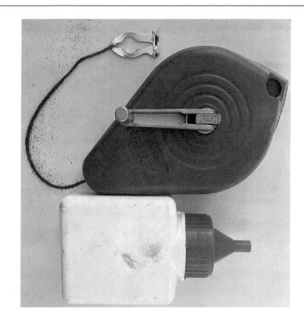

Abb. 11 Die verwendete Schlagschnur mit roter Kreide. (©Xenia-Rosemarie Reit 2021)

den zu können, was den 3D-Effekt unterstützt (siehe Abschn. 2.1). Zum Abschätzen der im Vorfeld zu kaufenden Menge an Straßenmalkreide, nehmen sich die Schülerinnen und Schüler GeoGebra zur Hilfe und lassen sich die Fläche der 2D-Projektion ausgeben. Ein Test mit einem gängigen Straßenmalkreide-Zylinder ergibt, dass dieser für eine Fläche von etwa $1{,}5$ m^2 ausreicht (Abb. 12), wobei die Schülerinnen und Schüler für den CamCarpet viel deckender als bei ihrem ursprünglichen Test ausmalen, sodass hierbei ein großzügiger Puffer eingeplant werden sollte.

Nach etwa zwei Wochen (8 Unterrichtsstunden) Erarbeitung und einem Schultag mit Vorbereitung des Koordinatensystems und Einzeichnen der Buchstaben, ist das Kunstwerk fertig. Vom Schulhof aus, ist der 3D-Eindruck nicht zu erkennen, sodass die Überraschung sichtlich groß ist, als die Schülerinnen und Schüler sich den CamCarpet von der Kameraposition aus anschauen. Viele Fotos mit „in" den Buchstaben sitzenden oder „an" den Buchstaben anlehnenden Schülerinnen und Schülern werden gemacht. Am eindrucksvollsten ist aber das Sprungvideo/-foto aus Abb. 9. Der CamCarpet bleibt 3 Tage vom Regen verschont und wird von der ganzen Schulgemeinde bewundert. Fast allen Schülerinnen und Schülern ist aus Schulhofsicht nicht klar, um was es sich bei dem Kunstwerk tatsächlich handelt. Beim Betreten der Kameraposition staunt man umso mehr.

Zusammenfassend ist zu sagen, dass das Projekt CamCarpet im Großformat auf dem Schulhof einer fundierten Vorbereitung im beschriebenen zeitlichen Umfang bedarf, vor allem dann, wenn die Schülerinnen und Schüler, wie in der Umsetzung in der Sekundarstufe 2 beschrieben, von Beginn an die Verantwortung übernehmen. Um das

Abb. 12 Testergebnis: Ein gängiger Zylinder an Straßenmalkreide reicht etwa für eine Fläche von $1,5\,m^2$. (©Xenia-Rosemarie Reit 2021)

Potenzial des Themas vollständig auszuschöpfen und die Hintergründe zu verstehen, ist eine offensichtliche Verknüpfung mit den Themen aus der analytischen Geometrie sehr empfehlenswert. Dennoch lässt sich ein von der Lehrkraft vorbereiteter CamCarpet durchaus auch in nur einem Projekttag realisieren, wobei die fachliche Durchdringung hierbei (zu) kurz kommt. Kleinere Realisierungen, wie in Abschn. 2 beschrieben, eignen sich eher für zeitlich kürzere Umsetzungen und können z. B. durch eine Ausstellung der verschiedenen kleineren CamCarpets (Postergröße) der Schulgemeinde zugänglich gemacht werden.

4   Fazit

Das Modellierungsprojekt Abi18-CamCarpet erlaubt durch die Vielfalt an Lösungs- und Umsetzungsmöglichkeiten nicht nur leistungsdifferenziertes, sondern auch jahrgangs- und fächerübergreifendes Arbeiten. Die Umsetzung im Physikunterricht erzeugt auch ohne mathematische Durchdringung des dahinterliegenden Prinzips eindrucksvolle Ergebnisse, die die Schülerinnen und Schüler staunen lässt. Im Rahmen der analytischen Geometrie bieten CamCarpets eine motivierende Anwendung, des sonst allzu oft kalkülhaft unterrichteten Themengebiets und belohnen zusätzlich mit einem, wenn großformatig auf dem Schulhof realisiert, für die ganze Schulgemeinde beeindruckenden Ergebnis.

Die Thematisierung des menschlichen Sehens und die Wirkung optischer Täuschungen erlaubt eine spannende Erweiterung des Themas in Richtung Biologie, Physiologie und Psychologie. Weitere Überlegungen zur Güte des 3D-Eindrucks in Abhängigkeit der Abweichung vom berechneten Kamerapunkt sowie der Effekt des binokularen Sehens als Grundlage des dreidimensionalen Sehens in Zusammenhang mit dem Augpunkt, geben Anlass für eine sinnstiftende fächerübergreifende Erweiterung des Themas.

Literatur

Best, A. (2016). Schulhof-Mathematik 3D: CamCarpets. *mathematik lehren, 194,* 48–50.

Blum, W., & Leiß, D. (2005). Modellieren mit der „Tanken"-Aufgabe. *mathematik lehren, 128,* 18–21.

Bildungsstandards im Fach Mathematik für die Allgemeine Hochschulreife: Beschluss der Kultusministerkonferenz vom 18.10.2012. Hrsg.: Sekretariat der Ständigen Konferenz der Kultusminister der Länder in der Bundesrepublik Deutschland in Zusammenarbeit mit dem Institut zur Qualitätsentwicklung im Bildungswesen. © 2015 KMK Bonn und Berlin 2012.

Borneleit, P., Danckwerts, R., Henn, H.-W., & Weigand, H.-G. (2001). Expertise zum Mathematikunterricht in der gymnasialen Oberstufe. *Journal für Mathematikdidaktik, 22*(1), 73–90.

Gerber, K. (2008). *Projektionsmatrizen: Eine anwendungsorientierte Unterrichtsreihe aus der Analytischen Geometrie. Projekt SINUS NRW der Qualitäts- und Unterstützungsagentur – Landesinstitut für Schule (QUA-LiS NRW).* https://www.schulentwicklung.nrw.de/materialdatenbank/material/view/2038.

Greefrath, G. (2010). *Didaktik des Sachrechnens in der Sekundarstufe.* Heidelberg: Springer Spektrum.

Henn, H.-W. (2000). Warum manchmal Katzen vom Himmel fallen … oder … von guten und schlechten Modellen. In H. Hischer (Hrsg.), *Modellbildung, Computer und Mathematikunterricht* (S. 9–17). Hildesheim: Franzbecker.

Ludwig, M. (1998). *Projekte im Mathematikunterricht des Gymnasiums.* Hildesheim: Franzbecker.

Reit, X.-R. (2016). *Denkstrukturen in Lösungsansätzen von Modellierungsaufgaben. Eine kognitionspsychologische Analyse schwierigkeitsgenerierender Aspekte.* Heidelberg: Springer.

Wirkungsgefüge für einen systemischen Zugang zum mathematischen Modellieren nutzen

Sebastian Zander

Zusammenfassung

Simulationen sind ein vielseitiges Hilfsmittel im Mathematikunterricht und ermöglichen die Auseinandersetzung mit Modellierungsproblemen, die andernfalls aufgrund des eingeschränkten mathematischen Wissens der Schülerinnen und Schüler von diesen nicht bearbeitbar wären. Dieser Beitrag beleuchtet Vorteile im Lernprozess von Schülerinnen und Schüler, die sich speziell beim mathematischen Modellieren durch die Arbeit mit sogenannten Wirkungsgefügen ergeben können. Es werden eine 2019 am Helene-Lange-Gymnasium in Hamburg durchgeführte Modellierungsaufgabe vorgestellt und die daran erkennbaren Vorteile diskutiert. Eine Gegenüberstellung von Vor- und Nachteilen lassen eine Empfehlung für die Nutzung dieses mathematischen Werkzeuges für diverse Fächer plausibel erscheinen.

1 Konzeption

1.1 Modellierungstage

Seit vier Jahren finden einmal jährlich am Helene-Lange-Gymnasium in Hamburg die sogenannten Modellierungstage statt. Dabei arbeiten alle Schülerinnen und Schüler aus dem 10. Jahrgang, bestehend aus ca. 120 Schülerinnen und Schülern, an zwei aufeinanderfolgenden Tagen im Februar bzw. innerhalb von 12 Schulstunden in Kleingruppen zu vier Modellierungsaufgaben und werden für diese Zeit vom Unterricht freigestellt. Die Teilnahme an den Modellierungstagen ist für die Schülerinnen und Schüler verbindlich.

Seit zwei Jahren wird auch diese Schule durch den Arbeitsbereich Mathematikdidaktik der Universität Hamburg bei der Durchführung der Modellierungstage unterstützt (weitere Informationen zu den Hamburger Modellierungstagen finden sich im Beitrag von Vorhölter & Alwast in diesem Band).

An den Modellierungstagen betreiben die Schülerinnen und Schüler Mathematik auf eine sehr anwendungsbezogene Art. Dieses Angebot sehen wir am Helene-Lange-Gymnasium als Ergänzung zum „normalen" Mathematikunterricht, um die Schülerinnen und Schüler an diesen Tagen intensiv im Kompetenzbereich des Modellierens arbeiten zu lassen. Die Modellierungstage haben bei uns u. a. folgende Rahmenbedingungen:

- Es werden Kleingruppen mit 3 – 4 leistungsheterogenen Schülerinnen und Schülern aus allen Parallelklassen zusammengesetzt. Bei der Gruppenzusammensetzung fließen auch weitere Kriterien wie Kommunikationsfähigkeit und Interesse am Fach bzw. eine Gesamteinschätzung der Fachlehrer mit ein.
- Die Betreuung wird inhaltlich und personell von der Fachdidaktik Mathematik der Universität Hamburg unterstützt.
- Von der Universität Hamburg werden erprobte Aufgaben zur Verfügung gestellt.
- Da es sich bei diesem Modul um eine verbindliche Aktivität für die Schülerinnen und Schüler handelt, gibt ein einheitliches und den Schülerinnen und Schülern vorgestelltes Bewertungsschema (Abschn. 3.2), das sich sowohl auf die Einzelleistung als auch auf die Leistung der gesamten Gruppe bezieht.
- Ihr Vorgehen und ihre Ergebnisse werden von den Schülerinnen und Schüler auf einem Plakat dargestellt und als Abschluss der Modellierungstage für alle präsentiert. Im Anschluss an die Modellierungstage hängen die Präsentationsplakate für die Schulöffentlichkeit aus.

S. Zander (✉)
Fachbereich Naturwissenschaften, Gymnasium Lerchenfeld, Hamburg, Deutschland
E-Mail: sebastian.zander@gyle.hamburg.de

© Springer Fachmedien Wiesbaden GmbH, ein Teil von Springer Nature 2021
M. Bracke et al. (Hrsg.), *Neue Materialien für einen realitätsbezogenen Mathematikunterricht 8*,
Realitätsbezüge im Mathematikunterricht, https://doi.org/10.1007/978-3-658-33012-5_9

1.2 Modellieren mit Simulationen

Im Jahr 2018 haben wir an unserer Schule zum ersten Mal eine Modellierungsaufgabe auf der Grundlage einer Simulationssoftware in den Aufgabenpool mit aufgenommen. Dabei handelt es sich um die Simulationsumgebung Net-Logo, die in Abschn. 4 vorgestellt wird. Durch die Arbeit mit Simulationen ergeben sich unserer Ansicht nach neue Möglichkeiten für die Beurteilung eines (durch die Schülerinnen und Schüler) aufgestellten Modells, die nun im Weiteren beschrieben werden.

Für einen allgemeinen Überblick zum Thema „Simulationen im Unterricht" siehe (Greefrath und Siller 2018).

Vorteile durch das Simulieren

Simulationen können auf verschiedenste Arten realisiert werden. Allen gemein ist dabei, dass Simulationen im weitesten Sinne Computerprogramme sind, die unter vorgegeben Bedingungen ablaufen. D. h. es werden entsprechend des Programmcodes eine Vielzahl von Berechnungen durchgeführt und damit Ergebnisse erzeugt. Dieses Vorgehen, durch Berechnungen Näherungslösungen zu erhalten, wird numerisch genannt. Demgegenüber stehen analytische Verfahren, die zu exakten Lösungen führen. Die durch die Berechnungen erhaltenen Ergebnisse müssen dann getroffenen Annahmen bzw. dem aufgestellten Modell standhalten. Die Ergebnisse verifizieren oder falsifizieren also das zugrunde liegende Modell. Simulationen können somit sprachlich auch ganz griffig als Experimente der Mathematik bzw. „Experimente mit Modellen" (Greefrath und Weigand 2012) verstanden werden. Nach dem Konzept der Interaktionsmöglichkeiten (Wörler 2015a, 2015b) lassen sich

dabei sechs gezielte Variationen am Simulationsmodell vornehmen, die sich entweder auf „die Elemente und Relationen des zugrunde liegenden Modells oder auf die Rahmenbedingungen des Experimentes beziehen" (Wörler 2018).

Im Besonderen eignen sich Simulationen dann für Experimente bzw. Fragestellungen, die

1. analytisch nicht lösbar sind (z. B. das Drei-Körper-Problem aus der Physik)
2. nicht wiederholbar sind (z. B. in der Astrophysik oder der Klimaforschung)
3. zu aufwendig sind (z. B. bei Fragestellungen zu Verkehrsproblemen)

Da die (informatorische) Arbeit mit dem Computer zudem entsprechende Interessen auf der Seite der Schülerinnen und Schüler anspricht, spielt auch der „Spaß an der Sache selbst" natürlich eine Rolle bei der Motivation der Schülerinnen und Schüler.

Erweiterter Modellierungskreislauf

Von Greefrath und Siller (2018) findet sich eine ausführliche Diskussion der Erweiterung des Modellierungskreislaufes (vgl. Abb. 1) nach Blum und Leiß (2005). Grundsätzlich wird unterschieden in den sogenannten „erweiterten Modellierungskreislauf" nach Siller und Greefrath (2010), bei dem der Fokus auf dem Berechnen liegt, das damit eine besondere Stellung im Kreislauf einnimmt, sowie der „Nutzung digitaler Werkzeuge beim Modellieren" (Greefrath 2011), bei dem der Einsatz digitaler Werkzeuge an mehreren Stellen und damit integrativ stattfindet.

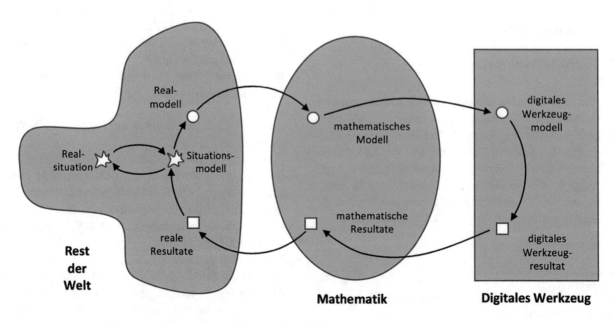

Abb. 1 Erweiterter Modellierungskreislauf nach Greefrath und Siller (2018)

Mit den Ergebnissen von Simulationen als „mathematisches Experiment" kann der bekannte Modellierungskreislauf nach Blum und Leiß (2005) um zusätzliche Prüfkriterien hinsichtlich der Güte des Modells erweitert werden. Der Schwerpunkt liegt damit auf den durchgeführten Berechnungen, weshalb im Folgenden von dem erweiterten Modellierungskreislauf gesprochen werden soll. Dieser ist nach Greefrath und Siller (2018) in einer möglichen Darstellungsform gezeigt (Abb. 1).

Im Modellierungskreislauf nach Blum und Leiß (2005) wandelt sich der Aspekt der mathematischen Resultate in die Simulation und deren Resultate. Im Unterschied zum Modellierungskreislauf nach Blum & Leiß wird bei dem Schritt zu den Resultaten zudem auch nicht explizit mathematisch durch die Schülerinnen und Schüler gearbeitet. Die dort selbst so genannte Tätigkeit „Mathematisch arbeiten" bezieht sich auf die Schülerinnen und Schüler selbst, die hier z. B. durch Umformungen und Parametervariationen tätig sind. Im erweiterten Modellierungskreislauf ist es der Computer/die Simulation, der/die mathematische Operationen durchführt. Selbstverständlich kann man die Berechnungen des Computers/der Simulation als mathematische Operationen beschreiben. Wesentlich ist aber in dem Verständnis, das diesem Beitrag zugrunde liegt, dass dies für die Schülerinnen und Schüler entfällt. Dies ist also ein qualitativer Unterschied zum Modellierungskreislauf nach Blum und Leiß. Das „Mathematisch arbeiten" besteht in diesem Sinne beim erweiterten Modellierungskreislauf aus zwei Schritten:

1. Die Erstellung der Simulation (mit funktionalen Abhängigkeiten), welche die Ergebnisse erzeugt
2. Die Interpretation der Ergebnisse durch die Schülerinnen und Schüler

Hinzu kommt nach den o.g. Vorteilen von Simulationen, dass mit deren Hilfe hinreichend mathematisch komplexe Zusammenhänge untersucht werden können, für die man mit „Papier und Bleistift" u. U. keine Lösung erhalten würde. Damit ist gemeint, dass den Schülern mithilfe des Einsatzes von Computern Aufgaben zugänglich gemacht werden können, die ihre „reinen" mathematischen Fähigkeiten eventuell übersteigen. Um dies zu rechtfertigen, müssen die Erkenntnisse, die dabei gewonnen werden, vorhandenen analytischen „Schwächen" gegenübergestellt werden.

Und zuletzt besteht auch die Möglichkeit, durch Simulationen sog. emergente Eigenschaften von Systemen aufzudecken, d. h. Eigenschaften, die nicht explizit aus den Formeln abzuleiten sind, sondern sich erst im Verhalten des Systems zeigen.

Die Unterschiede zum Modellierungskreislauf nach Blum und Leiß (2005) lauten zusammengefasst:

1. Analytisch nicht lösbare Probleme werden (leichter) zugänglich
2. Emergentes Verhalten kann sich zeigen (Zander et al. 2016)

Ein Beispiel für emergentes Verhalten findet sich in der kinetischen Gastheorie. Werden die einzelnen Gasteilchen dort lediglich durch die Newtonschen Bewegungsgesetze beschrieben, zeigt das Gas als System aber auch z. B. energetische Eigenschaften (Krüger 1974).

Analytisch nicht lösbare Probleme lassen sich z. B. mit Hilfe numerischer Verfahren (z. B. explizites Euler-Verfahren) näherungsweise lösen. Emergente Phänomene, wie z. B. Phasenübergange in der Physik, lassen sich ebenfalls mit Hilfe von entsprechenden theoretischen Modellen (z. B. die Hamiltonfunktion des Ising-Modells) bearbeiten. Diese Lösungsansätze sind aufgrund ihres zu hohen (mathematischen) Anspruches für Schülerinnen und Schüler aber nicht zugänglich. Dennoch können Schülerinnen und Schüler mit Hilfe von Simulation diese Verfahren in Kombination mit ihrem Alltagswissen anwenden und zu entsprechenden Lösungen kommen.

Eine berechtigte Kritik bezieht sich auf den hier vorliegenden Black-Box-Ansatz (Buchberger 1989). Die Schülerinnen und Schüler benutzen offensichtlich mathematische Verfahren, die sie selbst nicht verstehen bzw. kennen. Dieser Kritik möchte ich zum einen entgegnen, dass dieser „Nachteil" grundsätzlich an vielen Stellen auftaucht: bei der Nutzung einiger Funktionen des Taschenrechners, bei der Nutzung von Computerprogrammen (z. B. Excel) oder sicherlich teilweise auch beim Programmieren.

Gewichtiger sind m. E. aber die Erkenntnismöglichkeiten, die sich den Schülerinnen und Schülern durch den Umgang mit dem Hilfsmittel „Simulationssoftware" bietet. Es muss zwischen mathematischer Genauigkeit und dem Verständnis von Zusammenhängen abgewogen werden. Anders ausgedrückt, sollte man „digitale Mathematikwerkzeuge sinnvoll [in den Unterricht] integrieren" (Barzel und Greefrath 2015). In diesem Sinne plädiere ich in geeigneten Lernsituationen gerade für den Black-Box-Ansatz. Dies findet sich auch als ein Vorteil beim Lernprozess genannt in Abschn. 5.1.

1.3 Systemdynamik

Wir bereits erwähnt, gibt es diverse Arten von Simulationen. Während der Bearbeitung der Aufgabe, die im Fokus dieses Beitrags steht, haben die Schülerinnen und Schüler mit dem Ansatz der Systemdynamik gearbeitet, die in der

Abb. 2 Wirkungsgefüge.
(©Sebastian Zander 2021)

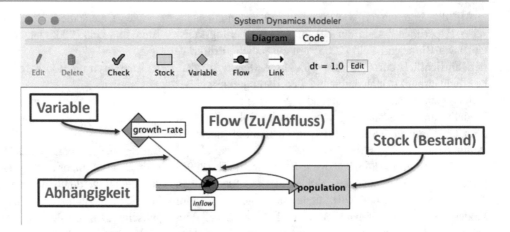

Systemtheorie untersucht werden und wozu es bei Wikipedia einleitend dazu heißt:

> „System Dynamics (SD) oder Systemdynamik ist eine von Jay W. Forrester Mitte der 1950er Jahre an der Sloan School of Management des MIT entwickelte Methodik zur ganzheitlichen Analyse und (Modell-)Simulation komplexer und dynamischer Systeme." (www.wikipedia.de)

Ein System, bestehend als „aus einem oder mehreren strukturell verbundenen Elementen" (Bossel 1992b), die „voneinander unterscheidbar sind" (Krüger 1974), die ihrerseits eine Relation untereinander als auch zur Umwelt aufweisen, erfährt durch die Verfolgung eines gewissen Zweckes eine dynamische Entwicklung bzw. zeitlichen Veränderung. Es darf angenommen werden, dass „genau genommen alle Systeme dynamische Systeme [sind], auch solche, die uns eher statisch erscheinen." (Bossel 1992a)

In diesem Projekt haben die Schülerinnen und Schüler mit sogenannten Wirkungsgefügen gearbeitet, die nun im Folgenden vorgestellt und deren Vorteile für den Lernprozess erläutert werden.

1.4   Wirkungsgefüge

Wirkungsgefüge werden aus vier verschiedenen Elementen aufgestellt: Bestände, Flüsse, Variablen und Abhängigkeiten (s. Abb. 2). Mathematisch ausgedrückt haben die Bestände die Funktion eines Integrals und die Flüsse die einer Änderung. Die Variablen stellen dann die zugehörigen Parameter dar und die Pfeile stellen schließlich die Werte eines Elementes einem anderen Element zur Verfügung. Wirkungsgefüge können quasi unbegrenzt viele Elemente enthalten und daher auch entsprechend komplexe Systeme abbilden.

Allgemein gesprochen lassen sich mit Wirkungsgefügen Systeme und die funktionalen Abhängigkeiten ihrer einzelnen Elemente untereinander abbilden sowie die zeitliche Entwicklung der sich einstellenden Systemdynamiken ausgeben. Mit Begriffen der Kybernetik würde man von gekoppelten Regelkreisläufen mit Feedback-Schleifen sprechen. Mathematisch entspricht dies in der Allgemeinheit gekoppelten (partiellen) Differenzialgleichungen. Im Rahmen der Schülerarbeiten hat das Programm die Näherungslösungen der Gleichungen mit dem expliziten Euler-Verfahren numerisch berechnet.

In Abb. 2 ist ein sehr einfaches Wirkungsgefüge gezeigt, mit dem lediglich das Prinzip dieser Darstellung eingeführt werden soll. Ein sog. Stock (engl., Bestand) ändert sich zeitlich auf Grund eine Flows (Zu/Abfluss), dessen Größe seinerseits von einer Variablen abhängig ist. In dem abgebildeten Wirkungsgefüge wird dem Stock die Bedeutung einer Populationsgröße zugeordnet. Der Variablen wird die Bedeutung eines Bevölkerungswachstums (growth-rate) zugewiesen, die dann über Wachstum oder Abnahme der Bevölkerung (positiver bzw. negativer inflow) entscheidet.

Komplexere Wirkungsgefüge werden in Abschn. 2.2 und 2.3 gezeigt.

Wir haben während der Modellierungstage mit dem kostenfreien Programm NetLogo gearbeitet und die Simulationen mit Hilfe von sogenannten Wirkungsgefügen erstellt. NetLogo beinhaltet grundsätzlich zwei Arbeitsmodi, den sog. „System Dynamics Modeler" (SDM) und den sog. „agentenbasierten Modus". Den SDM haben wir für die eigentliche Erstellung der Wirkungsgefüge benutzt, die Oberfläche des agentenbasierten Modus lediglich für die grafische Ausgabe der zeitlichen Entwicklung.

2　Problemstellung

2.1　Vorwissen der Schülerinnen und Schüler

Für einen erleichterten Einstieg in die Arbeit mit dem Programm sollte die Aufgabe aus der Lebenswirklichkeit der Schülerinnen und Schüler stammen. Viele Schülerinnen und Schüler des 10. Jahrgangs haben im Rahmen des Wahlpflichtfaches Wirtschaft eine eigene Firma und ein eigenes Produkt entwickelt, das auch (überwiegend innerhalb der Schule) verkauft worden ist. Die Schülerinnen und Schüler haben sich also zum Zeitpunkt der Modellierungstage mit der Thematik der Preisentwicklung am Markt bereits auseinandergesetzt. Dies wurde daher als leitgebende Idee für die Aufgabenstellung genommen. Diese ist im Wortlaut auf der folgenden Abbildung zu sehen und wurde den Schülerinnen und Schülern auch mithilfe dieser Grafik (vgl. Abb. 2.1) gestellt bzw. erläutert.

2.2　Aufgabenstellung

Die Aufgabenstellung ist in der untenstehenden Abb. 3 gezeigt. Das dort dargestellte Wirkungsgefüge sowie der Graph sind allein aufgrund ihrer Anschaulichkeit gewählt und in dieser konkreten Form nicht weiter behandelt worden.

2.3　Materialien

Das in Abb. 4 gezeigte Wirkungsgefüge ist den Schülerinnen und Schülern als Arbeitsvorlage gegeben worden. Aus Zeitgründen wäre es unmöglich gewesen, die Schüler das Wirkungsgefüge von Beginn an selbst entwickeln zu lassen, und zwar vor allem wegen der benötigten Einarbeitungszeit in das Programm. Wie weiter unten im Ablauf beschrieben (Abschn. 3.3, dort auch eine ausführlichere Darstellung des Arbeitsauftrages), wurde dies vor der Arbeitsphase gründlich miteinander besprochen und wurden die Ergebnisse festgehalten. Dieses Wirkungsgefüge kann hier nicht in allen Details besprochen werden. Zentral sind dabei:

- die grundsätzlich wechselseitige funktionale Abhängigkeit von Produktion und Marktpreis
- die bei der Produktion auftretende Kosten
- eine zeitlich konstante Nachfrage
- Anpassung des Marktpreises in Abhängigkeit vom Preis und Produktionsmenge
- Anpassung der Produktion in Abhängigkeit vom Gewinn

Den Schülerinnen und Schülern wäre es möglich gewesen, alle diese Details (vom Wert her) anzupassen bzw. (in seiner funktionalen Abhängigkeit) zu ändern. Im Falle der konstanten Nachfrage haben sie dies dann auch getan (s. u.).

Der freie Markt

- Der Marktpreis ist der Preis, der zu einem bestimmten Zeitpunkt von Marktteilnehmern bezahlt und erzielt wird.

- Dieser Preis hängt u.a. von dem Angebot und der Nachfrage ab. Aber auch weitere Faktoren spielen hierbei eine Rolle!

Wie entwickelt sich der Marktpreis unter Berücksichtigung verschiedener Einflüsse?

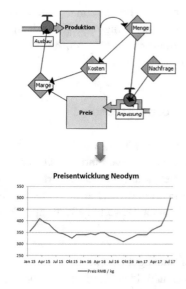

Abb. 3　Aufgabenstellung. (©Sebastian Zander 2021)

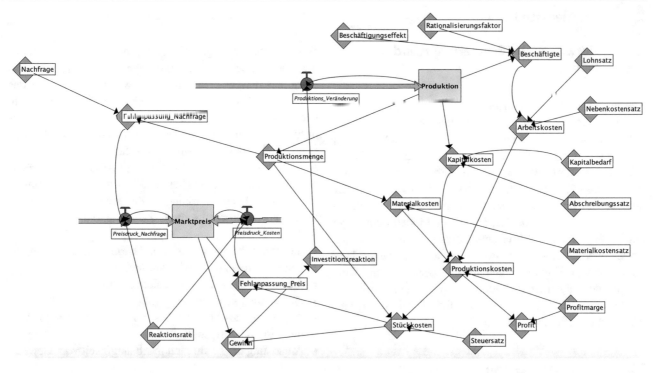

Abb. 4 Arbeitsvorlage der Schülerinnen und Schüler. (©Sebastian Zander 2021)

3   Zeitplan/Ablauf

3.1   Lerngruppe

Die zusammengestellte Lerngruppe setzte sich aus 13 Schülerinnen und Schülern zusammen, die in drei Gruppen mit jeweils vier bzw. fünf Schülerinnen und Schülern eingeteilt worden ist. In dieser Lerngruppe gab es lediglich eine Schülerin. Die Lerngruppe wurde von mir und einer Studentin bei ihrer Arbeit unterstützt.

3.2   Bewertungsschema

Wie oben bereits erwähnt, war die Teilnahme für die Schülerinnen und Schüler verbindlich. Daher wurde für jede Gruppe ein Bewertungsbogen geführt, mit dem die Arbeit der Schülerinnen und Schüler auf einer fünfteiligen Skala nach den folgenden Bewertungskriterien dokumentiert worden ist:

1. Kann selbständig arbeiten.
2. Kann ausdauernd und konzentriert arbeiten.
3. Bringt die Gruppenarbeit voran.
4. Hat das Ergebnis reflektiert.
5. Komplexität der Bearbeitung
6. Plakatgestaltung

Die ersten drei Bewertungskriterien beziehen sich auf die jeweiligen Einzelleistungen der Schülerinnen und Schüler, die weiteren drei auf die Leistung der Gruppe als Ganzes.

3.3   Stundenverlauf

Tabellarische Übersicht

In Tab. 1 ist stichpunktartig der Ablauf der einzelnen Stunden dargestellt. Es gab demnach drei inhaltliche Blöcke:

1. Einführung
2. Modellierungsaufgabe
3. Präsentation

Eine nähere Erläuterung dazu folgt in den kommenden Abschnitten.

Tab. 1 Ablauf der einzelnen Stunden

Stunde	1. Tag	2. Tag
2	**Einführung**	*(weiter)*
3	– Lehrervortrag mit Diskussion – NetLogo-Tutorial	**Modellierungsaufgabe** Der freie Markt
4	**Modellierungsaufgabe**	
5	Der freie Markt	
6		**Präsentation**
7		

Einführung

Die Einführung beinhaltete zum einen die Hinführung auf das Werkzeug der Wirkungsgefüge, wie er auch in diesem Text dargestellt worden ist. Den Schülerinnen und Schüler wurden also die genannten Möglichkeiten und Vorteile der Arbeit mit diesem Werkzeug erläutert.

Zum anderen sollte den Schülerinnen und Schülern möglichst schnell die Möglichkeit gegeben werden, das verwendete Programm NetLogo und damit dann auch die Arbeit mit Wirkungsgefügen in einem praktischen Sinne kennenzulernen. Den Schülerinnen und Schüler wurde daher ein bereits vorhandenes Tutorial zu einem Räuber-Beute-Modell zur Einarbeitung gegeben.

Modellierungsaufgabe

Den Einstieg in diesen Block bildete die gemeinsame Diskussion des vorgegeben Wirkungsgefüges mit der Leitfrage (s. Abb. 3):

> „Wie entwickelt sich der Marktpreis unter der Berücksichtigung verschiedene Einflüsse?"

Der Schülerin und den Schülern wurden drei Möglichkeiten für die Erweiterung des vorgegebenen Wirkungsgefüges genannt:

1. Ein realistischeres Modell durch dessen Erweiterung erstellen.
2. Bei Parametervariation die Änderungen des Systems untersuchen.
3. Das Modell auf „echte" Daten hin anpassen.

In der Diskussion gab es bereits Ideen der Schülerinnen und Schüler zu möglichen Erweiterungen, die für die weitere Arbeit festgehalten worden sind.

Anschließend haben sich die Schülerinnen und Schüler mit dem eigentlichen Arbeitsauftrag beschäftigt und ihre Ergebnisse zum Ende auf einem Plakat festgehalten.

In der gesamten Arbeitsphase wurden die Schülerinnen und Schüler sehr intensiv begleitet, was durch die kleine Gruppengröße ermöglich wurde. So haben die Schülerinnen und Schüler Hilfestellung bei der Umsetzung von Ideen bekommen. Gleichzeitig wurde aber auch viel über grundsätzliche Ideen für die Erweiterung des Modells diskutiert. Diese Ideen finden sich fast in Gänze in den dargestellten Schülerlösungen (Kap. 4).

Präsentation

Zum Arbeitsauftrag gehörte für alle Schülerinnen und Schüler die Erstellung eines Plakates für die gegenseitige Vorstellung der Ergebnisse. Die an die Schülerinnen und Schüler gestellten Anforderungen an das Plakat waren:

Anforderungen an den Inhalt

- Überschrift (z. B. als eine das Problem beschreibende Fragestellung)
- Getroffene Annahmen/untersuchte Fragestellung
- Lösungsweg (muss für Schülerinnen und Schüler, die ein anderes Problem bearbeitet haben, verständlich sein!)
- Ergebnis bezogen auf die Fragestellung

Anforderungen an die Gestaltung

- Möglichst übersichtlich
- Bilder, Skizzen & Diagramme
- Verwendung von verschiedenen Farben & Papierarten

Die Präsentation fand in zwei Abschnitten statt. Zunächst wurden alle Schülerinnen und Schüler des Jahrgangs noch einmal neu untereinander in Kleingruppen eingeteilt, um sich gegenseitig die verschiedenen Aufgaben vorzustellen und miteinander die verschiedenen Lösungswege zu diskutieren. Dem hat sich ein Marktplatz angeschlossen, bei dem sich die Schülerinnen und Schüler dann sämtliche Lösungen haben anschauen können.

4   Schülerlösungen

Als Schülerlösungen sind in diesem Abschnitt die von den Schülerinnen und Schülern erstellten Plakate gezeigt. Der Text ist auf den Plakaten meist gut zu lesen, die Legenden der Graphen sind im Text explizit angegeben. Für die erste Gruppe ist zudem exemplarisch auch einmal das Wirkungsgefüge dargestellt.

Die Lösungen werden hier zunächst beschreibend vorgestellt und im folgenden Abschnitt dann diskutiert.

4.1   Erste Gruppe (mit Wirkungsgefüge)

Diese Gruppe hat in ihrer Arbeit zwei Aspekte bei der Entwicklung des Marktpreises untersucht: Marketing und Nachfrage (s. Abb. 5).

Die Schülerinnen und Schüler haben die Aufgabe mit den Annahmen bearbeitet, dass

- Marketing das Wachstum der Nachfrage drastisch verändern kann
- Marketing viel kostet
- Nachfrage und Marketing voneinander anhängig sind

Um diese Annahmen zu untersuchen, haben die Schülerinnen und Schüler das Wirkungsgefüge um die beiden

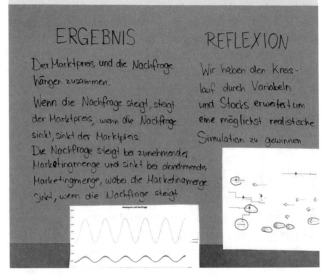

Abb. 5 Ergebnisse Gruppe 1. (©Sebastian Zander 2021)

Bestände „Nachfrage" und „Marketingmenge" und zugehörige Abhängigkeiten und Variablen erweitert. Die Erweiterungen sind auf der Abbildung auf dem Plakat hervorgehoben. Wie es die Schülerinnen und Schüler auf dem Plakat schreiben (und im Wirkungsgefüge in Abb. 6 zu sehen ist), ist die Nachfrage dabei als explizit abhängig von der Marketingmenge implementiert worden. Zum anderen haben die Schülerinnen und Schüler weitere Kosten in das Wirkungsgefüge implementiert. Dazu gehören neben den Marketingkosten dann auch Steuern, Lager- und Transportkosten. Die Schülerinnen und Schüler heben auf dem Poster hervor, welche Elemente sie im Wirkungsgefüge neu implementiert haben.

Die Lernenden haben als Ergebnisse formuliert:

- Wenn die Nachfrage steigt, steigt der Marktpreis
- Wenn die Nachfrage sinkt, sinkt der Marktpreis
- Die Nachfrage steigt bei zunehmender Marketingmenge und sinkt bei abnehmender Marketingmenge
- Die Marketingmenge sinkt, wenn die Nachfrage steigt

Diese Formulierungen fassen den graphisch dargestellten zeitlichen Verlauf von Marktpreis (rot bzw. oberer Graph) und Nachfrage (blau bzw. unterer Graph) zusammen. Es handelt sich also um ein periodisches Verhalten, das dem Grundtyp eines Räuber-Beute-Modells entspricht. In der Diskussion wird hierauf nochmal detaillierter eingegangen.

Wie die Schülerinnen und Schüler in der Reflexion schreiben, ist es ihr Ansatz gewesen, eine möglichst realistische Simulation zu erstellen.

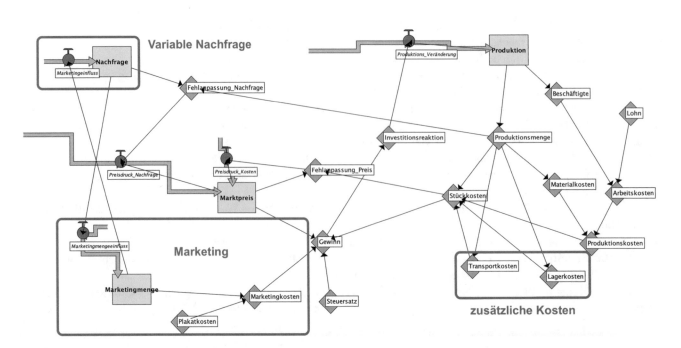

Abb. 6 Wirkungsgefüge der Gruppe 1. (©Sebastian Zander 2021)

4.2   Zweite Gruppe

Der Titel dieser Gruppe lautet „ButtonInc.". Die getroffenen Annahmen lauten wörtlich:

- Realitätsgetreuere Kurve: das Modell muss rentabel sein
- Steuern müssen implementiert werden
- Durchschnittliche Versicherungs-, Arbeits-, Strom-, Mietkosten spielen eine Rolle
- Marketing hat einen Einfluss auf die Nachfrage und die Produktionskosten

Beim Lösungsweg nennen die Schülerinnen und Schüler v. a. den Versuch, eine realitätsgetreuere Kurve zu erzielen. Dies wurde erreicht durch die Einbeziehung von verschiedenen Arten von Kosten (Miete, Strom, Versicherung) sowie dem Hinzufügen von Marketing. Die Höhe des Marketings hängt dabei vom Gewinn ab und ist als Geldmenge zu verstehen, die für das Marketing ausgegeben wird. Zudem haben die Schülerinnen und Schüler eine Anpassung der Parameter vorgenommen. Die beinhaltet u. a. den Startwert der Produktion (25.000 Stk.) sowie die Anpassung der Gehälter von 4000 EUR auf 3300 EUR.

Der graphische Verlauf zeigt ein recht komplexes Verhalten, das von den Schülerinnen und Schülern für die verschiedenen Modelle (Parameter bzw. Wirkungsgefüge) lediglich gegenübergestellt aber nicht vertieft besprochen wird. In beiden Diagrammen (s. Abb. 7) ist der

alte Marktpreis (blauer bzw. abflachender Graph) im Vergleich zum neuen Marktpreis (roter bzw. quasi periodischer Graph) aufgetragen.

Bei der Reflexion gehen die Schülerinnen und Schüler weniger auf den Inhalt als darauf ein, wie ihnen allgemein das Arbeiten mit dieser Aufgabe gefallen hat. Zusammenfassend fanden sie das Projekt spannend und die Aufgabe interessant. Jedoch sind sie mit ihrem Ergebnis nicht zufrieden und nennen hier vor allem Zeitmangel als Grund.

4.3   Dritte Gruppe

Der Titel des dritten Plakates lautet „Der freie Markt und was ihn beeinflusst". Die getroffenen Annahmen und der Lösungsweg sind auf dem Plakat (s. Abb. 8) im Abschn. „Erwartungen" miteinander vermischt.

Die getroffenen Annahmen lauten zusammengefasst, dass

- Marketing und Nachfrage sich wechselseitig beeinflussen
- Die Nachfrage tatsächlich höher ist als ursprünglich angenommen
- Mietkosten berücksichtigt werden müssen

Auch diese Gruppe hat das Wirkungsgefüge um den Aspekt des Marketings samt Kosten sowie einer Miete erweitert und eine Anpassung der Parameter mit für die Gruppe

Abb. 7 Gruppe 2: zeitlicher Verlauf der Preisentwicklung. (©Sebastian Zander 2021)

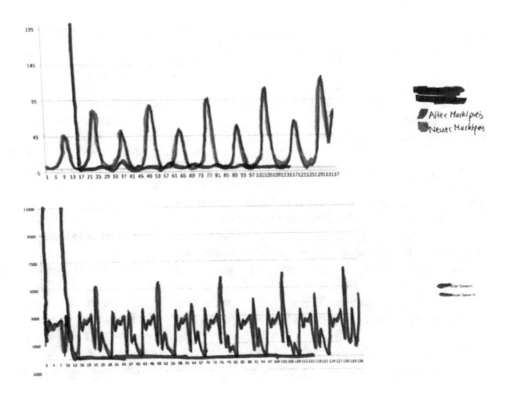

Abb. 8   Ergebnisse Gruppe 3. (©Sebastian Zander 2021)

sinnstiftenden Werten vorgenommen (Erweiterungen sind hervorgehoben). Im Einzelnen sind dies

- Marketing hinzugefügt
- Nachfrage verändert (auf 100.000 verdoppelt)
- Miete hinzugefügt
- Gewinnberechnung angepasst

Beim Lösungsweg ist hervorzuheben, dass die Schülerinnen und Schüler sinnvolle Aspekte passend einbringen wollen. Sie betonen auch, dass die Startwerte geschätzt sind und von der Realität abweichen können. Man müsse die Werte verfeinern, um auf genauere Ergebnisse zu kommen. Ein zentraler Ansatz der Schülerinnen und Schüler war es offenbar, Variablen logisch miteinander zu verknüpfen.

Der Graph zeigt ein quasi lineares Wachstum des Gewinns (abgetragen über die Zeit) und wird nicht weiter diskutiert.

Die Reflexion bezieht sich nicht auf die Ergebnisse, sondern vornehmlich auf die Arbeitsweise. Die Schülerinnen

und Schüler erwähnen, dass „je mehr Faktoren in die Simulation einfließen, desto komplexer wird sie". Zudem stellen sie fest, dass eine „vollendete Simulation nicht möglich sei, da sich alle Faktoren in weitere Faktoren unterteilen lassen". Im Vorgriff auf die anschließende Diskussion lässt sich an dieser Aussage bereits festmachen, dass die Schülerinnen und Schüler durch ihre Untersuchungen Grenzen reduktionistischer Wissenschaft(en) erkennen. Andersherum formuliert zeigen sich den Schülerinnen und Schülern die Stärken systemischer Denkweisen.

5   Diskussion

Nach der beschreibenden Darstellung der Ergebnisplakate im vorigen Abschnitt, möchte ich in meiner abschließenden Diskussion im Wesentlichen darauf eingehen, ob die Vorteile für den Lernprozess durch die Arbeit mit Wirkungsgefügen (Abschn. 1.2 und 1.3) in den Ergebnissen zu erkennen sind. Für die Übersichtlichkeit werde ich die Vorteile nacheinander besprechen.

5.1　Vorteile für den Lernprozess

Vor dem Hintergrund einer Art von Black-Box-Ansatz

Wirkungsgefüge sind übersichtlich und mit schülergerechten mathematischen Kenntnissen nachvollziehbar Die Schülerinnen und Schüler haben sehr zügig den inhaltlichen Einstieg sowohl in das Wirkungsgefüge der Aufgabenstellung (Abb. 3) als auch in das deutlich komplexere Wirkungsgefüge der Vorlage (Abb. 4) gemeistert. Im Plenum konnten wir schnell in inhaltliche Diskussionen einsteigen und weiterführende Gedanken entwickeln (ein Teil davon findet sich auch in den Schülerlösungen). Dies lässt sich als Beleg dafür interpretieren, dass die Schülerinnen und Schüler diese durchaus komplexe Thematik durch die übersichtliche Darstellung in Form eines Wirkungsgefüges durchdrungen haben. Es lässt sich also tatsächlich ein schneller Einstieg in eine ganzheitliche Analyse dynamischer Systeme finden, ohne die zugrundeliegende Mathematik im Ganzen betreiben zu müssen und dennoch im Anschluss daran mit dem System arbeiten zu können.

Den Schülerinnen und Schülern ist in relativ kurzer Zeit aber nicht nur der Einstieg in ein recht komplexes Thema gelungen. Sie haben zudem das zugehörige anspruchsvolle Computerprogramm kennen und bedienen gelernt und damit inhaltliche solide Ergebnisse erzielt. Diese von mir vorgenommene Einschätzung basiert auch auf der Beobachtung, dass die Schülerinnen und Schüler ihr Alltagswissen als Prüfkriterium für die gefundenen Ergebnisse herangezogen haben.

Insgesamt ist die Lernkurve hier m. E. sowohl bei der Bedienung des Programms als auch im Bereich des Inhaltlichen bemerkenswert. Dass die Ergebnisse nicht „ungewöhnlich" sind, ist m. E. kein Grund dafür, diese Untersuchungen nicht vorzunehmen. Ich sehe eine große Stärke in dem möglichen Aufkommen emergenten Verhaltens, sprich, Eigenschaften, die vorher nicht vorhanden und/oder nicht vermuten worden sind. Dennoch, neue Erkenntnisse sind u. a., wie stark Einflussfaktoren des freien Marktes untereinander wirken.

Die funktionalen Zusammenhänge eines Wirkungsgefüges lassen sich oft auf Grundlage von Alltagswissen erstellen. Das ermöglicht es den Schülerinnen und Schülern, einen hohen Anteil ihres eigenen Alltagswissens in die Bearbeitung der Aufgaben einzubringen.
Alle Gruppen haben sowohl das Wirkungsgefüge erweitert als auch eine Parametervariation vorgenommen. Zwar wurde die Rolle der Zeit in dieser Simulation mit den Schülerinnen und Schülern nicht ausführlich diskutiert. Aber gerade der Faktor Zeit spielt bei dem Phänomen der Emergenz (s. u.) eine untergeordnete Rolle, geht es doch

lediglich um die reine Möglichkeit/das Vorhandensein der Ausbildung neuen Verhaltens.

So haben alle Gruppen den Aspekt des Marketings sowie zusätzliche Kosten eingebracht. Dies lässt sich mit dem Vorwissen der Schülerinnen und Schüler aus dem o.g. Wirtschaftskurses erklären. Marketing und Kosten sind aber auch relativ naheliegende Aspekte, die bei einer Anpassung an die Realität berücksichtigt werden können bzw. müssen. Beide Punkte lassen die Andockung an das Alltagswissen der Schülerinnen und Schüler erkennen.

Mit der Möglichkeit, emergentes Verhalten zu entdecken

Es lassen sich dann dennoch rasch komplexe und damit für die Schülerinnen und Schüler eventuell sogar analytisch nicht lösbare Probleme abbilden
Aufbauend auf dem erweiterten Wirkungsgefüge der Gruppe 1 (Abb. 9) ist hier die zeitliche Entwicklung des Marktpreises auf einer kleinen, mittleren und großen Zeitskala abgebildet. Diese zusammenfassende Darstellung ist (auch aus zeitlichen Gründen) nicht mehr von Schülerinnen und Schülern, sondern für diese Diskussion von mir erstellt worden.

Trotz der wenigen und allgemein schnell verständlichen Erweiterungen, welche die Schülerinnen und Schüler implementiert haben, zeigt sich hier (auf unterschiedlichen Zeitskalen) ein ausgesprochen komplexes Verhalten im Verlauf des Graphen. Es darf mit Sicherheit angenommen werden, dass diese Merkmale im Verhalten des Systems auf dem Wege von nicht computergestützten Modellierungsaufgaben (in dieser Zeit) nicht hätten erarbeitet werden können. Dafür ist die zugrunde liegende Mathematik zu anspruchsvoll bzw. das System zu komplex.

In der Diskussion der zeitlichen Entwicklung erhält man also weitere Validierungsmöglichkeit für die Güte des Modells und kann darauf aufbauend Verbesserungen vornehmen.

In Bezug auf motivationale Aspekte

Das Baukastenprinzip eines Wirkungsgefüges weckt bei den Schülerinnen und Schülern ein spielerisches Interesse, dieses zu verfeinern bzw. zu verbessern
Aus der Begleitung der Schülerinnen und Schüler im Arbeitsprozess lässt sich festhalten, dass diese ein ausgeprägtes spielerisches Interesse an der Weiterentwicklung des vorgegebenen Wirkungsgefüges gezeigt haben. Dies taucht auch als Formulierung auf den Plakaten auf.

Insgesamt wären weitere und tiefergehende Diskussionen der Ergebnisse wünschenswert und möglich gewesen. Wie die Schülerinnen und Schüler aber auch selbst schreiben, stand dafür zu wenig Zeit zur Verfügung.

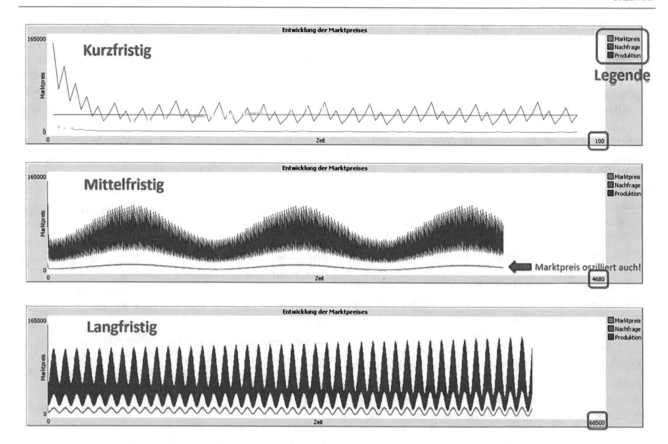

Abb. 9 Ergebnisse Gruppe 1 – langfristige Entwicklung. (©Sebastian Zander 2021)

Die Ergebnisse zur Laufzeit der Simulation ergeben eine weitere Möglichkeit, das Modell gegen die Realität zu prüfen und ggf. zu verbessern (siehe hierzu Blum und Leiß (2005)).
Die Orientierung an der Realität („realitätsgetreu") ist ein Kriterium, das die Gruppen explizit erwähnen. Die Schülerinnen und Schüler nehmen Anpassungen aufgrund der Simulationsergebnisse vor und beziehen Daten aus der Realität, z. B. Mittelwerte von Arbeitslöhnen in bestimmen Berufssparten, mit ein.

5.2   Fazit

Zusammenfassend sehe ich die genannten Vorteile im Lernprozess als bestätigt. Die Arbeit mit Wirkungsgefügen kann als methodische Erweiterung des Unterrichts und inhaltliche Erweiterung der Fachcurricula betrachtet werden. Sie ermöglichen in einem ganzheitlichen Sinne die gezielte Untersuchung von dynamischen Systemen und beschränken sich dabei keineswegs auf den Mathematikunterricht.

Um die Arbeit mit Wirkungsgefügen für den Einsatz im Unterricht empfehlen zu können, muss aber noch kurz dargelegt werden, inwieweit tatsächlich die Kompetenz des Modellierens bei den Schülerinnen und Schüler gefördert

worden ist. Vor dem Hintergrund der weiter oben transkribierten Schülerantworten (Abschn. 4), will ich dies an den Aspekten der allgemeinen mathematischen Kompetenz „Modellieren" darstellen (KMK 2004).

Den Bereich oder die Situation, die modelliert werden soll, in mathematische Begriffe, Strukturen und Relationen übersetzen
Eine Erweiterung der Wirkungsgefüge bedeutet, mit den funktionalen Abhängigkeiten der einzelnen Elemente zu arbeiten oder das Wirkungsgefüge um Elemente zu erweitern. Beides kann man bei den Ergebnissen der Schüler beobachten. Insofern haben die Schülerinnen und Schüler sehr wohl mit mathematischen Strukturen und Relationen gearbeitet. Auch die gefundenen Ergebnisse bzw. Verhaltensweisen des untersuchten Systems werden mit korrekten Begriffen beschrieben.

In dem jeweiligen mathematischen Modell arbeiten
Es stellt sich die grundsätzliche Frage, was ein mathematisches Modell eigentlich ausmacht. Ohne große Ausführungen sind für mein Dafürhalten Wirkungsgefüge ein Typ von mathematischen Modellen. Dies u. a. deswegen, weil in ihnen einzelne Elemente in einem funktionalen Verhältnis zueinanderstehen. Mathematisch gesprochen haben wir es in

der Allgemeinheit mit einem System gekoppelter partieller Differenzialgleichungen zu tun, mit dem eine Realsituation in einem mathematischen Modell abgebildet wird.

Eine Variation von Startwerten entspricht m. E. der Idee, innerhalb des mathematischen Modells zu arbeiten, dieses also (noch) nicht zu erweitern bzw. abzuändern. Insofern waren die Schülerinnen und Schüler auch in diesem Sinne tätig.

Ergebnisse in dem entsprechenden Bereich oder der entsprechenden Situation interpretieren und prüfen

Auch diese Kompetenz haben die Schülerinnen und Schüler bei der Bearbeitung der Aufgabe angewendet. Es wurde z. B. über die Bedeutung gefundener Ergebnisse nachgedacht und Hypothesen mithilfe des Wirkungsgefüges überprüft.

Zusammenfassend werte ich die Antworten der Schülerinnen und Schüler bei diesem stark projektorientierten Arbeiten in Bezug auf die Kompetenz „Modellieren" als einen erkennbaren Lernfortschritt. Trotz der Tatsache bzw. der möglichen Kritik, dass die Schülerinnen und Schüler nicht explizit und eigenständig Mathematik betrieben haben, gibt es auf der Verständnisebene eines systemischen Denkens durchaus einen Zuwachs an Wissen.

Das hier vorgestellte Beispiel selbst z. B. ist dem Fach Wirtschaft entnommen. Ist der Einstieg in die Arbeit mit Wirkungsgefügen und der zugehörigen Software gelungen, lassen sich in dieser Weise auch Themen aus Physik, Biologie, Chemie, Soziologie und vieles mehr untersuchen. Als Beleg für die Mächtigkeit dieser Methode sei auf das sog. World3-Modell des Club of Rome verwiesen:

> „Das World3-Modell ist eine kybernetische Computersimulation, um die Wechselwirkungen zwischen Faktoren wie Bevölkerung, industriellem Wachstum, Nahrungsmittelproduktion und deren Einfluss auf mögliche Grenzen in Ökosystemen der Erde zu erforschen. Es wurde ursprünglich im Auftrag des Club of Rome unter Führung von Dennis L. Meadows und Jørgen Randers entwickelt. Die daraus gewonnenen Ergebnisse wurden im Buch Die Grenzen des Wachstums veröffentlicht." (www.wikipedia.de)

Die Kombination aus den Vorteilen für den Lernprozess, die Anwendung der Kompetenz „Modellierung" sowie die Anwendbarkeit auf diverse curriculumsnahe Beispiele betrachte ich als gewichtige Empfehlung, die Arbeit mit Wirkungsgefügen in der Schule und im Unterricht zu etablieren. Hier kann im Unterricht die Lerngelegenheit geschaffen werden, sich im systemischen Denken zu üben und damit ein tieferes Verständnis für das Verhalten unserer komplexen Realität auszubilden.

Literatur

Barzel, B., & Greefrath, G. (2015). Digitale Mathewerkzeuge sinnvoll integrieren. In W. Blum, S. Vogel, C. Drüke-Noe, & A. Roppelt (Hrsg.), *Bildungsstandards aktuell: Mathematik in der Sekundarstufe II* (S. 145–157). Braunschweig: Schroedel.

Bossel, H. (1992a). *Modellbildung und Simulation: Konzepte, Verfahren und Modelle zum Verhalten dynamischer Systeme: ein Lehr- und Arbeitsbuch mit Simulations-Software.* Wiesbaden: Vieweg.

Bossel, H. (1992b). *Simulation dynamischer Systeme: Grundwissen, Methoden, Programme.* Wiesbaden: Vieweg.

Blum, W., & Leiß, D. (2005). Modellieren im Unterricht mit der „Tanken"-Aufgabe. *mathematik lehren, 128,* 18–21.

Buchberger, B. (1989). Should Students Learn Integration Rules? Technical Report. RISC (Research Institute for Symbolic Computation).

Greefrath, G. (2011). Using technologies: New possibilities of teaching and learning modelling – overview. In G. Kaiser, W. Blum, R. Borromeo Ferri, & G. Stillman (Hrsg.), *Trends in teaching and learning of mathematical modelling, ICTMA 14* (S. 301–304). Dordrecht: Springer.

Greefrath, G., & Siller, H.-S. (2018). *Digitale Werkzeuge, Simulationen und mathematisches Modellieren – Didaktische Hintergründe und Erfahrungen aus der Praxis.* Realitätsbezüge im Mathematikunterricht. Wiesbaden: Springer Spektrum.

Greefrath, G., & Weigand, H.-G. (2012). Simulieren: Mit Modellen experimentieren. *Mathematik lehren, 174,* 2–6.

KMK (2004). Bildungsstandards im Fach Mathematik für den mittleren Schulabschluss (Beschluss der Kultusministerkonferenz vom 04.12.2003). München: Luchterhand.

Krüger, S. (1974). *Simulation: Grundlagen, Techniken.* Berlin, New York: De Gruyter.

Siller, H.-S., & Greefrath, G. (2010). Mathematical modelling in class regarding to technology. In V. Durand-Guerrier, S. Soury-Lavergne & F. Arzarello (Hrsg.), *Proceedings of the Sixth Congress of the European Society for Research in Mathematics Education (CERME6)* (S. 2136–2145). Lyon: INRP.

Wörler, J. F. (2015a). Konkrete Kunst als Ausgangspunkt für mathematisches Modellieren und Simulieren. Münster: WTM.

Wörler, J. F. (2015b). Computersimulationen im Mathematikunterricht – Ein Vorschlag der Klassifizierung durch Interaktionsgrade. In F. Caluori, H. Linneweber-Lammerskitten, & C. Streit (Hrsg.), *Beiträge zum Mathematikunterricht 2015* (S. 1012–1015). Münster: WTM.

Wörler, J. F. (2018). Computersimulationen zum Lernen von Mathematik – Analyse und Klassifizierung durch Interaktionsgrade und -möglichkeiten. In: Digitale Werkzeuge, Simulationen und mathematisches Modellieren – Didaktische Hintergründe und Erfahrungen aus der Praxis. Realitätsbezüge im Mathematikunterricht. Wiesbaden: Springer Spektrum.

Zander, S., Dorn, T., & Karam, R. (2016). Mathematik als Brücke zwischen Makro- und Mikrokosmos. *Naturwissenschaften im Unterricht Physik: Mathematik im Physikunterricht, 153*(154), 68–73.

Reihen-Hrsg.: W. Blum, R. Borromeo Ferri,
G. Greefrath, G. Kaiser, H.-S. Siller,
K. Vorhölter
Realitätsbezüge im Mathematikunterricht
ISSN: 2625-3550

Realitätsbezüge im Mathematikunterricht

Mathematisches Modellieren ist ein zentrales Thema des Mathematikunterrichts und ein Forschungsfeld, das in der nationalen und internationalen mathematikdidaktischen Diskussion besondere Beachtung findet. Anliegen der Reihe ist es, die Möglichkeiten und Besonderheiten, aber auch die Schwierigkeiten eines Mathematikunterrichts, in dem Realitätsbezüge und Modellieren eine wesentliche Rolle spielen, zu beleuchten. Die einzelnen Bände der Reihe behandeln ausgewählte fachdidaktische Aspekte dieses Themas. Dazu zählen theoretische Fragen ebenso wie empirische Ergebnisse und die Praxis des Modellierens in der Schule. Die Reihe bietet Studierenden, Lehrenden an Schulen und Hochschulen wie auch Referendarinnen und Referendaren mit dem Fach Mathematik einen Überblick über wichtige Ergebnisse zu diesem Themenfeld aus der Sicht von Expertinnen und Experten aus Hochschulen und Schulen. Die Reihe enthält somit Sammelbände und Lehrbücher zum Lehren und Lernen von Realitätsbezügen und Modellieren.

Die Schriftenreihe der ISTRON-Gruppe ist nun Teil der Reihe „Realitätsbezüge im Mathematikunterricht". Die Bände der neuen Serie haben den Titel „Neue Materialien für einen realitätsbezogenen Mathematikunterricht".

Printed in the United States
by Baker & Taylor Publisher Services